“十一五”国家重点图书出版规划项目
生命科学实验指南系列

LABORATORY EXERCISES IN MICROBIOLOGY (SEVENTH EDITION)

图解微生物实验指南

〔美〕J.P. 哈雷　著
谢建平 等　译

科学出版社
北京

图字：01-2009-0370 号

内 容 简 介

本书中的实验均用于说明和演示普通微生物学的基本原理，涵盖了微生物学学科概论及其分支。本书的特色在于有很多引人入胜的图片和独立的习题，适合不同大专院校的师生使用。本书分为十一个部分，分别为显微镜技术、细菌形态和染色、基础实验室培养技术、细菌的生化活性、快速多参数检测系统、未知微生物鉴定、影响微生物生长的环境因子、环境和食品微生物、精选真核微生物概述、微生物遗传学和基因组学、科学调查。每个实验均包括安全注意事项、实验材料、学习目标、原理、实验步骤，以及提示与警告和复习题，旨在培养学生的实验操作技能和实验思考技能。

本书适用于大专院校生命科学领域微生物学专业的师生参考使用。

图书在版编目（CIP）数据

图解微生物实验指南/(美) 哈雷（Harley,J.P.）著；谢建平等译.
——北京：科学出版社，2012
（生命科学实验指南系列）
Laboratory Exercises in Microbiology，Seventh Edition
ISBN 978-7-03-033147-2

Ⅰ.①图… Ⅱ.①哈… ②谢… Ⅲ.①微生物学-实验-图解 Ⅳ.①Q93-33

中国版本图书馆CIP数据核字（2011）第272797号

责任编辑：李 悦 岳漫宇 王 静 / 责任校对：朱光兰
责任印制：吴兆东 / 封面设计：美光设计

科学出版社 出版
北京东黄城根北街 16 号
邮政编码：100717
http://www.sciencep.com
北京凌奇印刷有限责任公司 印刷
科学出版社发行 各地新华书店经销
*
2012 年 1 月第 一 版 开本：787 × 1092 1/16
2024 年 1 月第九次印刷 印张：21
字数：460 000

定价：96.00 元

（如有印装质量问题，我社负责调换）

前　言

我恳求你，在这些神圣的被称为实验室的建筑里，保持盎然的兴趣。要培养兴趣，让你的兴趣日益扩增。实验室就是人类祈求美好未来的圣殿，人类知识在此成长，成熟。

——Louis Pasteur（路易斯•巴斯德）（法国化学家、微生物学奠基人，1822—1895）

目前广泛采用的优秀微生物学实验指南已经很多，各学校针对自己微生物学课程所写的专用实验教材也不少。为什么还要多此一举再写一本呢？答案很简单：很多教师希望实验教材与教科书密切联系。本实验指南在设计和编排上都与 Prescott、Harley 和 Klein 的《微生物学》(Linda Sherwood、Christopher Woolverton、Joanne Willey 著，第七版）紧密关联。当然了，适当做些取舍就可与其他教科书配套。

本实验指南将教科书中的微生物学概念和具体实验紧密联系。每一个实验所涉及的相关微生物学概念就不在实验中详细介绍了，而代之以适当的解释说明，用于完善、深化和补充教科书的内容。微生物学课堂讲解的关键是合理分配时间。教科书中比较详细的内容，实验书中就没有必要过分重复。

本书将每一个实验都模块化设计，而且模块简短。这样有利于教师根据教学实际的需要挑选与课程相关的部分用于学生实验操作。很多实验都能在 2~3h 内完成，实验中所使用的设备也简单、易得，力图在最节省实验开支和最节省时间的前提下达到实验教学目的。

本实验指南编写目的在于，通过引导学生完成微生物学实验操作练习，巩固微生物学知识，增强实验数据分析和解释能力，以及探索求新能力。本书作为教科书的补充，将极大地增强微生物学学习的趣味性和挑战性。正如中国古语所言：

书上得来终觉浅，
绝知此事要躬行。

以及爱因斯坦所言：“大部分科学的基本原理是非常简单的，而且可以表述为常人所能理解的形式，这是一条规律。”

这些说法都表明了我的基本哲学思想，正是实验室中的实验操作以及解决问题的科学方法发展了学生的思考和创新能力，增强了他们运用微生物学知识的能力。实验室使学生专注而自觉地投入到所学知识的实践中。

本书中的实验用于说明和演示普通微生物学的基本原理，涵盖了微生物学学科概论及其分支。具体使用中可以随着教学内容和所涉及的教学深度而改变，教师可以根据自己教学需要、课时、实验设备、课程所属领域，适当调整教学进度。而且，本实验指南提供的一系列实验适合低年级直到高年级的微生物学学习者。

1997 年，美国微生物学学会（American Society for Microbiology）通过它的培训和教育办公室发布了一套实验室核心课程，列出了一些关键的主题，这些主题被认为是在所有微生物实验教学中都应教授的内容。教师可以适当增加这些实验课题，用于辅助涉及健康、环境等方面的教学。

美国微生物学学会制定实验室核心课程的目的并非是要取代一般微生物学实验教学大纲，或成为美国微生物学实验教学的指导方针，而主要是提供一个框架，供微生物实验室教学参考。由于课程的侧重点不同，一个包含很多核心主题的实验课程可能只专注于其中的一个主题，或者所专注的主题对于该门课程很重要，但并非上述实验室核心课程之一。

致　谢

在此特别感谢以下各位给予我们意见和帮助的审稿人：

Ghayasuddin Ahmad
Seton Hall University
Alberta M. Albrecht
Manhattanville College
Mary A. Anderson
Gustavus Adolphus College
Susan T. Bagley
Michigan Tech University
Paul Blum
University of Nebraska-Lincoln
Hugh Dunstan
The University of Newcastle-Callaghan
Geoffrey W. Gearner
Morehead State University
Robert J. Kearns
University of Dayton
Dana Kolibachuk
Rhode Island College
David Mardon
Eastern Kentucky University
Glendon Miller
Wichita State University
Rita Moyes
Texas A&M University
Raymond B.Otero
Eastern Kentucky University
Marcia Pierce
Eastern Kentucky University
Norbert A. Pilewski
Duquesne University School of Pharmacy
Ralph J. Rascati
Kennesaw State College
Jackie Reynolds
Richland College
Nancy Ricker
Capilano College
Ivan Roth
University of Georgia
Julie J. Shaffer
University of Nebraska at Kearney
Thomas Terry
University of Connecticut
Robert Twarog
University of North Carolina

还要特别感谢 Kay Baitz (KEY 中心科学产品，1402 Chisholm Trail，Suite D，Round Rock，Texas 78681) 对 KEY 产品提供的帮助。

本书说明

实验操作技能

成功完成微生物学课程后，应当具有如下实验操作技能。

1. 使用明视野光学显微镜观察载玻片，以及记录观察到的现象。
   a 正确放置显微镜并调焦。
   b 正确操作、清洁、保管显微镜。
   c 正确使用各种镜头（目镜、物镜）。
   d 记录显微观察结果。
2. 正确准备载玻片以备显微实验。包括：
   a 清洗、处理载玻片。
   b 制备固体和液体培养样本的涂片。
   c 制作湿涂片和（或）悬滴涂片。
   d 革兰氏染色操作。
3. 正确使用无菌操作技术，用来处理、转移微生物和实验器具。包括：
   a 器具灭菌以及器具转移过程中保持无菌状态。
   b 无菌操作。
   c 获得微生物样本。
4. 选用适合的微生物培养基和测试系统。包括：
   a 筛选菌落和（或）菌斑。
   b 保存洁净培养基。
   c 使用生物化学测试培养基。
   d 准确记录显微镜视野观察结果。
5. 使用梯度稀释技术估计样本中的微生物数量。包括：
   a 正确选择移液管和移液装置。
   b 正确涂布稀释样本液滴以便于计数。
   c 恰当估计稀释倍数。
   d 根据平板计数值推测出起始样本的 CFU 或 PFU。
6. 正确使用基础微生物学实验设备。包括：
   a 使用标准测量工具测出重量、长度、直径、体积等。
   b 点燃和调适实验室加热灯具（laboratory burner）。

c 正确使用细菌培养器 / 箱。

实验思考技能

成功完成基础微生物学课程后，应具有如下更高层次的思考能力。

1. 认知技巧（cognitive process），包括：

a 提出清晰，可回答的问题。

b 提出可检验的假说。

c 预测实验结果。

d 按照预定的实验步骤推进。

2. 实验分析技能（analysis skill），包括：

a 系统地收集和组织数据。

b 选择合适方式表述数据，如表格、图形、文字描述等。

c 评估数据有效性（完整性和重要性）。

d 依据实验结果进行合理推断。

3. 交流技能（communication skill），包括：

a 讨论和发表实验结果、实验中的新发现。

4. 人际关系技能（interpersonal and citizenry skill），包括：

a 在组织或团队中高效率工作、分担任务、共享结果。

b 无论独自完成实验，还是团队完成实验，都能有效管理时间，有条不紊地组织各项事务进度。

c 日常生活中体察和交流微生物学知识。

实验教学和课堂讲解的融合程度因教师而异。一些教师所强调的实验操作教学内容，在另一些教师的教学课程里却被当作课堂教学内容，因此很难界定哪些属于所有微生物实验室中都必需的特定课题。这样下来，ASM 实验核心课程的委员们开发了一些内容宽广的主题，指导老师可以根据不同实验室的情况，灵活掌握，达到核心课程的要求。

一名能成功完成基础微生物学学习的学生，将亲自体验以下几个主题的基本原理，并完成每个主题下面的相关实验。

主题 1. 整体主题——微生物对生物圈和人类的影响；微生物多样性。

主题 2. 微生物细胞生物学，包括细胞的结构和功能，生长分裂和代谢。

主题 3. 微生物遗传学，包括突变。

主题 4. 微生物和宿主的相互作用（人类、其他动物、植物），包括病原机制和抗微生物剂。

为了达到以上内容和技巧的要求（美国微生物实验室核心课程），本书包括 49 个实验，这些实验安排在覆盖以下基本话题的十一个部分里。

第一部分　显微镜技术　向学生介绍微生物学实验室里用于研究的不同类型显微镜的正确使用和注意事项。

第二部分　细菌形态和染色　提供基于细胞形状和不同结构的微生物可视化和区分的基本程序。

第三部分　基础实验室培养技术　要求学生掌握准备微生物培养基和培养微生物的正确实验过程。这些技术用于分离微生物。

第四部分　细菌的生化活性　向学生介绍一些会用于描述和鉴定细菌的生物化学实验。

第五部分　快速多参数检测系统　要求学生掌握一些用于鉴定细菌的多能涡流法检验仪系统。

第六部分　未知微生物的鉴定　包括两个练习，指导学生通过使用《伯杰氏系统细菌学手册》鉴定未知细菌。

第七部分　影响微生物生长的环境因子　要求学生熟悉一些影响微生物生长的不同的物理和化学试剂。

第八部分　环境和食品微生物　此部分与环境方面的水、牛奶和食品有关。

第九部分　精选真核微生物概述　向学生介绍一些能帮助学生识别真菌形态、分类和生物特性的知识。

第十部分　微生物遗传学和基因组学　向学生介绍 5 个实验，说明细菌遗传学和基因组学的基本原理。

第十一部分　科学调查　设计两个实验，一个是小组实验，通过完成一个感兴趣的课题来熟识科学方法。第二个实验包括一些实验案例，能丰富学生关于医学微生物的知识。

本书每个实验的目的是在尽可能短的时间内让学生学习和掌握本领域的实验。为此，每个实验格局设计如下。

安全注意事项

本实验指南尽力包含了美国疾病预防与控制中心 (CDC)(亚特兰大，佐治亚州)、职业安全与卫生管理局 (OSHA) 和美国环保局 (EPA) 制定的预防措施。努力安全指导学生实验，每个实验都包含预防措施，这些措施都是在医院、护士的家庭、商业实验室和工厂中使用的。每个实验都包含有安全注意事项，以帮助指导者和学生防范可能的意外。

无论是指导者还是学生，一直要牢记如微生物学实验这样的多数技术程序，都需要相关风险的防范措施。微生物实验室是安全、有效地处理、测试和研究感染微生物的场所。但是，我们研究的任何微生物都可能对免疫力低下的人具有致病性。因此，我们认为，与其通过修订实验手册来避免危险，倒不如教师和学生在整个过程中严格执行疾病预防与控制中心（CDC）的生物安全原则。其一，我们提议简单修改“通用预防守则”（见 xiii ~ xiv 页），将“实验室人员”换为“学生”以更适合在教室里使用。其二，将 CDC 指南与当地机构批准的安全指南相结合会有助于保护学生、教师以及所在实验室。安全是任何实验室的必修课，需要确保学生在实验之前已掌握相关安全知识。

每组或每个学生所需的实验材料

为做好所有实验的准备，每个实验都包含一个清单。清单包括所需培养物在美国典型培养物保藏中心（American Type Culture Collection，www. ATCC. org）的编号、培养基、试剂和实验必需的设备。附录 H 和 I 提供试剂、菌株和培养基的清单。附录 J 主要介绍了微生物的保藏和提供来源。

学习目标

每个实验都包含了一系列的学习目标以规定实验课的特定目的。到实验室前先阅读这些实验目的是非常有用的。同样，实验过程中也需要重点关注这些目标。完成实验后，学生应该可达到该实验的所有目标。离开实验室前，要确认学生是否达到了这些目标。如果有疑问，应该向指导老师询问。

实验采用特定细菌、装片或其他微生物的理由

作者为每个实验选择了特殊的病毒、细菌、真菌、原生动物、藻类以及各种装片。其选择基于成本、生长的难易、易获得性和重要性，以及是否可以达到预期实验目的等指标。为了更好地让学生了解其中的原理，这部分将进行解释为什么选择使用这种微生物材料，同时介绍更多有助于学生实验的生物化学、形态学和分类学信息。

医学应用

许多使用本书的学生还要学习相关医学课程，例如护理或是职业培训课程（如医学预科、牙科预科和兽医预科），需要了解每个实验与临床医学的联系。为此，一些医学方面的实验中包含了“医学应用”这一板块。“医学应用”介绍实验中涉及的作为特殊应用的临床手段，例如，可以鉴定特殊的微生物或者结合其他实验可用于诊断的实验操作。对于这些实验，书中列出了关于一些重要病原体及其相关疾病，以及所需的检测指标。

网络学习链接

在实验手册上有一些精选的参考文献，可以在 MicrobeLibrary.org 上获得，为了给学生和指导老师提供更多的信息。2000 年，美国微生物学会引入了被称为“微生物图书馆”的网站（www. MicrobeLibrary@asmusa. org）。“微生物图书馆”是 NSF 国家科学数字实验室成果的一部分，部分基金由生物科学教育网络系统（BEN）赞助并由美国科学发展学会共同管理。BEN 是进入 NSF 国家 STEM 数字实验室生物资源的途径。需要获得更多的关于 BEN 的信息请登录 http://www.nsdl.org。

为了对学生进行微生物教学， MicrobeLibrary.org 一直努力收集了超过 1400 份最原始的业内评论的相关资料。“可视收集”(Visual Collection) 模块超过了 450 张图片，包括平常使用的实验设计，例如血液琼脂平板、革兰氏染色、MacConkey 琼脂平板、连续稀释、triple sugar iron 等。 其余的“课程收集”(Curriculum Collection) 模块是对业内专家的专

访，促进了对大学微生物的积极学习。这些课程学习和实验基于探索、现场、案例，以学生为中心，包含了独立和（或）研究的理念。“图片和操作规程收集”(Atlas and Protocol Collection) 模块含有一系列的图片，阐明了标准微生物实验操作规程的使用和相关理论、历史、配方以及参考资料。

没有进一步的许可，来自 MicrobeLibrary 的资料仅可用于以下方面：

1. 教学应用，例如教授演示和课程笔记，学生演示和计划；
2. 为了某个课程由教授装订的实验室手册或印刷品并由教授或第三方例如校园书店免费分发给学习该课程的学生；
3. 网站旨在非赢利的教学，无特殊许可，视频资源也只能一次性使用。

如果这些资源以别的方式使用。首先必须获得作者的书面许可，ASM 必须被告知。对于这些使用可能要交一定的费用。如要赞助 MicrobeLibrary，请进入 ASM eStore(网上商店)，网址 http://estore.asm.org。

另一个非常有用的网站是公共卫生图片库（PHIL）。PHIL 是由疾病控制和预防中心制作的。PHIL 具有数以千计的公共卫生图片，包括高分辨率（打印质量）照片、图解，和许多可以用于大学生微生物教学的视频。PHIL 图片，允许 PC 和 Macintosh 用户使用，是公共软件并免费。浏览 PHIL 请点击 http:// phil.cdc.gov/phil。

原理

这些章节包含微生物学原理、概念和在实验过程中要完成的实验操作规程技术的简单讨论。

实验步骤

明确的说明书通过图表得到强化，以帮助学生完成实验和解释结果。实际的结果标注在合适的位置以便于学生明确最终获得的结果。

提示与警告

关于什么需要注意，什么可能出错，以及实验工作正常进行的附注，都在随后的表格中呈现。

复习题

复习题位于每一个实验报告后面。这些习题用于考察学生对于每一个实验中给出的概念和实验技术的理解程度。

本指南所使用的稀释比例

根据《美国微生物学会命名手册》，稀释比例会使用比号（：）或者（/），但是注意这两者之间是有区别的。斜线代表整体的一部分比率，总共具有两个部分；例如，1/2

代表 2 的一半。冒号代表一个部分和两个部分的比率，总共具有三个部分。因此，1/2 等于 1 ：1，但是 1 ：2 代表 1/3。

稀释的问题

稀释是很多微生物课程中必不可少的部分，附录 A 提供了对不同稀释类型的概述。包括一系列实际的问题，也提供了相应的答案。

最后，我希望该书能够作为一个媒介来传达：①介绍微生物的复杂性和多样性；②为那些选择科学作为职业的人们提供坚实的基础以进行更深入的研究；③传达微生物学的意义、范围和兴趣点，作为观察世界的一个很重要的展望。

我感谢多年来我的同事和学生为我提供的建议。为了进一步改进本书，我恳请各位使用了这本书的人给予建设性的意见。请通过以下地址联系我：John.Harley@EKU.EDU。

John P. Harley

第七版的改进

我一直都对动手很有激情。仅仅知道某件事还不够，我们必须运用；仅仅希望还不够，我们必须实践。

——Leonardo da Vinci（莱昂纳多·达芬奇）

（意大利画家、雕刻家、建筑师、音乐家、工程师、数学家和科学家，1452—1519）

微生物学实验已经有二十多年的历史。本书具有很多引人入胜的图片和单独的习题，适合不同大专院校的师生使用。这些练习都可以和目前市面上比较基础的微生物学教科书配套使用。此外，这 49 个实验都可以单独进行，因此指导教师能够根据自己特定课程的需要来使用本书。同时，新版本还保留了之前出版版本的优点。

修改本书第七版时，我收到了来自很多不同渠道的反馈。通过相关反馈意见，我们在需要的部分提高技术以改进每一个实验，并通过增加更新、更好的图示和说明，增加学生的参与感，以及参考该领域的所有的实验教材，从而使得 Prescott、Harley 和 Klein 的《微生物学》第七版有所改进。所有的改进旨在表述更清楚、说明更准确，以及去除冗余部分。每个实验都旨在培养学生的理念——微生物无处不在并与人类密切相关。所有练习都旨在帮助学生认识到微生物的存在不仅仅是微生物实验室，而且在现实世界中无所不在。

一些更重要的变动如下：

• 本书使用了所有微生物的**生物安全等级（BioSafety Level, BSL）**新信息，同时还包括生物处理方面的建议。本书没有采用 BSL 2 以上的微生物进行实验。

• 添加了很多新的图片以及一些新的测试实验、器材、反应和步骤。

• 大部分练习中加入了网络学习链接，以帮助学生和指导老师通过网络了解更多信息。

• 加入了当前使用的快速 ID 测试，包括所有医学上很重要的细菌实验。

• 也加入了一个科学调查的新单元（第十一部分）。这包括两个练习：①“独立分组实验”和②“案例研究”。

• 很多活动能够通过说明来展示而不是学生实验，这样可以缩短解释一个特定概念的时间。

• 加入了生物发光的新实验。

实验安全特别指导

微生物实验室的安全应该一直铭记于心。尽管本书提供了很多安全建议，然而它们替代不了你的常识以及对微生物、化学物品和电子设备操作风险性的时刻警惕。安全意识是指在不能完全排除危险事物的情况下，考虑如何将风险降到最低。以下是微生物实验室每一个人都应该知道的一些常规建议。

1. 将所有不必要的衣服、书、钱包、背包和非必需品放在适当的位置——搁物架上。实验室工作区域不要放置实验中不使用的物品。

2. 禁止在实验室吃、喝或吸烟。

3. 保持橱柜和实验室门的整洁。不要让你的橱柜抽屉充满对于目前工作没有任何价值的培养物。

4. 将所有的试剂、培养基和玻璃器皿放回到合适的位置。

5. 在实验室工作时应穿实验服、罩衫或实验围裙。这些会帮助衣服免受污染或染料溶液的意外染色。

6. 在实验室不要将任何东西放到嘴巴里。这些东西包括铅笔、食物和手指。学会保持双手远离嘴和眼睛。

7. 避免污染实验台、地板和垃圾桶。

8. 实验前后，都要使用酚消毒剂如 5% 来苏尔、5% 酚溶液或四价化合物如十六烷基铵基吡啶 (cetylpyridinium，Ceepyrn) 来清理你的实验区域（实验台）。这个标准步骤能降低意外感染的概率，也可以避免培养物的污染。

9. 清楚灭火器、化学安全淋浴器、眼睛清洗剂、化学溢出试剂盒和实验室安全出口的位置。学会正确使用这些装置。

10. 如果怀孕、患有导致眩晕的疾病或其他问题(如糖尿病)，请尽快报告你的指导老师。

11. 离开微生物实验室时应洗手。

12. 使用特殊的容器来装感染性物品和用过的玻璃片。将所有的丢弃的培养物和污染的玻璃器皿放到这类特殊的容器中。不要累积一些不需要的物品。移液管可以用含有 5% 来苏尔的高罐子或其他特殊容器来处理。

13. 感染的物品意外溢出时，立刻使用消毒剂（5% 来苏尔或 5% 酚溶液）覆盖，并立即报告指导老师。

14. 在使用接种环和接种针转移培养物前后都要立刻灼烧。不要持有含感染物品的针或环在实验室中走动。

15. 每个实验前后都要彻底清洗双手，尽可能使用消毒肥皂。

16. 在所有的实验物品上写上标签

a 名字	M.Porter
b 日期	1/18/01
c 实验编号	Ex.5
d 实验室部门	8-10 M
e 样品 / 微生物	水 / 大肠杆菌

17. 紧急情况下呼叫的电话号码________________________________。

实验室的定位：操作和基本安全准则

本书中使用的很多微生物对于人类和动物都是致病的。因此，为了避免感染自己或他人，相关的一些准则是必需的。任何人选择无视这些准则或粗心大意导致他人受到危险的，都应该立刻离开实验室。如果在处理感染性的材料时产生了疑问，都可以咨询指导老师。

在 1997 年，美国微生物学学会通过教育和培训办公室发布了下列关于实验室安全的说明。这里的每一点，无论有无重点注释，对于每一个初始的微生物实验室都是至关重要的。

成功完成基础微生物学习的学生能够解释并且正确而安全的进行实验。

1. 微生物学相关操作，包括：

a 当遇到破碎的玻璃器皿时，告知指导老师并得到清理的指示；

b 无菌转移的方法；

c 减少气溶胶的产生并且认识到气溶胶可能导致的危害；

d 在实验前后和产生任何污染时都要洗手；

e 不要在实验室吃喝；

f 使用通用的预防措施；

g 实验前以及每一个实验期间都不要污染实验台；

h 识别并且正确归类不同类的垃圾；

i 不要使用化妆品，包括隐形眼镜，或将某些物品（手指、铅笔）放在嘴里或脸上；

j 阅读并且在实验室安全协议上签字，以确保学生阅读并理解了这些实验室安全准则；

k 正确的实验操作，包括归还物品到正确的位置，正确使用仪器，并且保持实验台没有无关的物品。

2. 保护程序，包括：

a 将长发扎在脑后，穿上个人的保护装备（护眼、外套和鞋子；眼镜更适合接触透镜），并且在正确的环境下使用这些装备；

b 始终正确使用移液设施，并且知道使用嘴巴来移液是不被允许的。

3. 紧急处理程序，包括：

a 找出并且正确使用紧急设施（洗眼台、急救箱、灭火器、化学安全清洗器、电话和急救号码）；

b 将所有受伤情况立刻告知指导老师；

c 按照处理紧急情况的正确步骤执行。

另外，在具有微生物实验室教学的机构应：

1. 训练职员正确处理管理垃圾；

2. 提供和维持必需的安全设备和信息资源；

3. 培训教师、工作人员和学生使用安全设备及其步骤；

4. 培训教师和工作人员使用 MSDS。工作场所危险材料信息系统（WHMIS）规定所有的有危险的物品，包括微生物，需要被特定标签标记。另外，需要有对应每一个有危险的物品的材料安全数据册（MSDS）。MSDS 的清单要与供货商销售的每一种化学试剂相对应。负责微生物实验室安全的人员应该确保该条例的严格执行。

如果来实验室之前了解这些东西，那么所有实验室工作就可以更有效和有力的执行。为了达到这一点，在实验开始之前阅读几遍你的实验步骤，明白每一个实验是怎样完成的，以及是为了体现什么原理。另外，阅读你的课本中关于你所做实验的章节，这会在现实的实验阶段节省你很多时间和精力。

在开始所有的实验之前，需要与你的指导老师进行简短的讨论，包括该做什么，材料在哪里和其他重要的信息。在你不明白指导老师或所涉及的原理时，请随时提问。

实验室的大部分工作是分组或配合完成的。这是为了帮助节约时间和减少开支，以及促进数据和结果的讨论。

ASM 的很多推荐预防措施都写入了本书的安全准则中。

我已阅读以上的准则并且理解其含义。

签名：________

日期：________

常规预防措施和实验室安全规程简介

常规预防措施

由于病史和检验不一定能可靠地鉴别所有的 HIV 或其他血液病原菌的感染者，所以应当对所有病人的血液和体液始终如一的采取预防措施。

1. 在与患者的血液和体液接触过程中，所有的卫生医疗工作者都应当采取适当的预防隔离措施以免皮肤和黏膜的暴露。当接触患者的血液和体液、黏膜或破损的皮肤时，处理它们或是表面沾有血液和体液的，或是进行静脉穿刺和其他血管通路的操作时都应当带上手套。在接触过一个患者后应当换掉手套。在操作的时候应当戴上口罩和保护耳朵和面部的防护罩。这样可以避免嘴巴、鼻子和眼睛的黏膜暴露在操作过程中可能产生的血液和体液的飞沫中。操作过程中可能会产生血液和体液的飞溅，应当穿上工作服或防护服。

2. 如果手或是其他部位的皮肤表面被血液或体液污染，应当立即彻底清洗。脱掉手套后就应当立即洗手。

3. 所有的卫生医疗工作者应当预防在操作过程中被针、手术刀和其他尖锐的器具或仪器所伤，如清洗使用过的器具、处理用过的针、操作后处理尖锐器具时都应注意。为了避免被针刺伤，不应当用手去摸针尖、故意的拧弯或是折断、从注射器上取下或是其他的操作。用过的注射器、针和手术刀片应当放在不易被刺破的容器中来进行处理。

4. 尽管唾液不能传播 HIV，但请尽量减少嘴对嘴的急救；在一些能够预料的急救区域，应当贮备口罩、复苏包或其他密闭装置。

5. 卫生医疗工作者如果有渗出性损伤或是皮炎，要禁止与患者的直接接触和处理患者看护的器械。

6. 按以下操作来清除溢出的血液和体液。①戴上手套和其他必要的防护装置。②用一次性毛巾擦掉多余物，并把毛巾放在专用器具中灭菌。③购买环保局批准的杀菌剂或家用漂白剂（次氯酸钠）消毒工作区域。后者应当稀释为 1 ∶100（光滑的表面）～ 1 ∶10（有渗透性或是脏的表面）的浓度；稀释液不能保存超过 24h。当处理大面积的溢出物或是包含了一些类似碎玻璃的尖锐物品时，首先用一次性毛巾覆盖溅出物，然后用商用的杀菌剂或是 1 ∶ 10 的漂白剂溶液饱和毛巾保持至少 10min。最后，按照上面的方法清除。

实验室预防

来自于所有患者的血液和其他体液都应当考虑为污染。

1. 所有血液和体液样本都应该被放在一个有安全盖子的容器里面，防止其在运输的时候发生渗漏，从而在收集各个样本时避免污染到容器的外面和样品的相关实验表格。

2. 所有处理血液或者体液标本者均应戴手套。若有与黏膜接触的血液或者体液样本，应预先戴上防毒面具和眼罩。当完成样本处理后，应更换手套并洗手。

3. 按照常规程序在进行组织学和病理学研究或微生物培养时，是没必要用生物安全柜的。然而，在可能产生飞沫的操作中需要使用生物安全柜。这些操作包括搅拌、超声和剧烈混合。

4. 实验室相关液体操作必须使用机械移液管。用过一个月的移液管不可以继续使用。

5. 针头和注射器的使用必须限制在规定情况下，建议在防护措施下使用针头以防止受伤。

6. 实验室工作台在血液或者其他体液溢出后必须用合适的化学剂灭菌。

7. 被污染的材料在用于实验室实验前必须消毒或放置于袋中，并按照有关处置传染性废物的条例进行处理。

8. 被血液和体液污染的科学仪器在实验室里修理或送回制造商前必须先进行消毒和清理。

9. 所有有关人员在做完实验有关工作后必须洗手，并离开实验室前脱去防护服。

10. 实验室工作区内不能吃东西、喝饮料和吸烟。

病原体的利用

最近，在微生物实验室有许多关于条件致病性或致病性微生物的讨论。理论上，第一学期的同学不可能用到病原体。但是，的确有生物实验不得不用到病原体。由于这个原因，在本书中尽量减少它们的使用，但在必要时还是将会被使用。

必须在微生物的序言部分告知学生，所有的微生物都必须被看作是潜在的致病菌。通过正确的操作程序和无菌设备的使用，对微生物进行运用不会对学生造成危险。

生物安全水平（BSL）

在微生物实验室使用致病微生物是当代教育中一个颇受争议的话题，尤其是在耐药微生物存在的年代。当你从美国典型培养物保藏中心或其他机构（见附录J）订购了一个菌种，其附带的文章都会特定说明其生物安全水平（BSL）。很多时候，学生购买者在教学实验室不太明白生物安全水平对于他们意味着什么。

疾病控制和预防中心对大部分微生物都定义了其 BSL。这些 BSL 在《微生物和生物医学实验的 CDC/NIH 生物安全的附带材料》（BMBL）中有说明。该文件在 http://www.cdc.gov/od/ohs/biosfty/bmb14/bmb14toc.htm 可查询。

一般说来，生物安全水平综合了实验室操作、步骤、安全设备和实验设施等方面。对于微生物特定的生物安全水平的命名是基于风险评估的，并且包括很多因素，如感染性或致病性、生物稳定性、传播途径和微生物（可）传染性。

CDC 对很多微生物进行生物安全水平定义，提供了在哪些情况下这些微生物可以安全操作，分为 4 个生物安全水平。

1. BSL1——微生物对于健康成年人不致病；标准普遍预防措施和实验室安全步骤应用（见 xiii ~ xiv 页）；没有安全设备需要。

2. BSL2——微生物跟人类疾病是相关联的；标准普遍预防措施和实验室安全步骤应用（见 xiii ~ xiv 页）需加上限制性使用、生物危险标识、警惕的预防和需要生物安全手册；实验服、手套和面部保护；污染的垃圾需要高压灭菌。

3. BSL3——可能导致严重或致命的后果，以及可能通过气溶胶传播的、天然的或外来的微生物；同 BSL2 的操作并且有控制的使用；消毒所有的垃圾和实验服；基本血清的检测；呼吸保护；操作通道的身体隔离；双门进出；负压气流；呼吸非循环空气。

4. BSL4——威胁生命，或未知传播风险的危险 / 外来的微生物；同 BSL3 的操作以及在进入实验室之前更换服装；在出口淋浴；所有送出的材料需要消毒；在入口需要正压个人服装；在单独的 / 分离的建筑物内操作；精细的空气供给系统和消毒系统。

“生物危害”标志必须被粘贴在所有被用于贮存或运输具有潜在传染性材料的容器表面或设备上。

关于 BSL 更多信息，请登陆美国生物安全协会网站：http://www.absa.org。

本书中用到的微生物的 BSL 表

微生物	实验	BSL 水平
粪产碱杆菌	11, 25	1
交硝化产碱杆菌	10	1
黑曲毒	42	1
杆草芽孢杆菌	5,6,14,16,19,23,31,44	1
环状芽孢杆菌	9	1
浸麻芽孢杆菌	9	1
巨大芽孢杆菌	9	1
嗜热脂肪芽胞杆菌	31	1
圆孢芽孢杆菌	31	1
丙酮丁酸梭菌	9	1
生孢子梭菌	17	2
假白喉棒状杆菌	6	1
产气肠杆菌	22	1
粪肠球菌	24	1
大肠杆菌	7,8,12,15,16,17,18,19,22,23,25,26,27,31,33,35,38,45,46	2
肺炎克雷伯氏菌	10,21,26,33	2
产酸克雷伯氏菌	22	1
藤黄微球菌	5,6,24	1
玫瑰色微球菌	13,14,15	
单分枝杆菌	8	2
耻垢分枝杆菌	8	2
点青霉	42	1
普通变形杆菌	19,21,22,26	2
奇异变形杆菌	20	2
铜绿假单胞菌	17,23,25,31,32,33	2
荧光假单胞菌	11,27	1
红酵母属物种	41	1
酿酒酵母	41	1
猪霍乱沙门氏菌	26	2
伤寒沙门氏菌	21	2
黏质沙雷氏菌	13,14,15,16,43	1
迂回螺菌	5,6	1
表皮葡萄球菌	20,27	1
金黄色葡萄球菌	7,24,31,32,43	1
费希尔氏弧菌	25	1

目　录

第一部分

显微镜技术

自然界最重要的规律、方法和过程的发现几乎都是从其中微小事物的研究中涌现出来的。

Jean Baptiste Pierre Antoine Monet de Lamarck(法国自然主义者，1744—1829)

微生物学工作需要运用各种光学显微镜。其中，最常用的包括明视野显微镜、暗视野显微镜、相差显微镜和荧光显微镜等。实际工作中常需要不同显微技术的组合运用，如明视野显微镜和相差显微镜组合，或者相差显微镜和荧光显微镜组合。在学习微生物形态、结构、染色性质和运动性的过程中，大家会不断涉及显微镜及显微技术。因此，掌握不同显微技术对于微生物学的各个领域都很重要。该技术需要在微生物课程学习初期就熟练掌握。为此，本书设计了五个实验。

通过实验1的学习，大家应掌握明视野光学显微技术。这将达到美国微生物学会核心课程（American Society for Microbiology Core Curriculum）实验操作技能第1条的要求（见iii页）：(a) 正确放置显微镜并调准焦距；(b) 正确操作、清洁和保管显微镜；(c) 正确使用各种镜头；(d) 记录显微观察结果。

Antony van Leeuwenhoek（1632—1723）

Leeuwenhoek是17世纪中期荷兰代尔夫特的一位磨制显微镜镜片的工匠。他是早期最伟大的显微镜专家。Leeuwenhoek是一个痴迷的观察者，他利用其显微镜观察一切能够观察的事物。

他发现到处都是这些微小的生物！他向皇家学会报告：他从其嘴里发现了成群的，只有显微镜才能看见的东西。他在报告中写到："虽然我现在已经50岁了，我的牙齿保护得非常好，因为我习惯每天早上用盐仔细刷牙，并且在用牙刷清理完牙齿后，我会拿布用力擦拭……"

他从他的牙齿里刮出了一些白色的东西，用纯净的雨水混合，蘸一点到一个小管里，放在显微镜上，然后关上门开始了他的研究……

当他将这个小管转入视野时，发现里面有一些让人难以置信的微小生物，在小管的水里跳跃……另外有一种东西向前游动，然后突然转弯，又突然翻个小筋斗……在他嘴里有一个小动物园！一些形似柔韧的杆状的生物……还有些像飞速转动的螺丝钉在水里面打转……

——Paul de Kruif

《微生物猎人》（1926）

实验 1

明视野光学显微镜观察微生物

安全注意事项

载玻片和盖玻片是玻璃制品，使用时请小心，不要割伤自己。盖玻片非常薄，很容易碎。将破碎的玻璃放在合适的带标签容器中。如果你的显微镜带有自动停止装置，不要使用它们。因为载物台测微尺太厚会导致其不能正确运行。这可能导致载玻片或者镜头的损坏。

实验材料

复式显微镜
擦镜纸和镜头清洗剂
浸镜油
制备好的包含几种类型细菌（杆菌、球菌、螺菌）、真菌、藻类和原虫的染色装片
载玻片
盖玻片
滴管
报纸或切纸
镊子
目镜测微尺
载物台测微尺

学习目标

1. 能够辨认复式显微镜的各个部件
2. 掌握显微镜的使用，特别是油镜镜头的使用
3. 学习如何制备和观察一张湿涂片
4. 理解如何用光学显微镜测量微生物大小
5. 校准目镜显微测量尺
6. 掌握不同微生物的一些测量方法

医学应用

在临床实验室，微生物的细胞大小、排列方式、运动能力是致病菌发现和鉴定的重要

指标。

为什么本实验采用制备好的装片？

因为这是微生物学课程，研究的大部分微生物是细菌，因而首先介绍 3 种细胞形态：球状、杆状和螺旋状。通过使用明视野光学显微镜获得的经验，学生在完成本次实验后将能够观察这 3 种细胞形状。此外，学生将对原核细胞的排列方式和微小的尺寸有一定的鉴识。

本实验的主要目的之一是让学生理解如何在光学显微镜下观察微生物以及掌握不同微生物的测量方法。通过测量制备好的各种细菌、真菌、藻类和原虫的载体，学生将会对贯穿全书中的不同微生物的大小有一定的鉴识。

原理

复式明视野光学显微镜的使用能力与学生在微生物实验室成功与否直接相关。**明视野光学显微镜** (bright-field light microscope) 是使用两种透镜系统放大图像的一种设备。初始的放大由**物镜** (objective lens) 实现。多数显微镜的旋转基座上至少带有 3 个物镜，每个镜头可以旋转并与**目镜** (eyepiece 或 ocular lens) 配合，实现最终的放大。物镜分为**低倍镜** (low-power objective)、**高倍镜** (high-dry objective) 和**油镜** (oil immersion objective)。每个物镜也可按照其他标准来命名，如**线性放大倍数** (linear magnification) 或**焦距** (focal length)。后者等于或者大于聚焦时样品与物镜尖端的**工作距离** (working distance)。例如，低倍镜常常为 **10× 物镜**或者 **16mm 物镜**；高倍镜为 **40× 物镜**或者 **4 mm 物镜**；油镜为 **90×**，**100×**，或 **1.8mm 物镜**。随着放大倍数增加，镜头与物体尖端的距离越来越小，进而物镜的光线也越来越少。这就是使用不同物镜来观察样本时，需要改变**聚光器** (substage condenser) 和**可变光圈** (iris diaphragm) 的位置的原因之一。聚光器将光集中在一个小的区域，而光圈控制进入聚光器的光量。需要牢记的一个原则是，随着放大倍数的增加必须增加进光量。使用油镜时，浸镜油填满了样本和镜头之间的空间。因为浸镜油与玻璃有相同的**折光系数** (refractive index)，光的损失能够被最小化（图 1.1）。在镜臂上端的目镜能进一步放大来自于物镜的图像。因此，观察者看到的总的放大倍数是物镜的放大倍数乘以目镜的放大倍数。例如，当使用 **10×** 目镜和 **43×** 物镜时，总的放大倍数是 **10×43=430** 倍。

基础显微镜实验步骤

正确使用显微镜

1. 一直用双手拿显微镜。将显微镜放在台面上远离边缘的位置。

2. 必要时，只能使用擦镜纸或镜头清洗剂来清洁所有的镜头。不要使用面巾纸，它们会刮花镜头。不要将目镜或显微镜的其他部件取出。

3. 从报纸或其他印刷物切下一个小写的 e。按照图 1.2 所示，制备一张湿涂片，将载玻片放在显微镜的载物台上，用标本夹固定载玻片。若你的显微镜具有载物台，则将

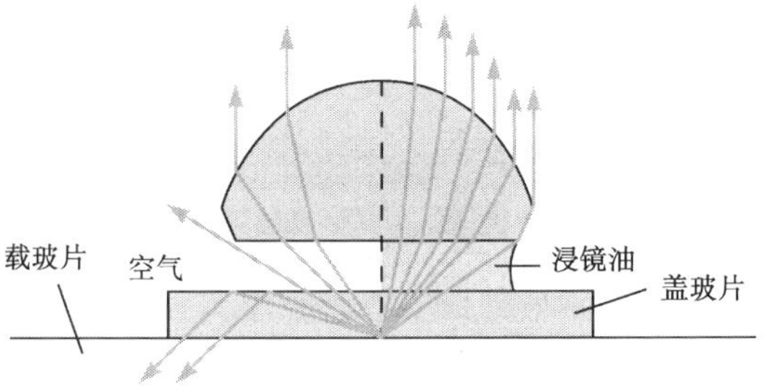

图 1.1　油镜。油镜在空气中操作，并使用浸镜油。光线在空气中传播会弯曲（折射），很多光线都未能进入物镜。而浸镜油避免了光线的损失，让更多的光线进入物镜。

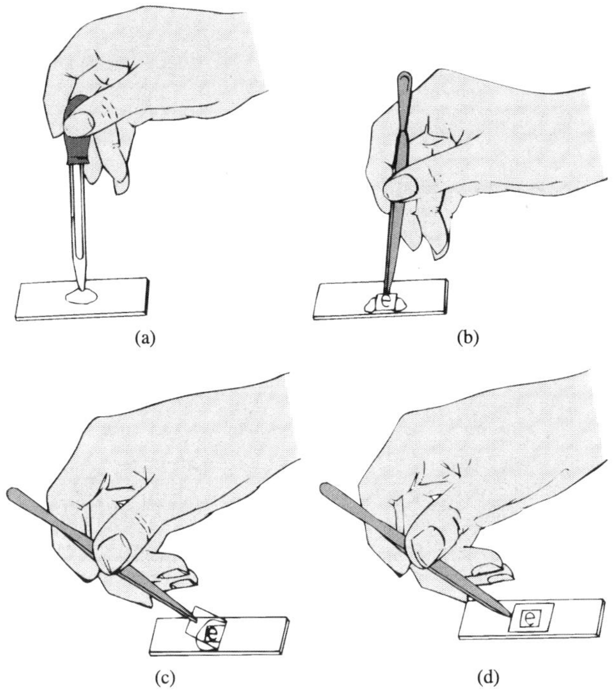

图 1.2　制备一张湿涂片。（a）将一滴水加到载玻片上。（b）将样本（字母 e）放入水中。（c）将盖玻片的边缘放在载玻片上，使其接触水滴边缘。（d）缓慢地降低盖玻片以防形成气泡。

载玻片安全地放入其中。移动载玻片直到字母 e 位于载物台和开口之上。

4. 将低倍物镜调整到合适的位置，降低镜筒高度直到物镜的顶端距载玻片 5mm 范围内。降低镜筒位置的过程中，从旁观察显微镜。

5. 边观察，边缓慢提高镜筒高度，逆时针转动粗调旋钮，直到看见目标物，随后使用细调旋钮对焦，获得合适的影像。

6. 开闭光圈，升降聚光器，观察这些操作对观察目标的影响。通常，显微镜的镜台下部的聚光器位于最高位置。先打开光圈，然后逐渐关上，直到出现一点反差（表 1.1）。

7. 使用油镜观察所提供的染色细菌（图 1.3a ~ d）。油镜的使用方法如下：首先用低倍物镜锁定染色区域，然后将油镜转动到油里，最后用细调螺旋对焦。另外，也可以先用高倍镜准确对焦，然后旋转物镜调节盘，转到油镜镜头和高倍镜头中间位置。这时，在载玻片的聚光区域的中心滴一小滴油。继续转动物镜调节盘直到油镜到位。此时镜头浸入油里，再通过细调准确对焦。在下面的空白区域描绘少量的细菌。

8. 显微镜用毕，将低倍物镜对准目镜，将镜筒降到最低位置，用擦镜纸和清洁器清除油镜上的油，然后将显微镜放回存放处。

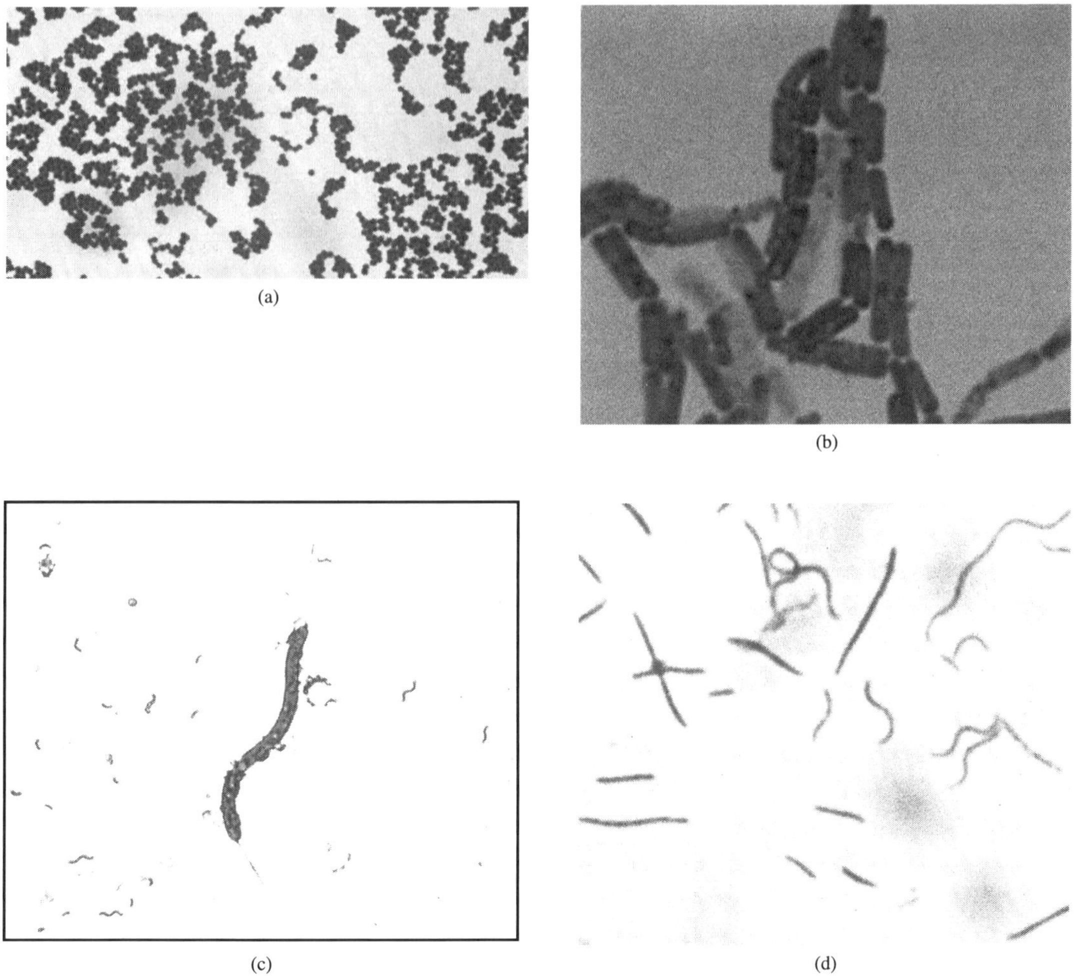

(a) (b) (c) (d)

图 1.3 明视野光学显微镜下细菌形态。（a）金黄色葡萄球菌，球状（×1000）；（b）枯草芽孢杆菌，杆状（×1000）；（c）卷曲螺菌，螺旋状（×1000）；(d) 深红红螺菌，螺旋状（×1000）。

表 1.1

明视野显微镜常见问题及解决方法

常见问题	解决方法
没有光线透过目镜	检查显微镜电线插入的插座是否有电
	检查光源开关是否打开
	确保观察物固定在指定位置
	确保可变光圈已经打开
透过目镜的光线不足	将聚光镜升到最高
	将光圈完全打开
	确保观察物固定在指定位置
视野范围内有杂物(线、粉尘、眼睫毛等)	用擦镜纸和清洁剂清洁目镜
视野中可见颗粒游动且视野模糊	可能是油镜油中的气泡；多加一些油或确保相应的物镜完全浸没在油中
	若使用非油浸高倍物镜，确保其未使用油
	确保盖玻片上没有油。油会使盖玻片与其粘连而从载玻片上脱离，从而导致视野模糊或看不见

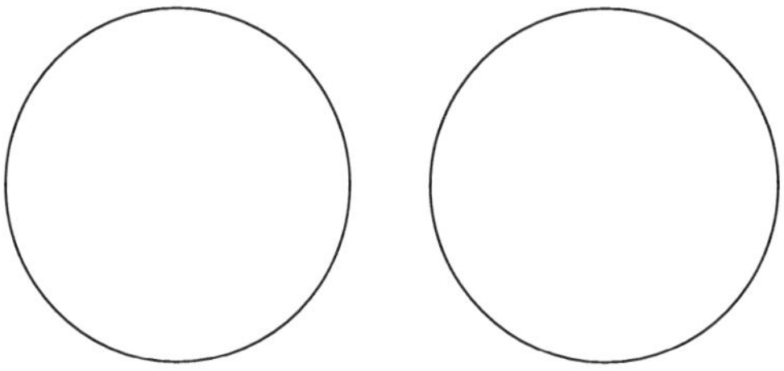

显微测量的原理

实验中经常需要精确测量微生物的大小，例如，大小尺寸是鉴定一个未知细菌必不可少的。通常使用米制单位来表示微生物的大小。一般用目镜上配备千分尺的显微镜来测定。**目镜测微尺**（ocular micrometer）是一个具有均匀间距刻度的玻璃圆盘，其距离未知，刻度从 0 到 100。千分尺放到显微镜的目镜中，并用**载物台测微尺**（stage micrometer）校准。载物台测微尺刻度有确定的间距。其刻度一般为 0.01mm 和 0.1mm。通过载物台测微尺与刻度左边的影像对比目镜千分尺的校准。

经过干燥、固定或染色涂片后的微生物的大小会比真实的小 10% ~ 20%。因此，测定微生物实际大小必须用湿涂片。

实验步骤

校准目镜测微尺

1. 如果开始观察时目镜测微尺和载物台测微尺未对准，则目镜测微尺的显示如图 1.4a 所示。而载物台测微尺的显示如图 1.4b 所示。

2. 如果载物台测微尺和目镜测微尺都放到准确位置，则如图 1.4c。旋转显微镜筒上的目镜，使目镜测微尺与载物台测微尺平行（图 1.4d），移动载物台测微尺，使两个测微尺左对齐。

3. 观察目镜测微尺上特定数量间距之间所包含的镜台测微尺间距，计算目镜测微尺刻度之间的实际距离。与载物台测微尺刻度匹配的目镜测微尺间距越多，校正精度越高。

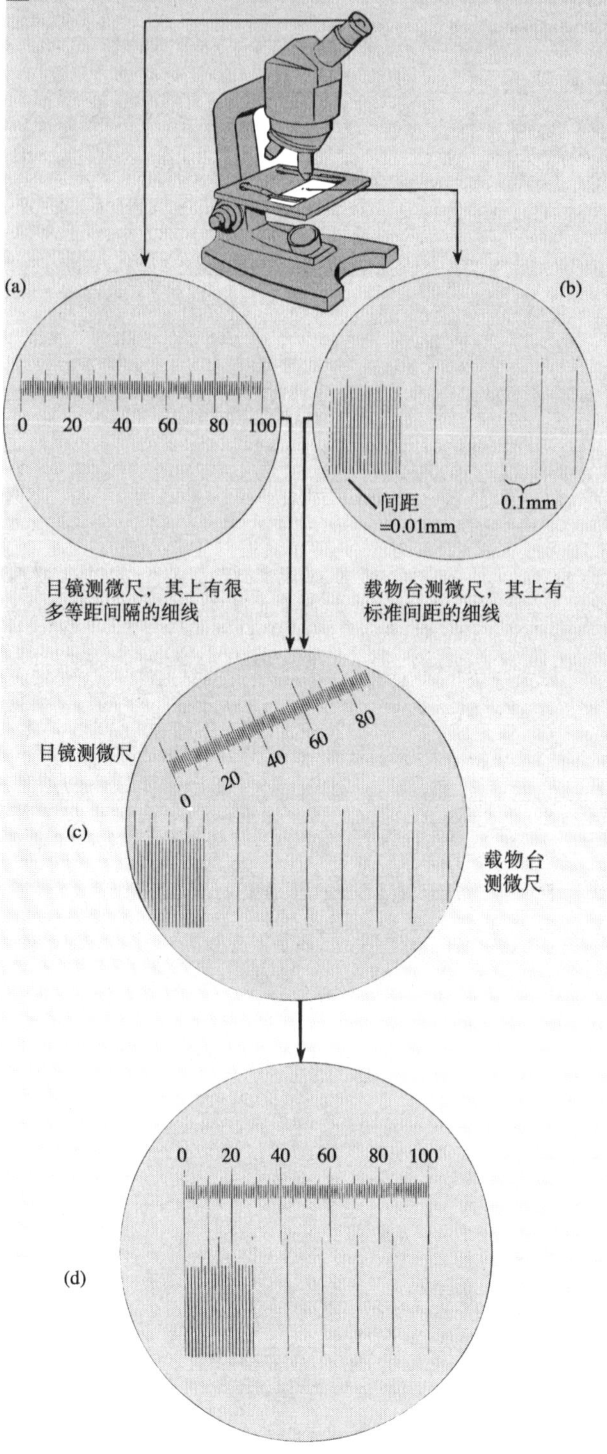

图 1.4 目镜测微尺的校准。

载物台测微尺最小距离是 0.01mm 或 10μm（图 1.4b），所以可以通过下面的方法来校正目镜测微尺：

数量为 Y 的载物台测微尺间距 = 数量为 10 的目镜测微尺间距

因为载物台测微尺最小间距 =0.01mm，所以数量为 10 的目镜测微尺间距 = 数量为 Y 的载物台微分尺间距 ×0.01mm，并且目镜测微尺一个间距 = 数量为 Y 的载物台测微尺间距 ×0.01mm/10

例如，如果数量为 10 的目镜测微尺间距 = 数据为 6 的载物台测微尺，那么

1 目镜间距 ×6×0.01mm/10，

1 目镜间距 =0.006mm 或 0.6μm。

这个数值针对特定的物镜 - 目镜镜头组合，因显微镜而异。

校正并记录显微镜的每个物镜。在空白处填计算值，并且将计算值交给指导老师。

低倍镜（10× 物镜） 1 目镜间距 =_____ mm

高倍镜（40× 物镜） 1 目镜间距 =_____mm

油镜（90× 物镜） 1 目镜间距 =_____mm

提示与警告

（1）粗调和细调螺旋调整不要超过其限度，否则会损坏显微镜。

（2）需要注意的基本原则：放大倍数越低，所需的亮度越小。

（3）使用前，显微镜的细调旋钮应该调至中间位置，以便双向调整。

（4）如果不小心将载玻片的反面朝上放到镜台上，低倍和高倍镜都轻松聚焦。但是，如果使用油镜，则无法进行聚焦（因为在反面。译者注）。

（5）安装或撤除载玻片只能在低倍镜（4× 或 10×）下进行。高倍镜下则可能划坏镜头。

（6）戴眼镜者观察时的注意事项：显微镜能够对焦，因此它能够校正近视或远视。近视或远视者观察时可不戴眼镜。但显微镜不能校正散光，因此散光者需戴眼镜。如果戴眼镜，正确的观察应不与目镜接触，否则，可能划伤其中之一。

（7）镜头清洁剂会损坏物镜，因此，用量不宜过多，也不宜让清洁剂在物镜上保留太久。

目镜测微尺的刻度间距只是相对量，只有用具体的物镜校正后才有意义。如果有必要在目镜上插入测微尺。请询问指导教师在镜头底部还是在两个镜头之间插入。插入时确保刻度位于镜头的上部。染色样品，如革兰氏染色的细菌，如果染色部分是细胞质（如革兰氏阴性细菌），其尺寸会比实际偏小。如果染色部位是细胞壁（如革兰氏阳性细菌），则接近其实际大小。

复习题

1. 区分镜头的分辨率和放大倍数。术语“等焦距”是什么意思？
2. 显微镜存放和搬动时，为什么要将低倍物镜调至中心位置？
3. 使用 90× 到 100× 的物镜时，为什么需要油？
4. 光圈和镜台下部的聚光器有何功能？
5. 分辨率限度是什么意思？
6. 当灯泡的电压由电阻调节时，如何提高显微镜灯泡的寿命？
7. 显微镜镜台下部聚光器通常调整到什么位置？
8. 观察到的细菌三种形态分别是什么？
9. 如何提高显微镜的分辨率？
10. 微生物学最常用的物镜是哪种？请解释其原因。
11. 微生物学最常用的目镜是哪种？请解释其原因。
12. 使用同样的物镜，将 10× 目镜换成 5× 目镜，放大倍数是多少？
13. 为何有必要有用每一个物镜校准目镜测微尺？
14. 在制备好的装片中，哪一种微生物最大？
15. 鉴定微生物时，测量大小为什么要用湿涂片？
16. 什么是载物台测微尺？

17. 关于 10× 物镜的完成下列问题：

a. _______ 目镜测微尺间距 =_______ 载物台测微尺间距

b. _______ 目镜测微尺间距 =1 载物台测微尺间距 =_______mm

c.1 目镜测微尺间距 =_______ 载物台测微尺间距 =_______mm

18. 完成下列关于测量单位的信息：

单位	缩写	数值
a. 1cm	_______	10^{-2}m
b. 1mm	mm	_______
c. _______	μm	10^{-6}m
d. 1nm	_______	10^{-9}m
e. 1Å	_______	10^{-10}m

19. 总结这次实验的主要目的。

实验 2

暗视野光学显微镜

安全注意事项

用平头牙签轻刮牙龈线或牙龈沟，获得少量的刮取物。不要弄伤牙龈组织或沾上食物残渣。载玻片和盖玻片是玻璃制品，小心不要划伤自己。将碎玻璃放到恰当标记的容器中。用过的牙签不要扔到废纸篓中，应将其放到合适的容器中处理。

实验材料

暗视野光学显微镜
平头牙签
擦镜纸和擦镜器
浸镜油
载玻片和盖玻片
制备的螺旋体载玻片（如齿垢密螺旋体）、放射虫、原生动物
镊子

学习目标

1. 了解暗视野光学显微镜的原理
2. 正确使用暗视野光学显微镜
3. 制备湿封片，用暗视野显微镜观察螺旋体

为什么本实验采用下列细菌？

齿垢密螺旋体（*Treponema denticola,* M.L.n, *denticola*，齿状，生活在牙齿处）通常是口腔黏膜正常微生物群落的一部分，因此容易得到并且不需培养。如果仅仅用革兰氏染色或吉姆萨染色，大部分微生物的染色不充分，最好用暗视野显微镜或相差显微镜观察。因此，当学习使用暗视野显微镜时，齿垢密螺旋体是极好的样品。学生还可以继续练习制备湿封片。齿垢密螺旋体是细长的、螺旋状细胞，长 6 ~ 16μm。在湿封片中，细菌可以旋转和平移。这源于插入菌体末端的两、三根周生鞭毛。新细菌细胞围绕其轴快速旋转。因此，通过齿垢密螺旋体，学生还可以观察细菌的运动。

原理

复式显微镜可能适合配置暗视野聚光器，它具有比物镜大的数值光圈（分辨率）。聚光器也具有一个暗视野光栅。这样一来，复式显微镜就成为**暗视野显微镜**（dark-field microscope）。通过样品的散射光，进入接物镜，非散射光则未进入，从而形成暗背景下的明亮图像（图 2.1、图 2.2）。因为明亮物体与黑色背景形成鲜明的对照，这样效果更清晰。暗视野显微镜是观察未染色的活微生物、难染色的微生物或亮视野显微镜难以确定的螺旋体等（图 2.2）的理想工具。

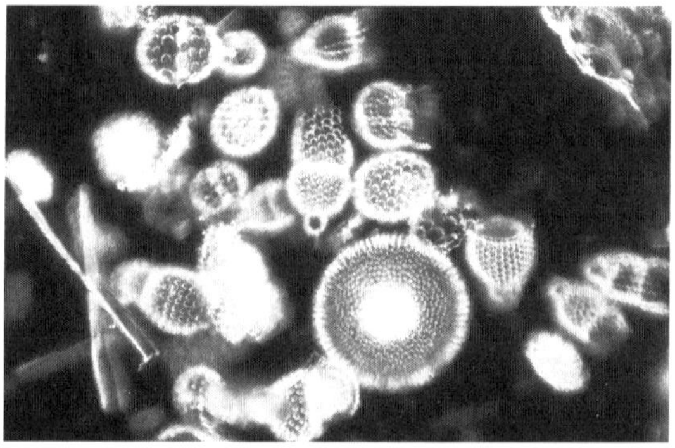

图 2.1 暗视野显微镜。暗视野显微镜非常适合观察透明的未染色样本。如果是在明视野中，对比度则会非常低。这张暗视野显微照片（×100）显示各种放射虫的外壳。它们具有多种独特而美丽的外形。

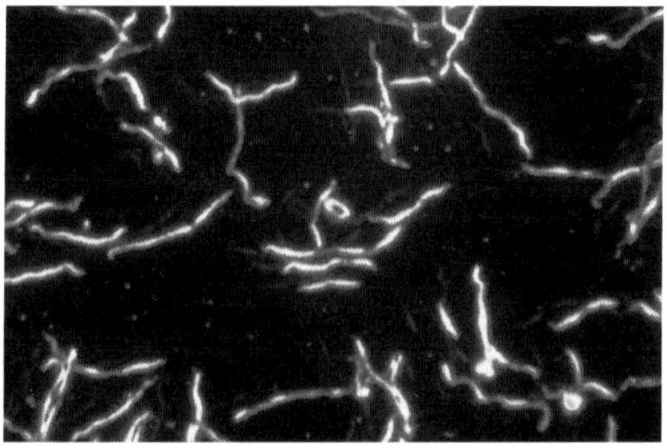

图 2.2 齿垢密螺旋体的显微照片。暗视野显微镜观察结果（×500）。（© Arthur M.Siegelman/Visuals Unlimited）。

实验步骤

1. 在暗视野聚光镜上滴一滴浸镜油。
2. 将制备好的载玻片放到载物台上，确保样本恰好位于孔的正上方。
3. 调节高度控制旋钮，升高暗视野聚光器，直到油刚好与载玻片接触。
4. 锁定 10× 物镜，调节粗调旋钮和细调旋钮，直到获得螺旋体的清晰图像。然后转到 40× 物镜，用相同的方式调焦。
5. 用油镜观察螺旋体。在实验报告中画几个螺旋体的图像。
6. 非致病螺旋体（齿垢密螺旋体）可能是口腔黏膜正常微生物菌群的一部分。制备其湿封片需要用平头牙签轻刮自己的牙龈，将刮取物涂布在滴有水滴的载玻片上。轻轻盖上盖玻片（图 1.2）以防止形成气泡。用暗视野显微镜检测这些微生物，并在报告上画出几个螺旋体。

提示与警告

（1）养成在使用油镜之前清理凸透镜的好习惯。

（2）确保制备好的载玻片正面朝上（盖玻片在上）放置在载物台上。

（3）使用油镜时，如不能看清图像，不要慌乱，向指导老师寻求帮助。

（4）载物台下的聚光器一直完全打开，确保样品亮度充足。

复习题

1. 暗视野显微的原理是什么？
2. 哪些情况下可能使用暗视野显微镜？
3. 使用暗视野显微镜检测样本时，为什么背景黑暗而样本明亮？
4. 明视野和暗视野显微镜之间有哪些差别？
5. 暗视野显微镜的阿贝聚光镜的功能是什么？
6. 暗视野显微镜的暗视野光栅有何作用？
7. 使用暗视野显微镜观察，为什么将油滴直接滴在聚光镜上方？

实验 3

相差光学显微镜

安全注意事项

小心载玻片和盖玻片；实验结束后，妥善处理载玻片和盖玻片以及用过的巴斯德吸管和池塘水；不要用嘴吸取液体，应该用提供的移液控制装置或洗耳球。

实验材料

池塘水
相差光学显微镜
具有吸管控制器的巴斯德吸管
图示的普通池塘水中的微生物
甲基纤维素 (protoslo, Carolina Biological 提供)
镊子
擦镜纸和擦镜头器
显示内生孢子的芽孢杆菌属（*Bacillus*）或梭菌属（*Clostridium*）的装片

学习目标

1. 掌握相差显微镜的基本原理
2. 正确使用相差显微镜
3. 制作一张池塘水的湿封片并观察其中的一些透明、无色的微生物

为什么本实验采用下列细菌和池塘水？

大部分微生物及其细胞器无色，通常很难通过一般的亮视野或暗视野显微镜观察。相差显微镜可观察用别的方法难以区分的、活的、未染色细菌及其结构（如内生孢子）。杆菌呈棒状，通常成对或链状排列，具有圆形或方形的末端，内生孢子是椭圆形或圆柱形。梭菌通常成对或短链状排列，末端圆或偶尔尖。内生孢子往往使得细胞膨胀。因此，通过杆菌和梭菌装片，学生可以掌握使用相差显微镜的技巧，观察特殊的细菌结构，如不同的内生孢子。

池塘水通常富含细菌和原生动物。使用相差显微镜观察且加入甲基纤维素（protoslo）可以减缓很多微生物的活动。学生可以观察原生动物如尾草履虫（*Paramecium caudatum*）的内部结构。

原理

普通的亮视野或暗视野显微镜往往不能看到某些透明无色的活细菌及其内部细胞构造。因为它们不能吸收、反射或衍射足够的光线，这样就不能与周围环境或微生物的其他部分区别。微生物及其细胞器只有比环境多吸收、反射、折射或衍射一些光时才可见。**相差显微镜**（phase-contrast microscope）可以观察到其他方法无法检测的不可见的活的、未染色微生物（图 3.1a ~ d）。

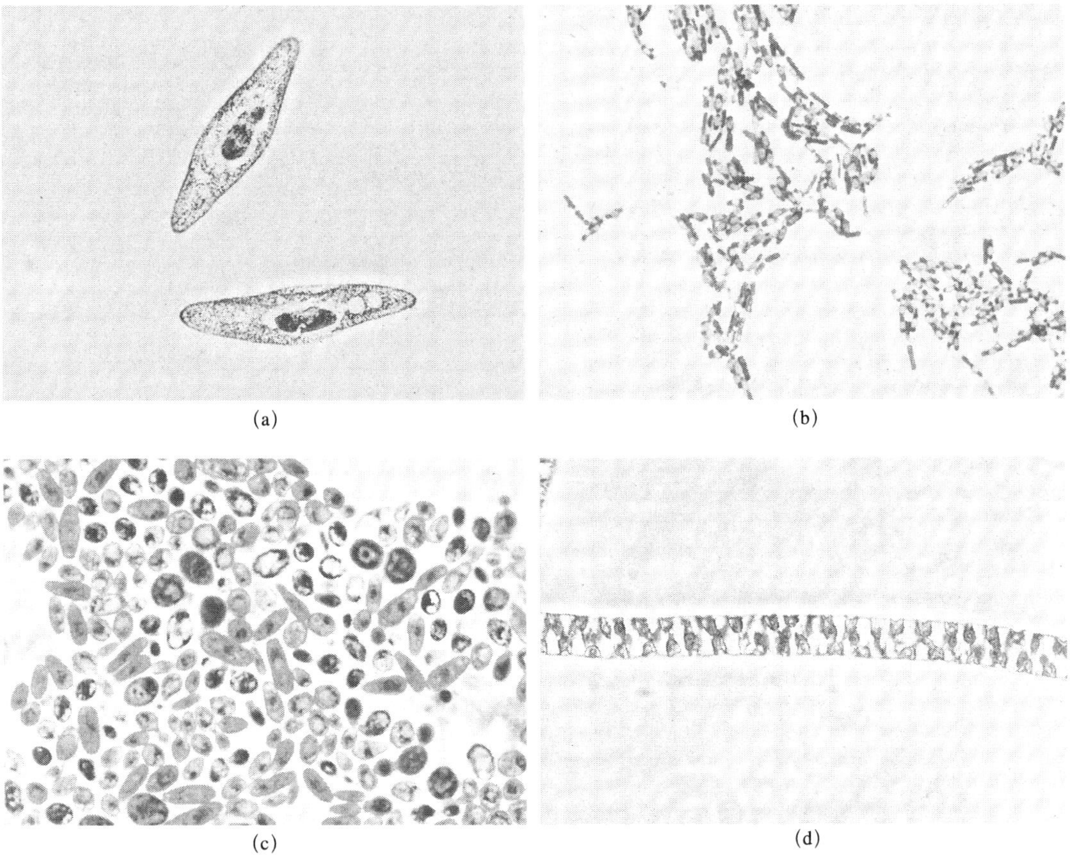

图 3.1　相差显微镜观察到的几种微生物。（a）原生动物，尾草履虫 *Paramecium caudatum* 来自池塘水，染色后观察其内部结构（×200）；（b）杆菌，蜡状芽孢杆菌，染色后观察其孢子（×1000）；（c）酵母，酿酒酵母，染色并观察其芽殖（×1000）；（d）丝状绿藻，水绵属的绿藻类，染色并观察其螺旋状叶绿体（×200）。

相差显微镜的聚光器有一个环形光栅，可以产生一个圆形光锥；物镜上具有涂有透明薄膜的玻璃圆盘（相位片），这能增强样本产生的相变。样本的这种相变可从**光强度**（light intensity）差异来观察。相位片可以使得衍射光相对非衍射光滞后（阳性相位片），形成**暗相差影像**（dark-phase-contrast microscopy），也可以使未衍射光与直射光相对（阴性相位片），形成**明相差影像**（bright-phase-contrast microscopy）。

实验步骤

1. 制备一张池塘水的湿涂片。加一滴甲基纤维素，以减缓微生物的泳动。也可以观察杆菌或梭菌装片。

2. 将载玻片放到相差显微镜的载物台上，并确保样本位于通光孔的正上方。

3. 旋转 10× 物镜对准通光孔。

4. 转动 10× 物镜对应的光圈。让聚光器下面的光圈产生的光锥面准确聚焦于物镜的相位片。

因此，有三个不同的光圈分别与三个相差接物镜匹配（10×、40×、90× 或 100×）。聚光镜下部有一个能够旋转的圆盘。旋转圆盘可以将光圈定位到的正确位置。

5. 聚焦 10× 物镜，然后观察微生物。

6. 旋转物镜调节盘和光圈到恰当的位置，用 40× 的物镜观察。

7. 同样方式调节油镜。

8. 在实验报告中，画出观察到的几种微生物。

9. 如果检测的是池塘水，利用教师提供的图片，帮助识别其中的微生物。

提示与警告

（1）确保显微镜载物台上的样本正好位于通光孔的上方。

（2）相位元件必须正确地校准。初学者使用相差显微镜时最易犯的错误就是不能校准。

复习题

1. 相差显微镜的光圈起哪些作用？
2. 哪些情况下需要使用相差显微镜？
3. 阐释相位片在相差显微镜中的工作原理，以及在暗背景下如何产生明亮的图像？
4. 在相差显微镜中，衍射光相对于非衍射光的相位发生了哪些变化？
5. 相差显微镜比普通的亮视野显微镜有哪些优势？
6. 亮相差显微镜和暗相差显微镜之间有哪些差异？
7. 显微技术中，术语“相位”的含义？

实验 4

荧光显微镜

安全注意事项

高压水银蒸气作为光源的灯泡，有爆炸的可能。当它温度很高时，不要去碰它。不要让汞灯光直接照射你的眼睛，这样可能灼伤视网膜。同样，观察显微镜时，缺乏阻挡层或滤光片也会损伤视网膜。

实验材料

荧光显微镜

擦镜纸和擦镜器

低荧光性的浸镜油

荧光染料已染色的已知菌 [结核分枝杆菌（*Mycobacterium tuberculosis*）] 的装片

学习目标

1. 理解荧光显微镜的原理
2. 通过观察用荧光染料染色的已知菌装片，学会正确使用荧光显微镜

为什么本实验采用下列细菌？

结核分枝杆菌 (L. *tuberculum*, a small swelling + Gr.-*osis*.characterized by) 是导致结核病的病原体。其生长非常缓慢，且不能用革兰氏染色法进行染色。细胞长 1 ~ 4μm，直线状或者轻微弯曲，单个，偶而成线状。用荧光染料或用荧光染料特异性标记的抗体标记后，这种细菌最容易鉴别。然而，免疫荧光标记既费时又昂贵。通过使用市售的现成装片，学生可立即观察致病菌如结核分枝杆菌，并获得使用荧光显微镜的专业技能。本实验中，显微技术比所观察的对象更重要。

医学应用

荧光显微镜通常用于临床快速检测和鉴定组织涂片、切片和液体中的细菌性抗原，以及快速鉴定许多致病菌。例如，通过特异性结合结核分枝杆菌的荧光染料，能够快速筛选痰样本中的结核分枝杆菌。荧光显微镜下观察到的标本只能是染好色的目标细菌。

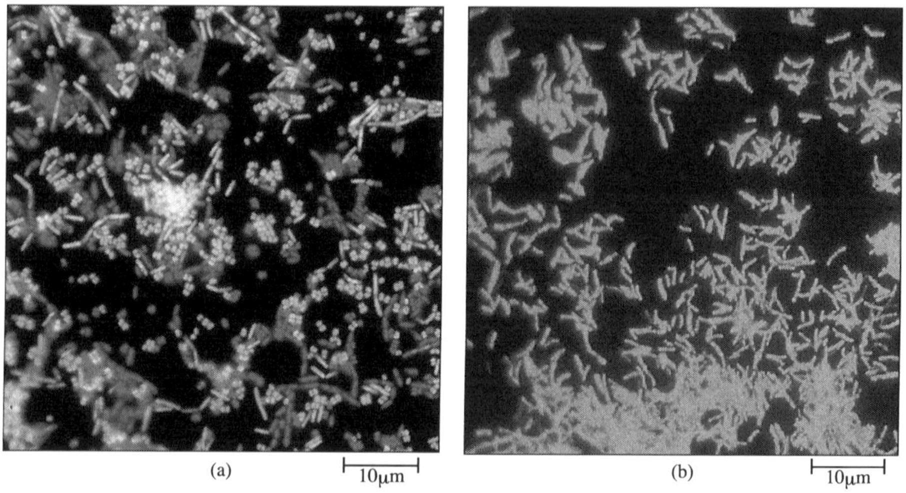

图 4.1 荧光显微镜。（a）染色导致活细胞（藤黄微球菌和蜡状芽孢杆菌）发绿色荧光，死细胞发红色荧光（×1000）；（b）改进后的抗酸染色技术，金胺 O 可染色分枝杆菌（×1000）。

网络学习链接

来自显微镜使用的实例分析（http: //instruct1. cit. cornell. edu. /courses/biomi290/microscopycases）。

1. 实例 1 用荧光显微镜检测自来水。
2. 实例 2 用革兰氏及荧光和透射电子显微技术检测 SARS。
3. 实例 3 用荧光显微镜检测生物膜。

原理

荧光显微镜（fluorescence microscopy，也称为 epifluorescent，入射光或反射光荧光显微镜）基于的原理是通过样本的选择吸收消除了入射光，透过的是被样本吸收后再改变波长发射的光。光源必须产生适当波长的光束。激发滤光片消除了不能激发荧光基团的光。由样本发出的荧光能够通过滤波片到达物镜，而入射光的波长无法通过该滤片。因此，只有样本荧光基团产生的光才可以增强观察到的图像的强度（图 4.1a，b）。

实验步骤

1. 使用荧光显微镜之前，至少要将紫外灯先开 30min。**绝不要在没有戴能够过滤紫外线的眼镜的情况下直视紫外线光源，否则可能导致视网膜灼伤或失明。**
2. 确保激发滤光片和吸收滤光片与期望的荧光显微镜类型相匹配，并安放到正确位置。
3. 滴一滴低荧光性浸镜油到聚光器上。
4. 将装片放到载物台上并旋转到正确位置，以确保样本位于通光孔的正上方。提升聚光镜到油滴刚好与载玻片的底部接触。

5. 水银灯预热后，打开钨灯光源，并且聚焦样本。
6. 起始物镜为 10×，找到并聚焦样本。
7. 找到样本后，分别转到 90×，再到 100× 物镜。转换到水银灯，然后观察样本。
8. 比较明视野显微镜和荧光显微镜中所观察到的微生物，并在实验报告中描绘出来。

提示与警告

（1） 水银灯需要 30min 的预热时间。正常实验过程中，不要开关显微镜。

（2） 确保正确的滤光片放置到位，如有疑问，请咨询指导老师。

（3） 暗视野聚光镜没有光栅控制。

（4） 荧光显微镜不能用普通的浸镜油。

复习题

1. 使用哪种光可以激发染料并使得微生物发荧光？
2. 列出两种用于细菌染色的荧光染料。
3. 使用水银灯时，必须防止的最严重的危害是什么？
4. 下列每一个部件的功能是什么？
   a. 激发滤光片
   b. 吸收滤光片
   c. 滤热片
   d. 汞蒸气弧光灯
5. 临床实验中，荧光显微镜在哪些时候发挥作用？
6. 区别磷光和荧光。
7. 生态学研究中，采用荧光显微镜有哪些优势？举几个例子。

第二部分

细菌形态和染色

实践越多，我就越幸运。

——Lee Trevino(高尔夫职业球手，1939—)

科学研究更重要的是，发现新的思考方式而非获得新的事实。

——Sir William Henry Bragg (英国物理学家，1862—1942，1915 年获得诺贝尔奖)

活细菌有时可直接通过明视野显微镜或相差显微镜进行研究。这在要展示细菌的运动性时很有用。本书第二部分的第一个实验即观察未染色的活细菌。

活细菌通常无色并且几乎透明，与周围的水反差较小，因此，为了观察细胞内部结构和总体形态，有必要染色使其变得可见。本实验包括染色、制备装片、认识细菌形态，以及特异性染色细菌的特殊结构如内生孢子、荚膜和鞭毛。

完成这些实验后，学生将掌握鉴定微生物所需的装片制备技术，达到美国微生物学学会核心课程实验操作技能第 2 条的要求（见 v 页）。

(a) 清洗、处理载玻片；

(b) 制备固体和液体培养样本的涂片；

(c) 制作湿装片和（或）悬滴涂片；

(d) 革兰氏染色操作。

Hans Christian Joachim Gram(1853—1938)

微生物学中使用最广泛的染色是丹麦科学家及医师 Christain Gram 发明的革兰氏染色。1884 年，Gram 将他的染色方法命名为“切片和涂片标本的鉴别染色法”(Fortschr. *Med.* 2：185~189，1884)，并描述如下：

乙醇脱水后，样本浸入到 Ehrlich 的苯胺龙胆紫溶液 1 ~ 3min……然后直接置入碘 - 碘化钾溶液中或用乙醇快速冲洗，保留 1 ~ 3min。在这个过程中，颜色由深蓝紫色变成深紫红色。然后用无水乙醇进行完全脱色，再用丁香油进一步清洗……最终，细菌被染成深蓝色而背景仍然是浅黄色……

1884 年，Gram 在试图区分受感染组织与微生物时，发明了革兰氏染色。Gram 观察到了我们现在称之为的“革兰氏反应”，但当时他并未认识到该技术的分类学价值。

实验 5

负染色法

安全注意事项

小心本生灯的火焰。实验中使用的染料如果溅到衣服上，将很难洗掉。在制备负染载玻片的时候，应按压远离手握的一端（图 5.2）。载玻片通常放在盛有消毒液的容器中。

实验材料

大豆胰蛋白胨肉汤培养基上培养了 24 ~ 48h 的枯草芽孢杆菌（*Bacillus subtilis,* ATCC 6051）、藤黄微球菌（*Micrococcus luteus,* ATCC 9341）和迂回螺菌（*Spirillum volutans,* ATCC 19554）。

墨汁，苏木精

干净的载玻片

接种环

浸镜油

显微镜

擦镜纸和擦镜器

蜡笔

本生灯

学习目标

1. 理解负染的原理
2. 用负染色法对三种不同的细菌进行染色

为什么本实验采用下列细菌？

通过实验 5 中的枯草芽孢杆菌（L. *subtilis*，细长）和迂回螺菌，大家熟悉了这些细菌的棒状形态。因此可用这些细菌展示负染技术。本实验还增加了一种新细菌，以拓宽大家对细菌形态的认识。藤黄微球菌（L. *luteus*，金黄色）是球形细胞，直径 0.9 ~ 1.8μm，成对，四联球菌或不规则的簇状，但不呈链状、无芽孢、很少运动。这种细菌容易培养，因为它能在简单的培养基上生长，形成黄色、黄绿色或橙色菌落。藤黄微球菌主要位于哺乳动物皮肤和土壤中，但也很容易从食品和空气中分离。

医学应用

梅毒密螺旋体（*Treponema pallidum*）是导致性传播疾病——梅毒的螺旋体。这些细菌的细胞非常脆弱，热固定很容易变形。因此，负染色法是临床检测的理想方法。

原理

无需苛刻的染色或采用可能扭曲细胞形状的热固定技术，就有可确定细菌的总体形态的方便方法。当细菌不易染色，或有必要通过湿涂片或悬滴载玻片观察细菌的形状和大小来证实观察数据时，负染色是比较理想的措施，也是观察荚膜的理想技术（参考实验 10）。

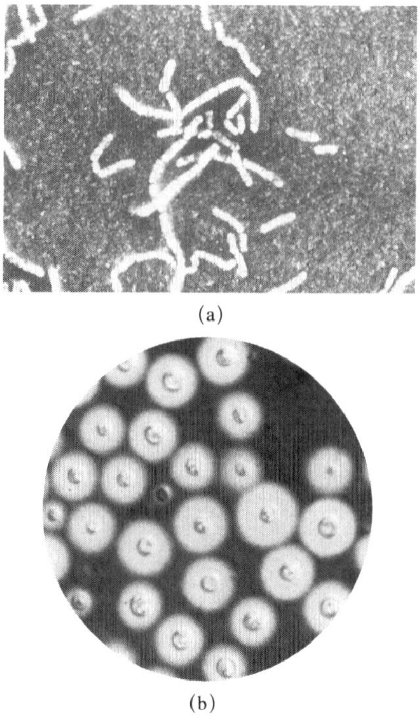

图 5.1 负染 。(a) 经墨汁染色的巨大芽孢杆菌；(b) 经墨汁染色的新隐球酵母（×1000）。透明菌体周围的暗背景。(b : ©Slegelman /Bisuals Unlimited)。

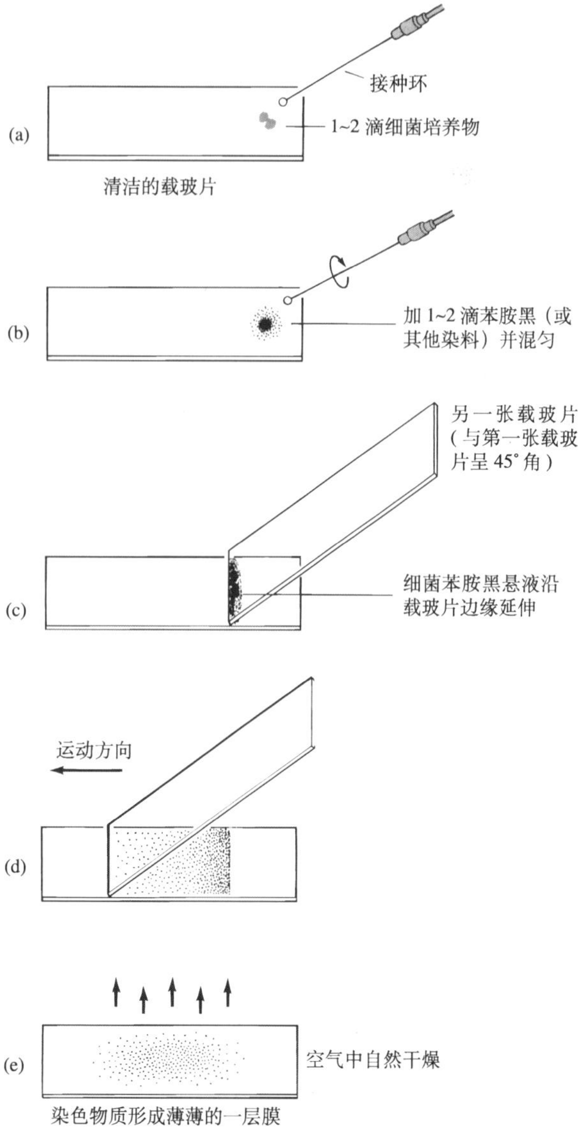

图 5.2 负染步骤及薄层涂片的制备。

负染（negative staining）、**间接染色**（indirect staining）或**背景染色**（background staining）是将细菌与酸染料，例如苯胺黑、墨汁或伊红混合，然后将混合物涂布到载玻片上，形成一层薄膜。染料的负电荷与细菌细胞壁的正电荷之间具有排斥作用，染料不会穿透细胞，也不会使整个细胞染上色，而是在细菌周围沉淀或形成黑色背景。因此，细菌呈周边透明的未染色细胞状态（图 5.1）。

实验步骤

1. 用蜡笔在 3 张载玻片的左侧标上相应细菌的名字。
2. 用接种环将少量细菌涂布到干净载玻片的一端（图 5.2a）。
3. 加 1 ~ 2 滴苯胺黑、墨汁、伊红（图 5.2b），并与细菌完全混匀。
4. 用另一张载玻片展开第一张载玻片上的混合物。展开的载玻片应该与其成 45° 角，以便细菌与染料混合物扩展到玻片边缘（图 5.2c）。第二张载玻片推过第一张载玻片的表面，以形成一端厚一端薄的涂片（图 5.2d）。这就是所谓的**薄层涂片**（thin smear）。
5. 让薄层在空气中晾干（图 5.2e）。不要进行热固定！
6. 用低倍物镜，找到涂片便于观察的最佳厚度区域。
7. 使用油镜观察，在实验报告上画出这 3 种细菌。

提示与警告

（1） 想要制备成功的薄层涂片，载玻片必须干净且没有油脂和其他污渍，包括指纹。

（2） 如果涂布不连续，与其在一片染色差的载玻片上寻找细菌还不如重新做一张片子。

（3） 染料不能太多，一小滴苯胺黑即可。

（4） 拖载玻片上的混合物而不是推。拖更易形成均一的薄层。

（5） 制备的薄层涂片不应有结块。

（6） 观察较薄或更清楚的涂片薄膜位置。

复习题

1. 哪些情况下需要使用负染色？
2. 举出三种可用来负染的细菌。
   a.
   b.
   c.
3. 负染过程中细菌为什么不被染色？
4. 负染的优势是什么？
5. 染色之前，细菌悬液为什么不能进行热固定？
6. 为什么负染也称为间接或背景染色？
7. 当用第二张载玻片划过第一张载玻片时，为什么要保持 45° 角？

实验 6

涂片标本与简单染色

安全注意事项

加热固定载玻片时，需一直用夹子或衣夹夹住。未冷前，不能碰热的载玻片，载玻片在火焰上太久，可能碎裂。小心本生灯火焰。所用染料一旦染上衣物，很难洗净。玻片应弃置到含消毒剂的容器中。

实验材料

在用大豆胰蛋白胨肉汤或琼脂斜面上培养 24 ～ 48h 的枯草芽孢杆菌（ATCC 6051）、假白喉棒状杆菌（*Corynebacterium pseudodiphtheriticum*, ATCC 7091）、藤黄微球菌（ATCC 9341）或迂回螺菌（ATCC 19554）

显微镜
吸水纸
无菌蒸馏水
Loeffler's 碱性亚甲蓝
Ziehl's 石炭酸品红
浸镜油
载玻片支架或夹子
干净的载玻片
接种环和接种针
本生灯
结晶紫（1% 水溶液）
蜡笔
擦镜纸和擦镜器
载玻片加温器

学习目标

1. 学习制作细菌涂片的正确步骤
2. 完成几个简单的染色步骤

为什么本实验采用下列细菌？

用于负染色实验的三种细菌枯草芽孢杆菌、藤黄微球菌和迂回螺菌将继续用在本实验中。新的细菌是假白喉棒状杆菌。假白喉棒状杆菌（M.L.n，*pseudodiphtheriticum*，与假白喉有关）是直或略微弯曲的细杆状，长 0.5 ～ 2.0μm，末端逐渐变细或棒状。细胞单独或成对存在。假白喉棒状杆菌专性寄生于动物黏膜或皮肤。通过使用 Loeffler's 碱性亚甲蓝、结晶紫和 Ziehl's 石炭酸品红，学生将掌握使用简单染料观察四种不同细菌形态和特征的技能。

网络学习链接

来自 MicrobeLibrary.org (MicrobeLibrary@asmusa.org)

动画视频—细菌细胞形态

原理

负染虽然足以简单观察细菌的形态和大小，但是如果要观察细菌的更多细节，则需要特异性更好的染色方法。其中之一包括制备涂片和简单染色。**细菌涂片**（bacterial smear）指在载玻片上的细菌细胞的干涂片标本。恰当处理的细菌涂片应当：①细菌在载玻片上均匀分布，并且各自分开；②染色过程中，细菌不会被冲洗掉；③细菌的形状未变形。

制备涂片的细菌可来自液体或者固体培养。如果固体培养获得的细菌，需要将少量细菌转移到载玻片上的水滴上（图 6.1a），然后混合，再均匀涂布到载玻片上（图 6.1b）。从固体培养基上挑取菌落制作涂片最常见的错误是细菌挑得太多。这总会导致细菌成块相互重叠。如果培养基是液体的，取 1 ~ 2 环培养基直接放到载玻片上（图 6.1c），然后将细菌涂布开（图 6.1b）。将涂片在室温干燥（图 6.1e）。干燥之后，进行**热固定**（heat-fixing）。将载玻片在本生灯火焰上方来回过几次，微加热（图 6.1f）。大部分细菌即被固定在载玻片上，这样既杀死了细胞，又不改变细胞结构。

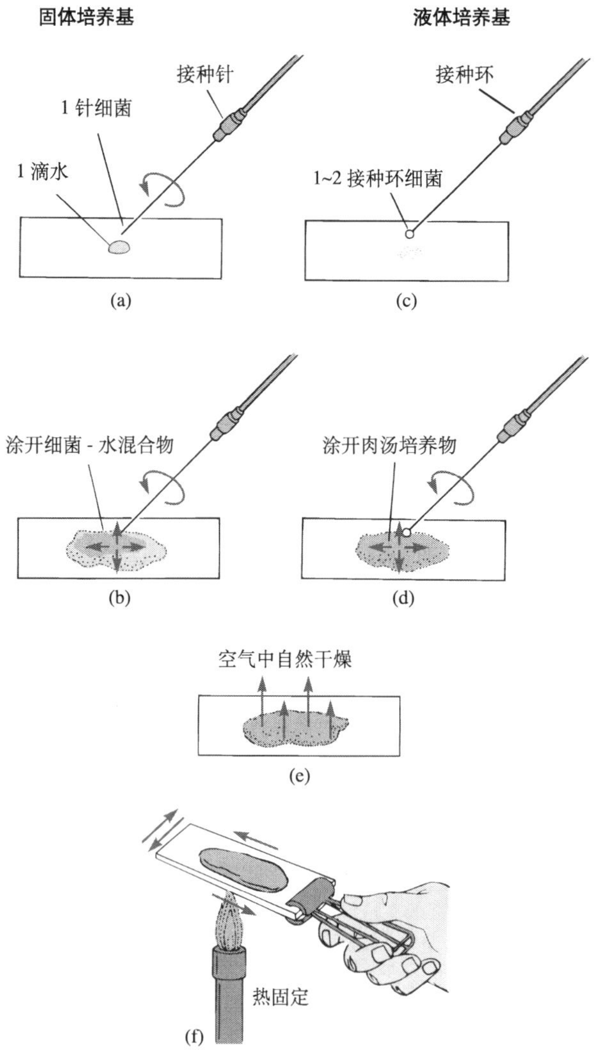

图 6.1　细菌涂片。

如果一种染料能够在细菌和背景之间产生反差，这种染色方法就是所谓的**简单染色**（simple staining）。其主要价值在于简单和易用。简单染色可以获得细菌的形状、大小和排列等信息。该方法将热固定的载玻片放到染色架上，加少量染料，持续一定时间，用水冲洗几秒钟，然后吸干。通常使用碱性染料，如结晶紫（染色 20 ~ 30s）、石炭酸品红液（染色 5 ~ 10s）、亚甲基蓝（染色

1min）。只要细菌染色完全，整体形状很容易辨别。细菌形态通常不复杂，局限在少数几种形态。大部分常见形状见图 6.2，这可供今后参考。

实验步骤

涂片标本

1. 用蜡笔在 3 张载玻片每张的左上角远端写上细菌名称。

2. 对于肉汤培养，摇动培养管，然后无菌操作，转移 1 ~ 2 环细菌到载玻片中心。涂布为约 0.5 英寸*见方。当从斜面或平板上挑菌落制备涂片时，取 1 环水到载玻片中心。用接种针，无菌挑取少量的培养物，然后与水滴混合。像上面一样涂布平板。（需要制备 3 张载玻片；枯草芽孢杆菌或假白喉棒状杆菌、藤黄微球菌和迂回螺菌）。

3. 在空气中自然干燥载玻片，或放在载玻片加热器上干燥（图 6.3）。

4. 在本生灯火焰上，来回 3 次，进行热固定，并杀死细菌。

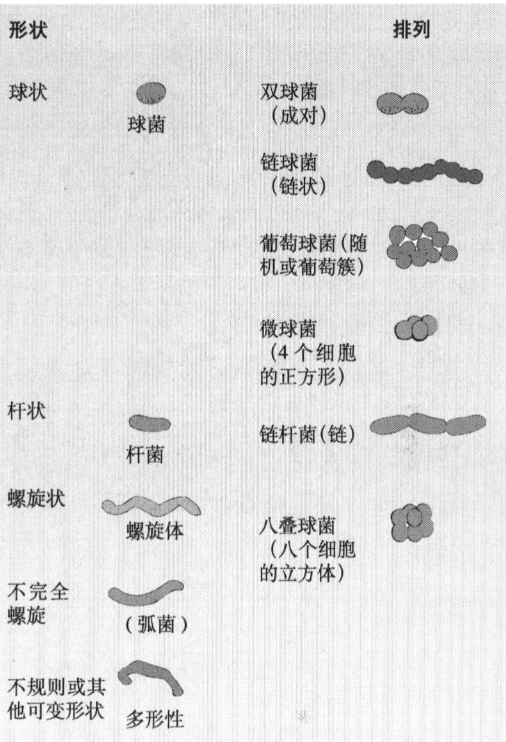

图 6.2 细菌形状。

图 6.3 载玻片加热器。

*1 英寸 =2.54cm

简单染色

1. 将3个固定后的涂片放在染色环或支架上，后者放到水槽或适当的容器上（图6.4a）。

2. 一个载玻片用碱性亚甲蓝染1～1.5min；一个载玻片用石炭酸品红染5～10s；另一个载玻片用结晶紫染色20～30s。

3. 用水冲洗几秒钟，将染料从载玻片冲走（图6.4b）。

4. 用吸水纸吸干载玻片（图6.4c），小心勿摩擦涂片。因为这可能带走已染色的细菌。

5. 用油镜镜检并完成实验报告。

6. 你可以用3种不同的染料处理相同细菌的涂片，以便更直接地比较。也可用一种染料染不同时间，观察染料的反应能力，以及过度染色或是染色不足的效果。参考图6.5a~c用结晶紫染色的细菌例子。

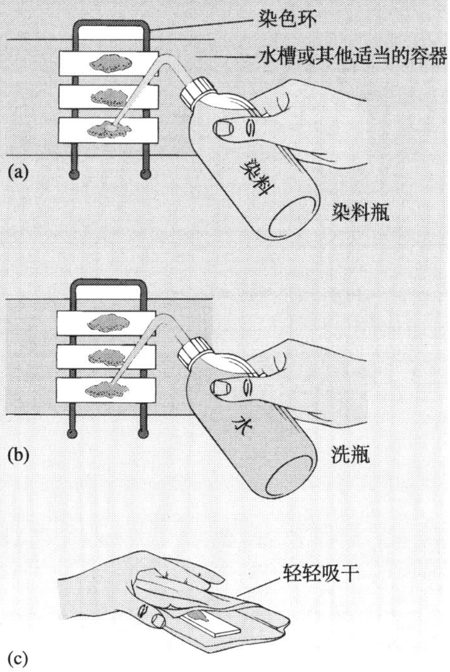

图6.4　简单染色步骤。

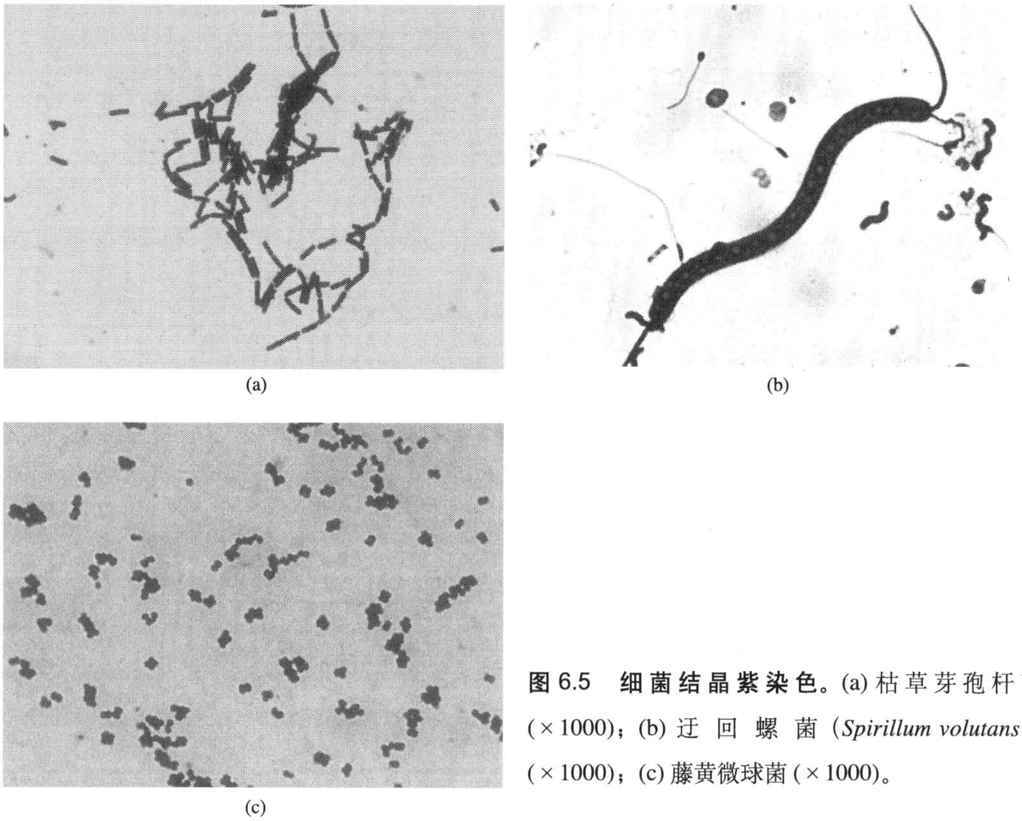

图6.5　细菌结晶紫染色。(a) 枯草芽孢杆菌（×1000）；(b) 迂回螺菌（*Spirillum volutans*）（×1000）；(c) 藤黄微球菌（×1000）。

提示与警告

（1）热固定涂片时，要确保涂片位于载玻片上方。

（2）固体培养基上的细菌容易黏在一起，必须用水充分分散。否则，涂片可能太厚且不均匀。涂片所用细菌的量不要太多，否则容易使实验失败。

（3）载玻片干燥后，才能进行热固定。

（4）热固定涂片若与明火接触可能会产生其他物质。

（5）接种环插入液体培养基之前，必须相对冷却。如果环太热，可能使培养基飞溅，使细菌飘到空气中。用过的接种环务必用火焰灼烧。

（6）用水漂洗时，控制水流，使其缓慢流过涂片。

复习题

1. 热固定的两个目的分别是什么？

a.

b.

2. 简单染色的目的是什么？

3. 为什么碱性染料比酸性染料更易使细菌染色？

4. 列三种碱性染料的名称。

a.

b.

c.

5. 简单染色时，处理时间长短为什么很重要？

6. 细菌涂片制备优劣的标准有哪些？

7. 用固体培养的样品制作细胞涂片时，为什么要用接种针？而用液体培养的样品制作细胞涂片时，却用接种环？

实验 7

革兰氏染色

安全注意事项

小心本生灯火焰。本实验会用到易挥发的易燃液体（乙醇、异丙醇－丙酮）。不要将这些药品靠近明火。本实验中的染料一旦溅到衣服上，很难洗净。将载玻片放入盛有消毒剂的容器中。加热时，用镊子或钳子夹住载玻片。革兰氏结晶紫、番红和碘会刺激眼睛、呼吸系统和皮肤，应避免它们与皮肤和眼睛接触。戴上合适的防护手套。容器应一直盖紧。

实验材料

经甲醛处理的（1mL 甲醛 /10mL 培养基）大豆胰蛋白胨肉汤培养基培养 18 ～ 24h 金黄色葡萄球菌（*Staphylococcus aureus*，ATCC 25923）、大肠杆菌 (*Escherichia coli*，ATCC 25922)，金黄色葡萄球菌和大肠杆菌混合物加入结晶紫、革兰氏碘（每 300mL 蒸馏水加 2g 碘化钾和 1g 碘晶体）的混合液，95% 乙醇和（或）异丙醇－丙酮混合液（3 ：1 *v/v*），番红

Bismark 褐色染色（色盲学生用）

清洁载玻片

接种环

本生灯

吸水纸

显微镜

擦镜纸和擦镜头器

浸镜油

(Difco) 海洋环境模拟肉汤培养基培养的海生生丝单胞菌（生丝微菌） [*Hyphomonas* (*Hyphomicrobium*) *neptuninum*，ATCC 15444]

载玻片加热器

染色架

购自 Difco 的 Bacto 革兰氏染色剂，用于三步革兰氏染色

学习目标

1. 理解革兰氏染色的生化原理
2. 理解鉴别染色步骤的原理
3. 练习革兰氏染色

4. 区分混合细菌培养物中的革兰氏阴性和革兰氏阳性细菌。

为什么本实验采用下列细菌?

本实验的主要目的是使学生能够正确运用革兰氏染色区分混合细菌培养物中的革兰氏阴性和阳性细菌。这种区分的经典标准菌是金黄色葡萄球菌和大肠杆菌。金黄色葡萄球菌(L. *aureus,* 金黄色)为球形，直径0.5 ~ 1.0μm，单个、成对或不规则簇状排列。该菌是革兰氏阳性,不能运动,不产生芽孢。金黄色葡萄球菌主要分布在温血脊椎动物的皮肤和黏膜,但经常可从食品、粉尘和水中分离到。大肠杆菌(Gr. *colon*, 大肠)呈直杆状,长2.0 ~ 6.0μm,单个或成对排列。该菌是革兰氏阴性。大肠杆菌是温血动物肠道下半部分正常菌群的组成之一。海生生丝单胞菌呈杆状、椭圆形或大豆状细胞（长1 ~ 3μm），并有长度各异的末端突出（polar prostheca）。它是革兰氏阴性，也是革兰氏染色观察个体大、繁殖不同的菌体的理想材料。该菌广泛分布于淡水、海水和土壤中。

医学用途

革兰氏染色是临床微生物实验中最有价值的单一检测方法。因为染色范围广泛，革兰氏染色是直接检验样本和细菌菌落最普遍的鉴别染色法。革兰氏染色是第一个引入实验室对细菌进行特异鉴别和鉴定的方法。其应用范围包括几乎所有细菌、许多真菌、寄生虫如毛滴虫(*Trichomonas*)、类圆线虫(*Strongyloides*)以及各种原生动物的包囊（cysts）。梅毒螺旋体、支原体、衣原体和立克次氏体等则属例外，因其菌体太小，光学显微镜不能看到，或缺少细胞壁，不能用革兰氏染色鉴定。

网络学习链接

来自 MicrobeLibrary.org (MicrobeLibrary@asmusa.org)

1. 图片—革兰氏染色：革兰氏阳性杆菌 （13 张图片）
2. 图片—革兰氏染色：革兰氏染色特征可能变化的杆菌和球菌（6 张图片）
3. 图片—革兰氏染色：革兰氏阳性球菌（5 张图片）
4. 图片—革兰氏染色：革兰氏阴性球菌（3 张图片）
5. 图片—革兰氏染色：革兰氏阴性杆菌（4 张图片）
6. 图片—革兰氏染色：混合菌的革兰氏染色（2 张图片）
7. 动画视频—革兰氏染色
8. 革兰氏染色入门指南
9. 动画视频—革兰氏染色：动画指南
10. 图片—革兰氏阳性和阴性细胞

原理

简单染色的前提是细菌的化学组成与其周围环境不同并可以通过染色进行区分。

细菌之间的理化性质各异，因此对同一种染色方法的反应可能不同。这就是**鉴别染色法**（differential staining）的原理。鉴别染色法可以区分细菌类型。

革兰氏染色（gram stain）[以丹麦科学家、内科医生 Christian Gram（1853 ~ 1938 年）的名字命名] 是细菌学领域最有用、运用最广泛的鉴别染色法。它将细菌分成两类——**革兰氏阴性菌**（gram negative）和**革兰氏阳性菌**（gram positive）。

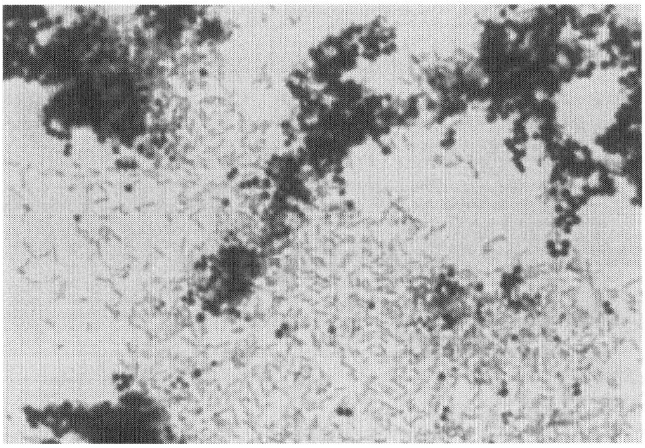

图 7.1　革兰氏染色。光学显微镜（×900）视野下的革兰氏阳性菌金黄色葡萄球菌（紫色球状）和革兰氏阴性菌大肠杆菌（粉红色杆状）。

该方法的第一步是用碱性染料结晶紫染色。这是**初染**（primary stain）。接下来是**媒染**（mordant），即用碘液处理，其作用是加强细菌细胞和染料之间的相互作用，使染料结合得更紧密或使细胞染色更充分。再将涂片用 95% 乙酸或异丙醇 – 丙酮溶液冲洗进行脱色。用脱色剂冲洗后，革兰氏阳性菌仍然含有结晶紫 – 碘复合物，但革兰氏阴性菌却洗掉了结晶紫 – 碘复合物，变成无色。最后，涂片用颜色不同于结晶紫的碱性染料**复染**（counter stain）。常用的复染剂是番红。番红会将无色的革兰氏阴性菌染成粉红色，但不会改变革兰氏阳性菌的深紫色。最后，革兰氏阳性菌呈深紫色，革兰氏阴性菌呈淡粉红色至红色（图 7.1）。

并非所有革兰氏染色都能得到明确的结果。乙醇去除结晶紫 – 碘复合物的难易程度因菌种而异。菌体培养时间过长，革兰氏阳性菌可能呈现革兰氏阴性菌的特征。因此，通常使用培养时间较短、代谢旺盛的培养物进行革兰氏染色，而不是培养时间过长的培养物。而且，一些细菌呈现**革兰氏染色异质性**（gram variable）。即同一培养物中的一些细胞是革兰氏阳性，另一些却是阴性。因此，为了确定特定细菌究竟是革兰氏阳性还是阴性，应该在严格控制的条件下，对若干个培养物进行革兰氏染色。

革兰氏染色结果不明确的可以用简单的 KOH 实验确证。将一滴 10% KOH 滴到清洁载玻片上，与一环细菌培养物混合。静置 30s，然后用接种环慢慢拉动混悬液，从载玻片上拉离，革兰氏阴性菌将产生黏丝，革兰氏阳性菌则仍然是流体状。

在绝大多数入门性微生物实验室，练习革兰氏染色的通常是菌体相对较小的革兰氏阳性或阴性球菌和杆菌。学生通常没机会观察个体较大的细菌或不同形态和生殖方式的细菌。通过对不典型细菌——海生生丝单胞菌（生丝微菌）的革兰氏染色，可以弥补这种缺陷。

生丝微菌属细菌广泛分布于淡水、海水和土壤中。这种细菌的革兰氏染色实验特别的是其独特的形态和形态发生周期（图 7.2）。

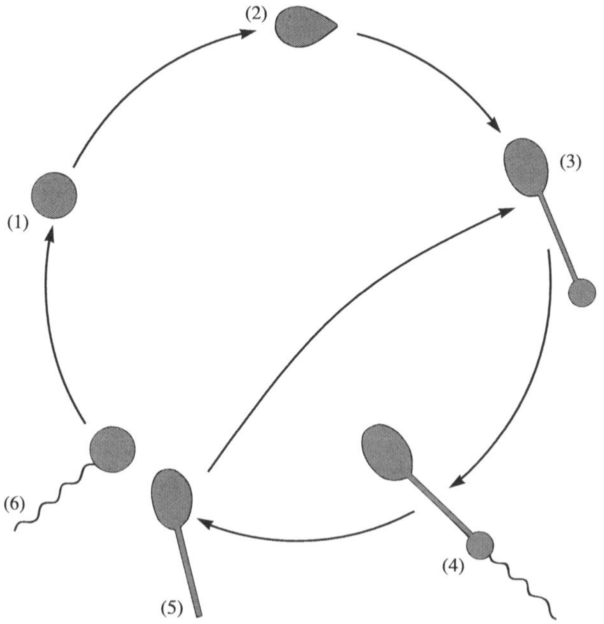

图 7.2 海生生丝单胞菌（生丝微菌）。生活史中的多种形态：(1) 不能运动的游动孢子；(2) 成熟细胞；(3) 出芽的杆细胞；(4) 带鞭毛出芽的杆细胞；(5) 杆细胞；(6) 能运动的游动孢子。

不能运动的、直径大约 0.5μm 的小游动细胞成熟为 0.5μm × 1.0μm 的卵圆形细胞。这种细胞长成约 0.3μm 宽、3.0μm 长的杆（菌丝）。杆大小恰好能用油浸镜观察；观察到杆也证明了革兰氏染色和显微镜对焦正确。正在生长的菌丝的顶端形成一个芽，这个芽将成为一根鞭毛。生活史完成后，芽从母体脱落并游走（后期将分化为一个杆状细胞），母体细胞将继续产生更多的芽。各种形态都呈革兰氏阴性。

经典的革兰氏染色步骤

1.制备热固定的大肠杆菌、金黄色葡萄球菌涂片，以及大肠杆菌和金黄色葡萄球菌的混合物涂片（见图 6.1）。

2.将载玻片置于染色架上。

3.用结晶紫浸没切片，放置 30s（图 7.3a）。

4.用水冲洗 5s（图 7.3b）。

5.滴加碘媒染剂覆盖切片，放置 1min（图 7.3c）。

6.用水冲洗 5s（图 7.3d）。

7.95% 乙醇脱色 15 ～ 30s。脱色时间不要太长。逐滴加入脱色剂，直到不能从载玻片冲出结晶紫（图 7.3e）。也可以用异丙醇 – 丙酮（3 ：1 *v/v*）混合液对涂片脱色 30 ～ 60s。

8.用水冲洗 5s（图 7.3f）。

9. 用番红复染 60 ~ 80s。番红溶液的强度因批次而异，染色时间长短随其批次而异（色盲者可使用 Bismark 棕色染色代替番红）。

10. 用水冲洗 5s（图 7.3h）。

11. 吸水纸（图 7.3i）吸干，油镜观察。革兰氏阳性菌呈蓝色至紫色，革兰氏阴性菌呈粉红至红色（图 7.4）。染色涂片不需要使用盖玻片。革兰氏阳性和阴性细菌的示例见图 7.1。

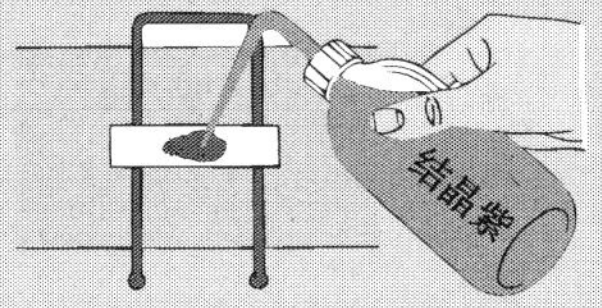

(a) 结晶紫；30s

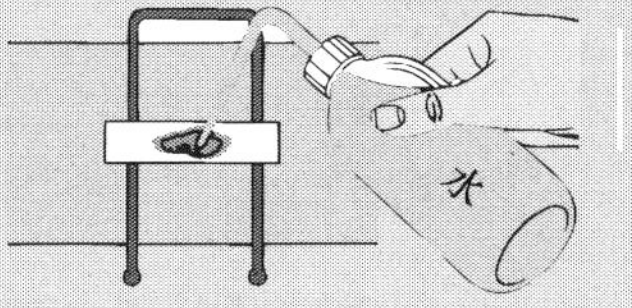

(b) 清水漂洗 5s

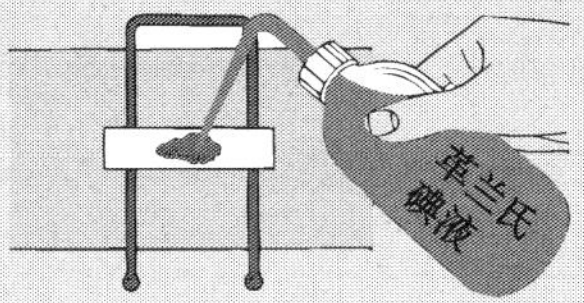

(c) 革兰氏碘液泡 1min

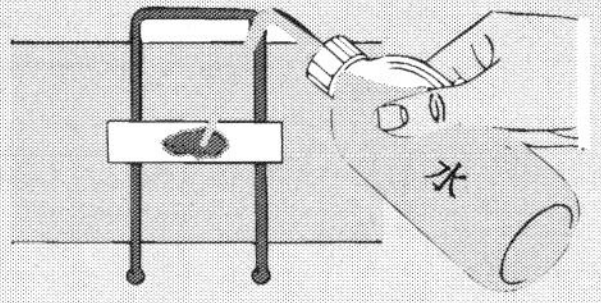

(d) 清水漂洗 5s

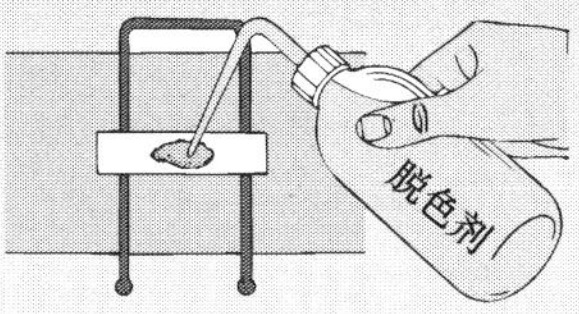

(e) 脱色 15~30s

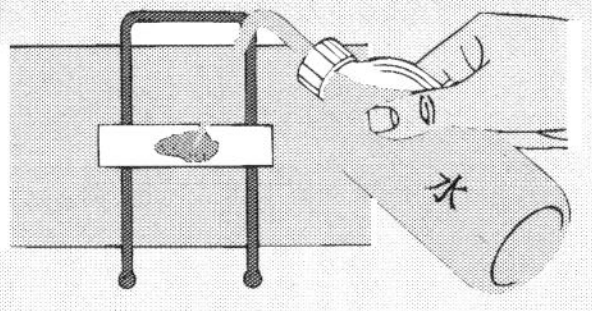

(f) 清水漂洗 5s

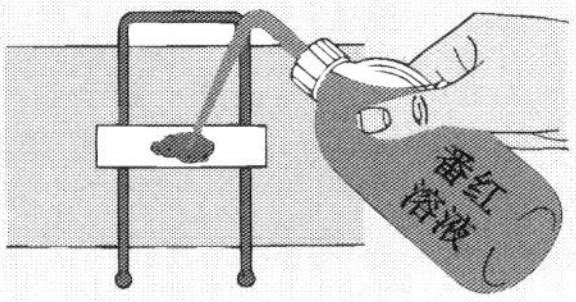

(g) 番红溶液复染 60~80s

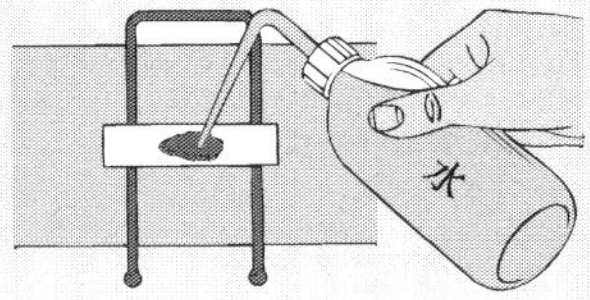

(h) 漂洗 5s

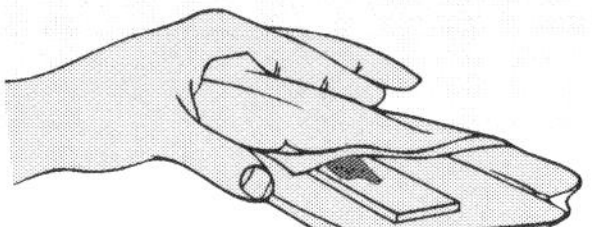

(i) 用吸水纸吸干

图 7.3　革兰氏染色步骤。

对照步骤

1. 准备两张热固定的大肠杆菌和金黄色葡萄球菌混合物载玻片。

2. 其中一张只用结晶紫染色（步骤 3 ~ 6）。

3. 另一张载玻片进行脱色（步骤 3 ~ 8）。

4. 仔细观察两张载玻片，并将其与经过全部染色步骤（步骤 1 ~ 10）的混合菌载玻片比较。这将有助于理解革兰氏染色的原理。

海生丝胞菌的染色按照标准步骤（图 7.3a ~ i）进行。

三步法革兰氏染色的步骤

Difco 公司出售现成的三步法革兰氏染色所需试剂。相对于传统染色，其优点是使用的试剂更少，脱色过度的机率降低，节约时间。该公司推荐的步骤如下：

1. 滴加结晶紫，浸没涂片，初染涂片 1min。

2. 用冷水冲洗结晶紫。

3. 滴加革兰氏碘媒染剂到载玻片上，静置 1min。

4. 用番红脱色剂 / 复染剂溶液冲洗掉媒染剂。然后滴加一些脱色剂 / 复染剂溶液到载玻片，染色 20~50s。

5. 用冷水冲掉脱色剂 / 复染剂。

6. 吸干或晾干。

	染色步骤	细菌状态
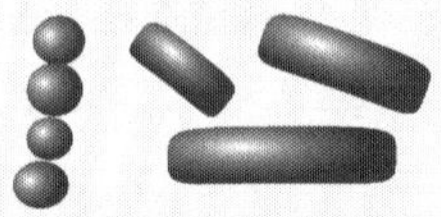	第 1 步：结晶紫（初染）	细胞染为紫色
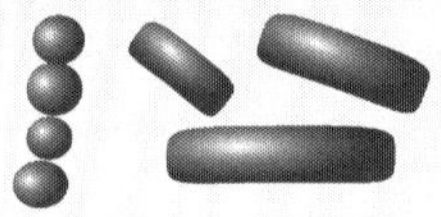	第 2 步：碘液（媒染）	细胞仍为紫色
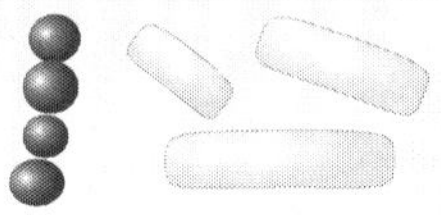	第 3 步：乙醇（脱色剂）	革兰氏阳性菌仍为紫色；革兰氏阴性菌变成无色。
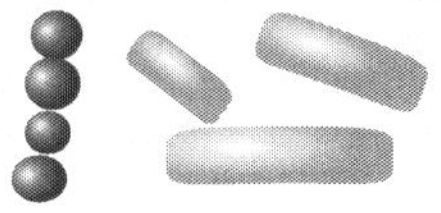	第 4 步：番红（复染）	革兰氏阳性菌仍为紫色；革兰氏阴性菌呈红色。

图 7.4 革兰氏染色步骤和细菌状态。注意每一步的颜色变化。

如果买得到试剂，三步法革兰氏染色可替代传统染色方法。

不管使用哪种方法，都应该有已知菌或对照染色。已知菌的涂片可以购买（图 7.5）或实验室自己制备。每次染色都要设置对照，最好在同一张载玻片上同时包含金黄色葡

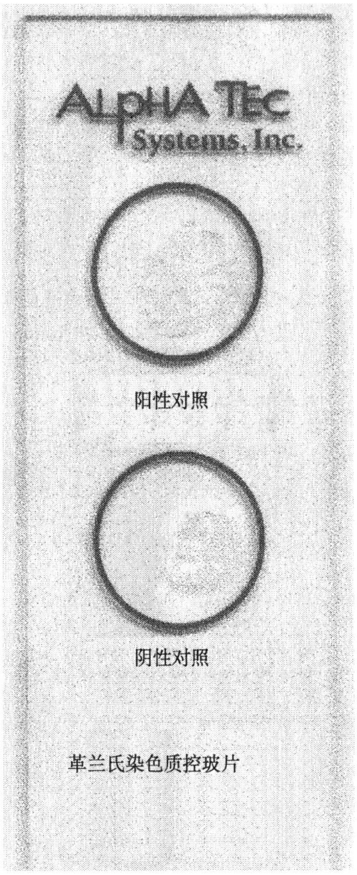

图 7.5　革兰氏染色对照。阳性对照在顶端，阴性对照在底端。每一个区域含有一种已知的革兰氏阳性菌和阴性细菌。（*Alpha Tec Systems, Inc.*）

萄球菌（ATTC 25923）和大肠杆菌（ATCC 25922）。它们都可以从 Difco 公司购买，其商品名称为 Bactrol™ Disks。如果革兰氏染色的对象是临床标本，特别是其结果将作为选择治疗方案的依据时，对照能够确保碘溶液确实发挥了媒染活性，以及脱色无误。

提示与警告

（1）涂片不应太厚。

（2）相对于薄涂片，厚者脱色所需时间更长。

（3）从载玻片流下的液体无色时，表明脱色完全。如果不能准确判断溶液何时变成无色，可以用异丙醇 - 丙酮混合液脱色 30 ~ 40s。

（4）革兰氏染色中的常见错误包括：（a）接种环过热；（b）热固定涂片的温度过高；（c）乙醇脱色时间过长。

复习题

1. 简单染色和鉴别染色有何不同？

2. 列出革兰氏染色所用试剂，并说明其作用：

   a. 媒染剂

   b. 初染剂

   c. 脱色剂

   d. 复染剂

3. 革兰氏染色中，哪个步骤最重要或最容易导致实验失败？为什么？

4. 革兰氏染色时，为何要选用培养时间短的细菌？

5. 为什么海生生丝单胞菌能够被革兰氏染色？

6. 革兰氏异质性具体指的现象是什么？

7. 革兰氏染色涉及最多的是细菌细胞的哪个部位？为什么？

实验 8 抗酸染色（Ziehl-Neelsen 和 Kinyoun）

安全注意事项

这个实验会用到易挥发和易燃液体（酸醇混合液），不要靠近明火。如果石炭酸品红或亚甲基蓝溅到衣物上就很难洗掉。注意：石炭酸品红加热时，苯酚会释放。苯酚有毒而且有腐蚀性。因此，开启加热板或沸水浴时，应在排气扇打开的化学通风橱中进行。废弃的载玻片要放进有消毒液的废液缸中。不能用口吸移液管。处理分枝杆菌应在安全柜内，防止培养中可能存在的结核分枝杆菌扩散。感染性材料应通过加热来消毒，因为分枝杆菌不容易被化学消毒剂杀灭。

实验材料

大豆胰蛋白胨肉汤培养基培养的大肠杆菌 (ATTCC 11229)，营养琼脂斜面培养 5 天的耻垢分枝杆菌 (*Mycobacterium smegmatis*，ATCC 19420) 或草分枝杆菌 (*Mycobacterium phlei*，ATCC 354) 。

Ziehl's 石炭酸品红

石炭酸品红的制备用 Tergitol No.4（每 30mL 石炭酸品红滴一滴）或者 Triton-X（每 100mL 石炭酸品红用两滴）。Tergitol No.4 和 Triton-X 作为去垢剂、乳化剂和润湿剂。

碱性亚甲基蓝

酸醇混合物

干净的载玻片

市售演示抗酸性的结核分枝杆菌 (Carolina Biological Supply, Wards) 载玻片

接种环

加热板

显微镜

吸水纸

纸巾

擦镜纸和擦镜器

浸镜油

染色架

带有移液操纵器的 1mL 移液管

学习目标

1. 理解抗酸染色的生化机理
2. 操作抗酸染色
3. 能够区分抗酸细菌和非抗酸细菌

为什么本实验采用下列细菌？

本实验的主要目的是让学生掌握抗酸染色技术，学会区别抗酸菌和非抗酸菌。

实验 7 涉及的大肠杆菌是非抗酸菌的理想示例，也包括在本实验中。耻垢分枝杆菌和草分枝杆菌是分枝杆菌属的非致病菌。这些菌呈直或微弯杆状，长度为 1 ～ 10μm。抗酸性表现在菌株生长的某些阶段，不易进行革兰氏染色。这些抗酸菌不能运动，不产生孢子，无荚膜，生长缓慢，甚至非常缓慢。分枝杆菌广泛分布于土壤和水中。一些分枝杆菌营专性寄生，是脊椎动物的致病菌。

医学应用

临床检测中，抗酸染色对于确定分枝杆菌属细菌至关重要，尤其是麻风分枝杆菌（*M.leprae*，麻风病的致病菌）和结核分枝杆菌（结核病的致病菌）。该方法还可鉴定需氧放线菌属的诺卡氏菌属（*Nocardia*），尤其是导致肺部诺卡氏菌病的条件致病菌巴西诺卡氏菌（*N. brasiliensis*）和星形诺卡氏菌（*N. asteroides*）。能够引起人类腹泻（隐孢子虫病）的水生单细胞寄生菌隐孢子虫（*Cryptosporidium*）也能用抗酸染色鉴定。

网络学习链接

来自 MicrobeLibrary.org(MicrobeLibrary@asmusa.org)

1. 动画视频—抗酸染色实验（Ziehl-Neelsen 染色）
2. 动画视频—抗酸染色实验指导

原理

分枝杆菌属、诺卡氏菌属以及寄生虫如隐孢子虫都不易用简单染色方法染色。然而，用石炭酸品红加热这些微生物可以染色。加热使染液进入细胞。一旦微生物菌体吸收了石炭酸品红，就易被酸醇混合液脱色。因此这称为**抗酸性**（acid-fast）染色。1882 年，Paul Erlich 在研究结核分枝杆菌时发明了抗酸染色法。抗酸性是由于这些微生物细胞中含有大量的脂质（枝菌酸，mycolic acid）。**Ziehl-Neelsen 抗酸染色程序**（Ziehl-Neelsen acid-fast staining procedure）（由德国细菌学家 Franz Ziehl 和德国病理学家 Friedrich Neelsen 在 19 世纪发明）是非常有用的微生物鉴别染色技术，它基于微生物对石炭酸品红保留时间长短的差异。抗酸菌能够滞留这些染料而呈红色（图 8.1a, b），**非抗酸**（non-acid-fast）菌则呈现蓝色或黄色。因为非抗酸菌经酸醇混合物脱色后为无色，呈现用碱性亚甲基蓝复染的染料颜色。该方法的改进是用湿试剂（表面活性剂 No.7）而不是加热来确保染料渗进细胞。这种方法称为 **Kinyoun 染色程序**（Kinyoun staining procedure，20 世纪早期由德国细菌学家 Joseph Kinyoun 发明）。

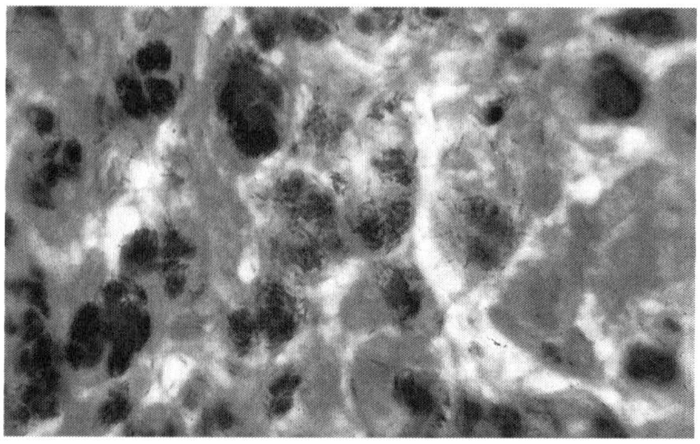

(a)

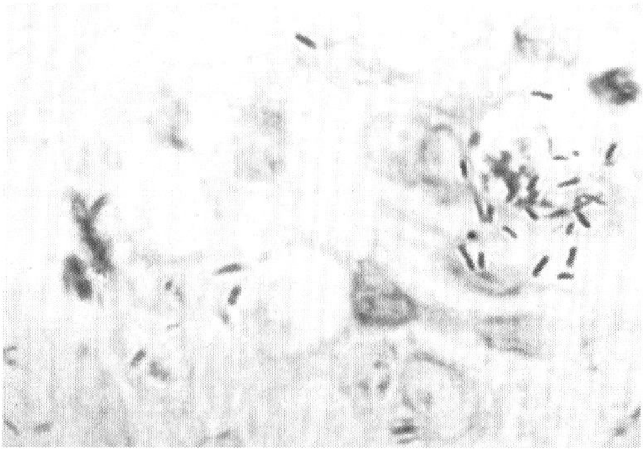

(b)

图 8.1　分枝杆菌属抗酸杆菌 Ziehl-Neelsen 染色。（a）麻风分枝杆菌呈红色（×380）；（b）在该显微照片中，耻垢分枝杆菌呈红色而背景为棕色。

(a) 滴加石炭酸品红直至泡透纸条，在通风橱中加热 5min

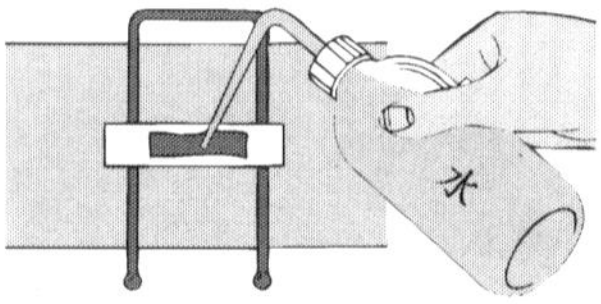

(b) 冷却并用水漂洗 30s

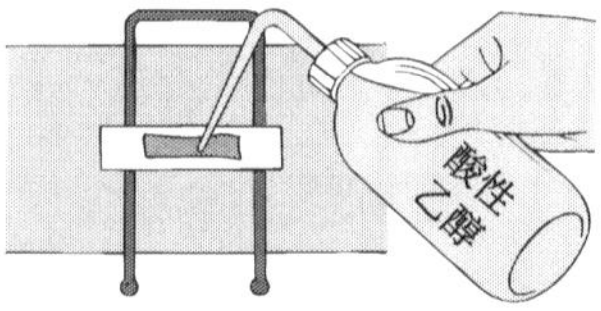

(c) 用酸性乙醇脱色，直至呈粉红色（10~30s）

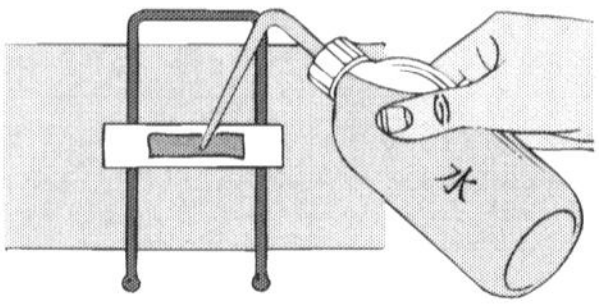

(d) 用水漂洗 5s

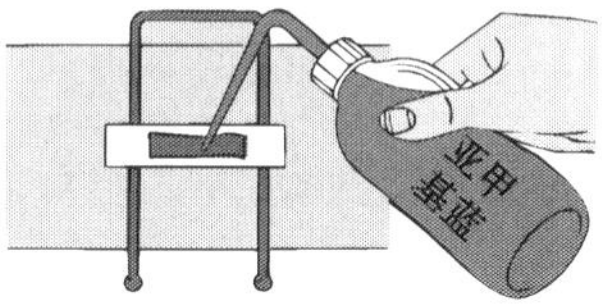

(e) 用亚甲基蓝复染 2min 左右

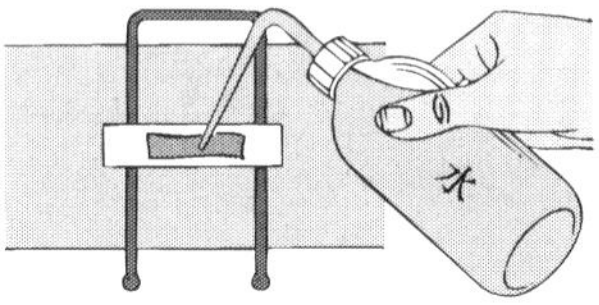

(f) 用水漂洗 30s

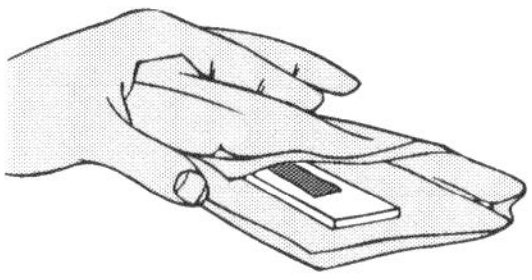

(g) 用吸水纸吸干

图 8.2　抗酸染色步骤。

实验步骤

Ziehl-Neelsen(热染法)程序

1.准备大肠杆菌和耻垢分枝杆菌混合物的涂片。

2.涂片空气干燥后加热固定（见图 6.1）。

3.在化学通风橱中（打开排气扇）将载玻片放在加热器上，用一张剪成与显微镜载玻片同样大小的纸片盖住涂片。用 Ziehl's 石炭酸品红溶液浸泡这些纸片（图 8.2a）。加热 3～5min。不要让载玻片干燥，也不要加入过多的染液，调整加热器温度，防止沸腾。染色架或环放在距水面 1～2 英寸的位置进行沸水浴加热也可。（除了加热器使石炭酸品红进入细胞外，也可放纸巾在热固定载玻片上。纸巾用石炭酸品红浸泡而且在本生灯火焰上加热）

4.从加热器移开载玻片，冷却，然后用水漂洗 30s（图 8.2b）。

5.逐滴加入酸醇混合液脱色，直到载玻片略呈粉红色。这大约需 10～30s，务必小心操作（图 8.2c）。

6.用水漂洗 5s（图 8.2d）

7.用碱性亚甲基蓝复染 2min（图 8.2e）。

8.用水漂洗 30s（图 9.2f）。

9.用吸水纸吸干（图 9.2g）。

10.染色涂片无需加盖玻片。在油镜下观察，并记录。抗酸菌呈红色；背景和其他菌染成蓝色或者棕色。图 8.1 是 Ziehl-Neelsen 染色的一个例子。

11.观察现成的结核分枝杆菌的涂片。

Kinyoun(冷染法)程序

（这可代替或补充 Ziehl-Neelsen 程序。）

1.如前所述热固定载玻片。

2.用添加了表面活性剂 No.4 的石炭酸品红冲洗载玻片 5min，无需加热。

3.用酸醇混合液脱色，然后用自来水冲洗。重复该步骤，直到从载玻片上冲洗下来的液体不再有颜色。

4.用碱性亚甲基蓝复染 2min，冲洗并吸干。

5.在油镜下观察。抗酸菌成红色；背景和其他菌是蓝色。

提示与警告

（1）光（调整光圈和聚光器）是区分痰或其他黏性背景中的抗酸微生物的关键。

（2）如果细菌未黏附到载玻片上，制备时将细菌和羊血或者卵清蛋白混合，这样有助于细菌黏附到载玻片上。

（3）与革兰氏染色相似，并非所有抗酸微生物的染色结果都吻合。一般而言，新鲜培养的微生物的抗酸性不如培养较久者，因为前者积累的脂质量较少。

复习题

1. 抗酸染色实验过程中加热的目的是什么？
2. 抗酸染色实验过程中复染的功能是什么？
3. 抗酸细菌是革兰氏阳性还是革兰氏阴性？说明理由。
4. 哪些疾病的致病菌鉴定可以用抗酸染色？
5. 说明非抗酸微生物的结构基础？
6. 描述赋予分枝杆菌抗酸特性的主要物质基础？
7. 革兰氏染色是否为抗酸染色很好的替代方法？说明理由。

实验 9 内芽孢染色（Schaeffer-Fulton 或 Wirtz-Conklin）

安全注意事项

注意本生灯火焰和沸水水浴。如果孔雀绿或番红溅到衣服上，很难清洁。废弃载玻片应当放到装有消毒剂的专用容器中。

实验材料

营养琼脂斜面培养 24 ~ 48h 的巨大芽孢杆菌 (*Bacillus megaterium*, ATCC 12872) 和浸麻芽孢杆菌 (*Bacillus macerans*, ATCC 8244)，用硫胶质培养基培养 48h 以上的丙酮丁酸梭菌 (*Clostridium acetobutylicum*, ATCC 3625) 和环状芽孢杆菌 (*Bacillus circulans*, ATCC 4513)

干净的玻璃载玻片
浸镜油
接种环
5% 孔雀绿溶液
吸水纸
擦镜纸和擦镜器
镊子
显微镜
蜡笔
带染色架或染色环的轻便加热器或水浴锅
番红
纸巾
载玻片加热器

学习目标

1. 理解内芽孢染色的生物化学机理
2. 进行内芽孢染色
3. 区分细菌内芽孢和营养细胞形式

为什么本实验采用下列细菌?

本实验的主要目的是内芽孢染色。为此，选择了内芽孢大小和形态各异的几种细菌。巨大芽孢杆菌 (M.L.n. *megaterium*，大芽孢) 为圆柱形、椭圆形或梨形，直径大约 1.2 ~ 1.5μm，长度 2 ~ 5μm。一般位于短的、弯曲的链上。芽孢一般位于中间，而且呈现从短的椭圆形到细长的各种形态变化。芽孢在土壤中形成。浸麻芽孢杆菌 (L. *macerans*，通过浸泡和腐烂使其软化) 是一个细长的细胞，宽 0.5 ~ 0.7μm，长 2.5 ~ 5μm。很多细菌的芽孢位于末端或近末端。在土壤中的细菌有芽孢是相对罕见的。环状芽孢杆菌（L. *circulans*，环形）

的长度为 2 ~ 5μm，直径 0.5 ~ 0.7μm。在大部分品系中，芽孢出现在两端或近端点；如果这个杆菌很短，芽孢也会出现在纺锤形孢子囊的中央。许多细菌可被深度染色的物质一直位于游离芽孢的表面。这些芽孢一般位于土壤中。丙酮丁醇梭菌 (Gr. *butyrum*, 乳酪) 是直的或略弯的杆菌，长 2.4 ~ 7.6μm，宽 0.5 ~ 1.7μm，末端圆形。细胞单独、成对短链状，偶尔为细长丝状。它们具有周生鞭毛，因此，能运动。芽孢椭圆形，位于近末端处的中心。芽孢分布在土壤或动物的粪便中。

医学应用

只有少数细菌能产生芽孢。其中具主要医学意义的菌株包括炭疽芽孢杆菌（*Bacillus anthracis*，炭疽)、破伤风梭菌（*Clostridium tetani*，破伤风)、肉毒梭菌（*C. botulinium*，肉毒杆菌毒素) 和产气荚膜梭菌（*C. perfringens*，气生坏疽)。内芽孢的位置和大小因菌株而异，因此，其大小和位置在菌株鉴定中非常重要。

网络学习链接

来自 MicrobeLibrary.org(MicrobeLibrary@asmusa.org)

1. 动画视频—芽孢染色指导
2. 图片—枯草芽孢杆菌

原理

杆菌和梭状芽孢杆菌等细菌能够产生抗性结构。它们能够在逆境中长期存活，一旦条件适合，再复苏形成新的细菌细胞（图 9.1）。抗逆结构产生于细菌细胞内部，所以称为

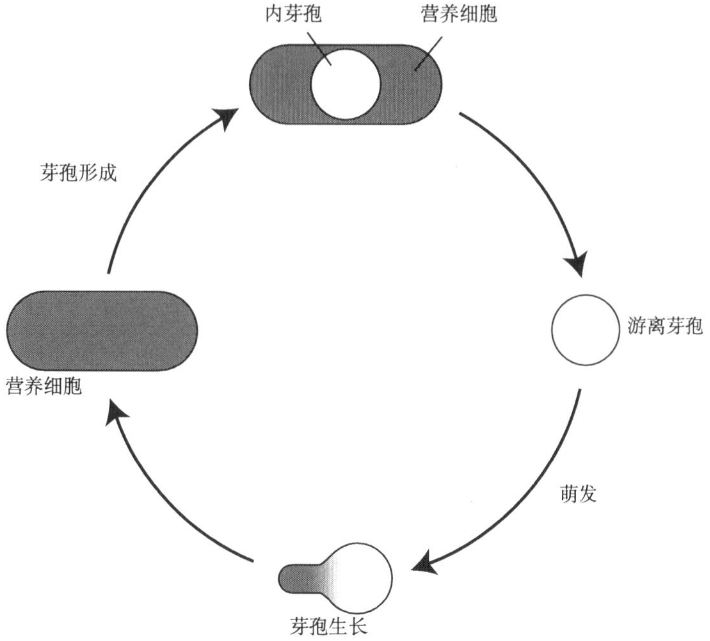

图 9.1　产内芽孢菌的生活史。

内芽孢（endospore）。内芽孢形状为球形或椭圆形，可能比亲代细菌细胞小或者更大。内芽孢在细胞内的位置因细菌而异，可能在中间，也可能位于近末端或者末端。

内芽孢不容易染上色。但一旦染上色，则不容易脱色。以下两种芽孢染色方法即基于芽孢的上述染色性质：**Schaeffer-Fulton 方法**（微生物学家 Alice B. Schaeffer 和 MacDonald Fulton 在 20 世纪 30 年代建立的）和 **Wirtz-Conklin 方法**（Robert Wirtz 和 Marie E. Conklin 是 20 世纪早期的细菌学家）。内芽孢用孔雀绿染色，加热使染料容易渗入。细胞的其他部分脱色后被番红复染成浅红色。

实验步骤

1.用蜡笔在 4 张玻璃载玻片的边缘写上对应细菌的名称。

2.如图 13.3 所示，用接种环无菌操作转移相应菌到载玻片上，自然干燥（或者用载玻片加热器）加热固定。

3.将待染色载玻片放在具染色环或架子的加热器或者水浴锅。用纸巾盖住涂片。纸巾需要裁成与载玻片大小相同。

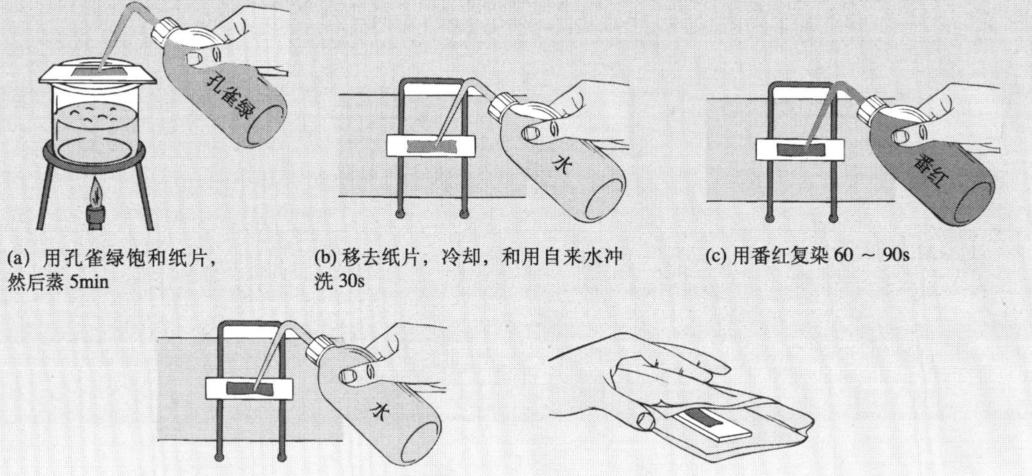

(a) 用孔雀绿饱和纸片，然后蒸 5min

(b) 移去纸片，冷却，和用自来水冲洗 30s

(c) 用番红复染 60 ~ 90s

(d) 用水冲洗 30s

(e) 用吸水纸吸干

图 9.2 内芽孢染色步骤。

4.用孔雀绿染色溶液浸泡纸片。孔雀绿溶液开始冒气后计时，在加热器上温和加热 5 ~ 6min，加热时，如果孔雀绿溶液全部蒸发了，应换新溶液，确保纸片饱和（图 9.2a），不要让载玻片变干。

5.用镊子移走纸片，冷却后用水冲洗载玻片 30s（图 9.2b）。

6.用番红复染 60 ~ 90s（图 9.2c）。

7.用水冲洗载玻片 30s（图 9.2d）。

8.用吸水纸吸干（图 9.2e），在油镜下观察。不需要盖玻片。芽孢，包括内芽孢和自由孢子都被染成绿色；营养细胞染成红色。在实验报告中画出细菌。图 9.3a ~ c 是一个内芽孢染色的实例。

提示与警告

（1）不要煮菌株——始终慢慢蒸。

（2）载玻片蒸后，冷水冲洗之前，应先自然冷却。如果未先冷却，冷水漂洗时，载玻片可能破碎或破裂。

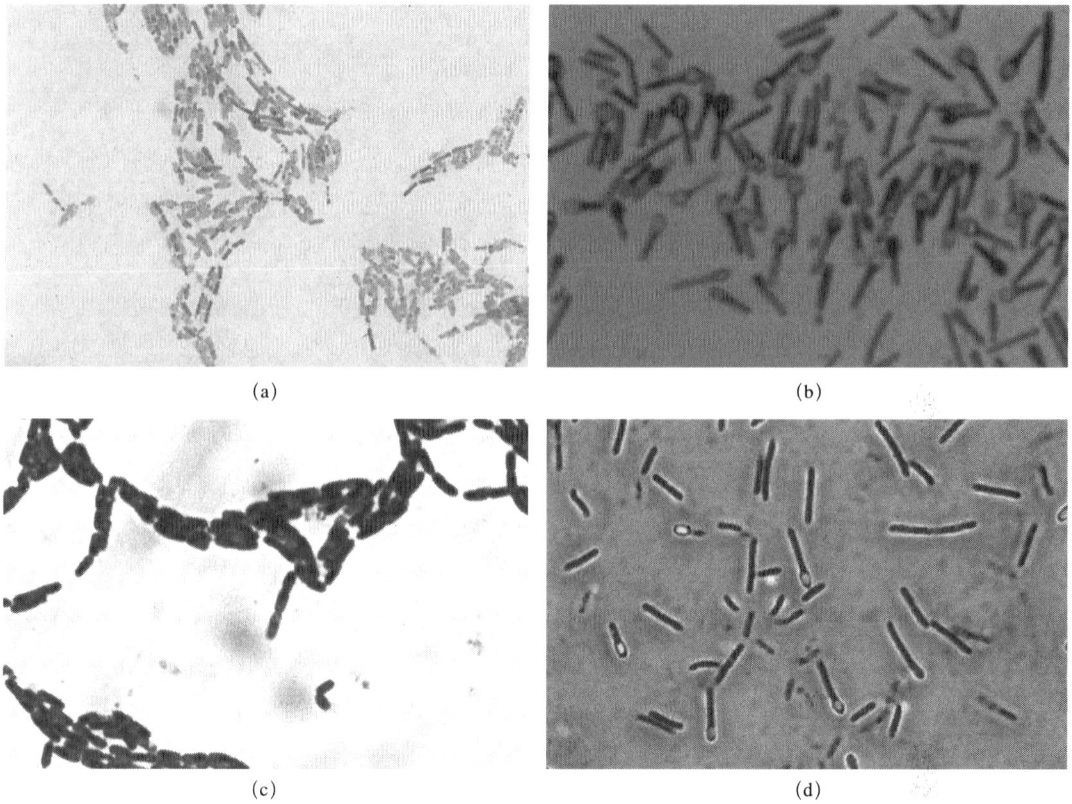

图9.3 内芽孢示例。(a)用孔雀绿对芽孢杆菌位于中间的芽孢染色，然后用番红复染（×1 000）。细胞直杆状，经常成对排列或成串状，末端圆形。内芽孢是椭圆形，而且每个细胞至多一个芽孢。(b) 破伤风梭菌是圆形，末端孢子经常使细胞膨大（×1 000）。细胞杆状，而且经常成对排列或者短链状，末端圆形，有时尖锐状。（c）巨大芽孢杆菌为短椭圆形或细长的芽孢。（d）肉毒梭菌，蓝色结构是圆形或椭圆形 / 细长的内芽孢（×1 000）。（b: Arthur M.Siegelman/Visuals Unlimited；d:©Michael Abbey/Photo Researchers）。

复习题

1. 内芽孢染色，为何必需加热？
2. 内芽孢位于营养细胞的哪个部位？
3. 在 Schaeffer-Fulton 内芽孢染色法中，初染和复染分别指什么？
4. 写出两个产生内芽孢的致病菌

   a. b.
5. 内芽孢的功能是什么？
6. 为什么内芽孢很难染色？
7. 内芽孢染色法和抗酸染色法（Ziehl-Neelsen）有何相同之处？

实验 10

荚膜染色法

安全注意事项

小心本生灯火焰。墨汁、结晶紫或番红如果溅到衣服上，很难洗净。70% 乙醇溶液易燃，应远离明火。将用过的载玻片放到含有消毒剂的容器中。

实验材料

脱脂牛奶培养基上培养 18h 的肺炎克雷伯氏菌 (*Klebsiella pneumoniae*，ATCC e13883)、反硝化产碱杆菌 (*Alcaligenes denitrificans*，ATCC 15173)

Tyler's 结晶紫（1% 水溶液）或革兰氏结晶紫 （1% 水溶液）

20%（*w/v*）硫酸铜溶液（$CuSO_4 \cdot 5H_2O$）

显微镜

浸镜油

擦镜纸和擦镜器

干净的载玻片

蜡笔

吸水纸

接种环

β- 羟基萘 (甲) 酸

70% 乙醇

墨汁（Higgins No.4465 黑色墨汁或技术钢笔用 Pelikan 画图墨水 No.17 ）或 Difico's 斑点测试墨汁安瓿

番红染料

学习目标

1. 理解荚膜染色的生化原理
2. 掌握荚膜染色技术
3. 鉴别细菌荚膜与细菌的其他成分

为什么本实验采用下列细菌？

本实验的主要目的是使学生掌握荚膜染色技术。为此，分别选择一个有荚膜和无荚膜细菌。肺炎克雷伯氏菌（Gr. *pneumonia*，肺炎）不能运动，有荚膜杆状，长 0.6 ~ 6μm，单个、成对或短链状排列。细胞含有一个大的多糖荚膜，这有助于形成黏稠的大菌落。至少有 80 种荚膜（K）抗原可用作血清型诊断。肺炎杆菌在人粪便、临床标本、水、谷物、水果和蔬菜中均有分布。反硝化产碱杆菌（能够使 NO_3^- 还原为 NO_2^- 和 N_2）常常为杆状、圆杆状或球状，长 0.5 ~ 2.6μm，在水体或土壤中经常单个存在。具 1 ~ 4 根周生鞭毛能运动。无荚膜。

医学应用

很多细菌 [例如，炭疽芽孢杆菌（炭疽）、变形链球菌（*Streptococcus mutans*，牙齿腐烂）、肺炎链球菌（*Streptococcus pneumoniae*，肺炎）] 以及真菌 [新型隐球菌（*Cryptococcus neoformans*，隐球菌病）] 都含有称为荚膜的凝胶状覆盖物。

临床中，是否存在荚膜是是否为该病菌及其毒力高低的指标之一。毒力是致病菌导致疾病严重程度的参数。

原理

很多细菌周围都有一层黏滑的膜，一般称为**荚膜**（capsule）（图 10.1a）。荚膜组成和厚度因菌而异。荚膜一般含有多糖、多肽和糖蛋白。荚膜厚的致病菌一般比荚膜薄或无荚膜的细菌的毒性更大，因为荚膜能够抵抗宿主吞噬细胞的吞噬作用。仅凭负染或墨汁染色等简单染色实验来判断细菌有无荚膜未必总有效。细胞周围未能染色的区域有可能是干燥后，细胞与周围染料分开了。Anthony's（E. E. Anthony, Jr.，1930 年代奥斯丁得克萨斯大学的一名细菌学家）荚膜染色法（图 10.1b）和 Graham、Evans（Florence L. Evans，20 世纪 30 年代伊利诺伊州立大学的细菌学家）法可方便地鉴定是否存在荚膜。

Anthony's 染色法采用两种试剂。结晶紫初染，它将细菌细胞和荚膜成分染成深紫色。与细胞本身不同，荚膜不是离子，初染染料不能黏附。硫酸铜作为脱色剂，它去掉多余的初染染料并使荚膜脱色。同时，硫酸铜也作为复染剂，被吸入荚膜并使其变为浅蓝色或粉红色。

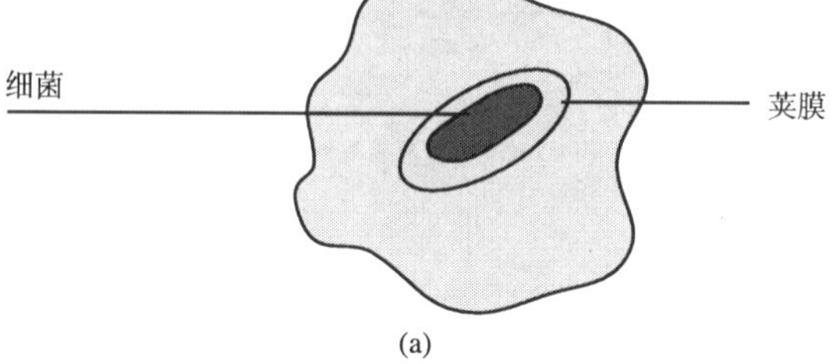

(a)

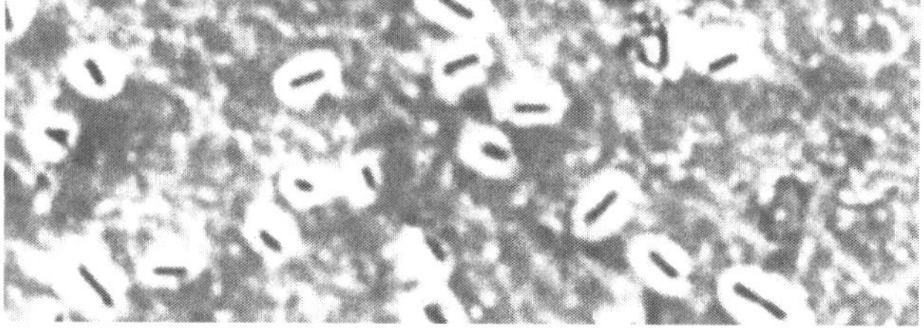

(b)

图 10.1 Anthony's 荚膜染色法。(a) 图示单个细菌，荚膜和背景物质，（b）肺炎克雷伯氏菌荚膜，光学显微镜（×1000），荚膜在红色背景下呈现白色晕圈。

该种方法中，涂片不能加热固定。因为加热可能引起皱缩并在细菌周围形成一圈明亮区域，这就有可能被误认为是荚膜。

实验步骤

荚膜染色（Anthony's 染色法）

1. 用蜡笔在清洁的载玻片左边角写上将染色细菌的名称。

2. 如图 13.3 所示，用接种环无菌操作取 1 环菌到载玻片上。载玻片自然干燥。不能加热固定！加热固定可能使细菌细胞皱缩，从而造成荚膜假象。

3. 将载玻片置于染色架上。滴加结晶紫，覆盖涂片，放置 4 ~ 7min（图 10.2a）。

4. 用 20% 硫酸铜彻底清洗载玻片（图 10.2b）。

5. 用吸水纸吸干（图 10.2c）。

6. 在油镜下观察（无需盖玻片）。画出各个细菌。荚膜在黑色细胞周围，为淡淡的晕圈。

改进的荚膜染色（Graham、Evans 染色法）

1. 用家用清洁剂（如 Bon Ami）和酒精彻底清洗载玻片。

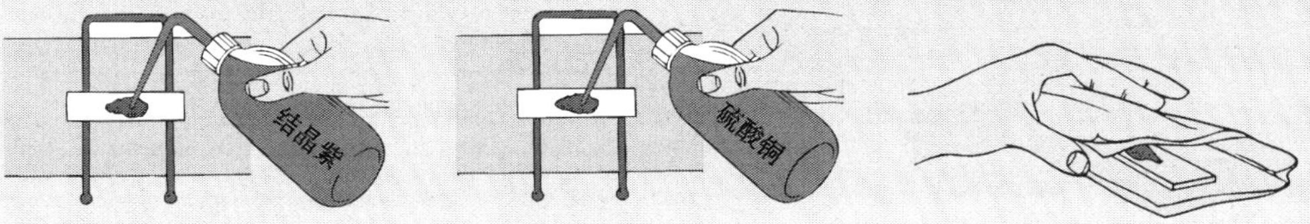

(a) 结晶紫浸泡涂片，静置 4~7min　(b) 硫酸铜漂洗　(c) 吸水纸吸干

图 10.2　荚膜染色法。

2. 用接种环挑取两环细菌到载玻片的一端，滴加少量（1 ~ 2 滴）墨汁，并混匀。

3. 用另一载玻片展开混合液滴，制作较薄的涂片（见图 5.2）。

4. 干燥涂片。

5. 用蒸馏水慢慢清洗，以免将细菌从载玻片上洗掉。

6. 用革兰氏结晶紫染色 1min。

7. 再用水冲洗。

8. 用番红染色 30s。

9. 用水冲洗，吸干。

10. 如果有荚膜存在，粉红至红色的细菌周围有一亮区。背景为黑色。

提示与警告

（1）同任何一种用相似或相同染料进行染色的材料一样，显微镜的亮度调整是获得最佳荚膜图像的关键因素之一。

（2）务必只滴加少量的墨汁，否则荚膜将不会清晰可见。

复习题

1. 细菌荚膜中已鉴定的三种化学组分分别是：

   a.

   b.

   c.

2. 细菌荚膜和致病性之间有何关系？
3. 荚膜染色中，硫酸铜具有哪两种功能？
4. 荚膜染色时，为什么不用加热固定？
5. 临床微生物鉴定中，如何运用荚膜染色的结果？
6. 列举几种具有荚膜的细菌。
7. 荚膜对细菌有何功能？

实验11 鞭毛染色：West和Difco's斑点测试方法

安全注意事项

小心沸水和本生灯火焰。不能用嘴操作移液管。West 染色液 A 和液 B 以及 Difco's 斑点测试鞭毛染色液具刺激性。不要吸入气溶胶，皮肤不要沾到溶液。准备溶液 A 和溶液 B 时，应在风扇打开的通风橱中进行。另外，染液加热时，应在通风橱中。用过的载玻片应放在含消毒剂的容器中。

实验材料

胰蛋白胨大豆琼脂斜面上培养了 18h 的新鲜粪产碱杆菌（*Alcaligenes faecalis*，ATCC 8750，周生鞭毛）和荧光假单胞菌（*Pseudomonas fluorescens*，ATCC 13525，极生鞭毛）

蜡笔

接种环

酸洗过的两端不透明的载玻片

无菌蒸馏水

显微镜

浸镜油

擦镜纸和擦镜器

沸水浴槽（装有蒸馏水的 250mL 烧杯，环站，金属网垫，本生灯或电热板）

带有移液操纵器的巴斯德吸管

West 染液

- 溶液 A
- 溶液 B

Difco's 斑点测试鞭毛染液

学习目标

1. 理解鞭毛染色的生物化学原理
2. 掌握鞭毛染色技术
3. 区分两种类型的鞭毛排列

为什么本实验采用下列细菌？

通过本实验，学生应该能够正确掌握细菌染色，确定有无鞭毛及其排列分布。这里选择了两种易培养且具有不同鞭毛排布方式的细菌：粪产碱杆菌（M.L. adj. *faecalis*, 粪便的）细胞为球型或长为 0.5 ~ 2.6μm 的圆杆状，通常单独存在，运动的动力来自 1 ~ 8 根（偶尔多达 12 根）周生鞭毛，粪产碱杆菌通常存在于水和土壤中；荧光假单胞菌（M.L. v., *fluoresco*, 发荧光）细胞长度为 2.0 ~ 2.8μm，宽度为 0.7 ~ 0.8μm 的杆状。它们通常单个或成对出现，运动的动力来自 2 根或 n 根极生鞭毛，荧光假单胞菌在自然界分布广泛。

医学应用

临床中，有无鞭毛及其数量和排布方式在鉴定菌种中很有价值。靠鞭毛运动的重要的病原体包括百日咳杆菌（*Bordetella pertussis*，百日咳）、(拉) 单核细胞增多性李司特氏菌（*Listeria monocytogenes*，脑膜脑炎）、普通变形杆菌（*Proteus vulgaris*，泌尿道菌血症、肺炎），铜绿假单胞菌（*Pseudomonas aeruginosa*，皮肤和创伤感染）、伤寒沙门氏菌（*Salmonella typhi*，斑疹伤寒或伤寒）和霍乱弧菌（*Vibrio cholerae*，霍乱）。

原理

细菌**鞭毛**（flagella）是负责运动的细丝状细胞器。鞭毛纤细，直径约 10 ~ 30nm，需要电子显微镜才能直接观察到。光学显微镜观察则需要用媒染剂如鞣酸、钾明矾包被鞭毛并用碱性品红（Gray 法）、碱性副品红（Leifson 法）、硝酸银（West 法；根据 Marcia West，一位临床微生物学家命名）或结晶紫（Difco's 法）染色，以增加鞭毛的厚度。尽管鞭毛染色有难度，但这可以了解鞭毛存在与否及其位置，在细菌鉴定中有很大的价值。(图 11.1)

Difco's 斑点测试鞭毛染色利用结晶紫的醇酸溶液作为初染液，鞣酸和钾明矾作为媒染剂。乙醇在染色过程中蒸发，沉淀在鞭毛周围的结晶紫增加了其大小。

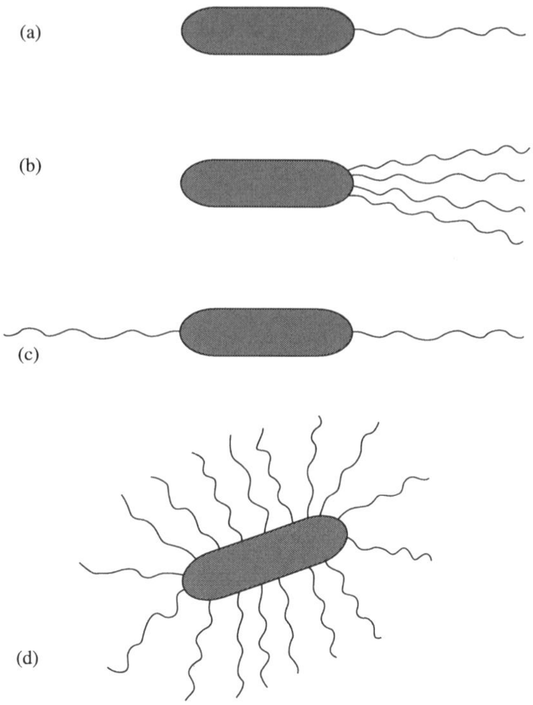

图 11.1 细菌鞭毛排布。（a）偏生鞭毛，鞭毛极生，单根鞭毛位于细胞的一端；（b）丛生鞭毛，鞭毛极生，许多鞭毛成群地位于细胞的一端；（c）两端鞭毛，鞭毛极生，单根鞭毛位于细胞的两端；（d）周生鞭毛，鞭毛位于细胞周围。

实验步骤（West）

1. 用蜡笔将细菌名称标在干净载玻片的左边。

2. 如图 13.3 所示，无菌操作，用接种环将细菌从斜面底部的浑浊液体中转移到用擦镜纸擦干净的载玻片中央的 3 小滴蒸馏水中。用接种针轻轻地将稀释的菌悬液涂布在 3cm 的区域（图 11.2a）内。

3. 载玻片风干 15min（图 11.2b）。

4. 用溶液 A（媒染剂）覆盖于涂片 4min（图 11.2c）。

5. 用蒸馏水充分漂洗（图 11.2d）。

6. 将一张纸巾置于涂片上，并用溶液 B（染液）浸透；在风扇打开的通风橱内沸水浴加热载玻片 5min。加入更多染液防止载玻片变干（图 11.2e）。

7. 移去纸巾，并用蒸馏水冲掉多余的溶液 B。用蒸馏水淹没载玻片并使其静置 1min，直至残余的硝酸银浮到表面（图 11.2f）。

8. 然后，再用水轻轻冲洗，并小心摇掉载玻片上残余的水分（图 11.2g）。

9. 室温风干载玻片（图 11.2h）。

10. 油镜观察。涂片边缘的效果最好，因为此处细菌密度低（图 11.3a,b）。记录好实验结果。

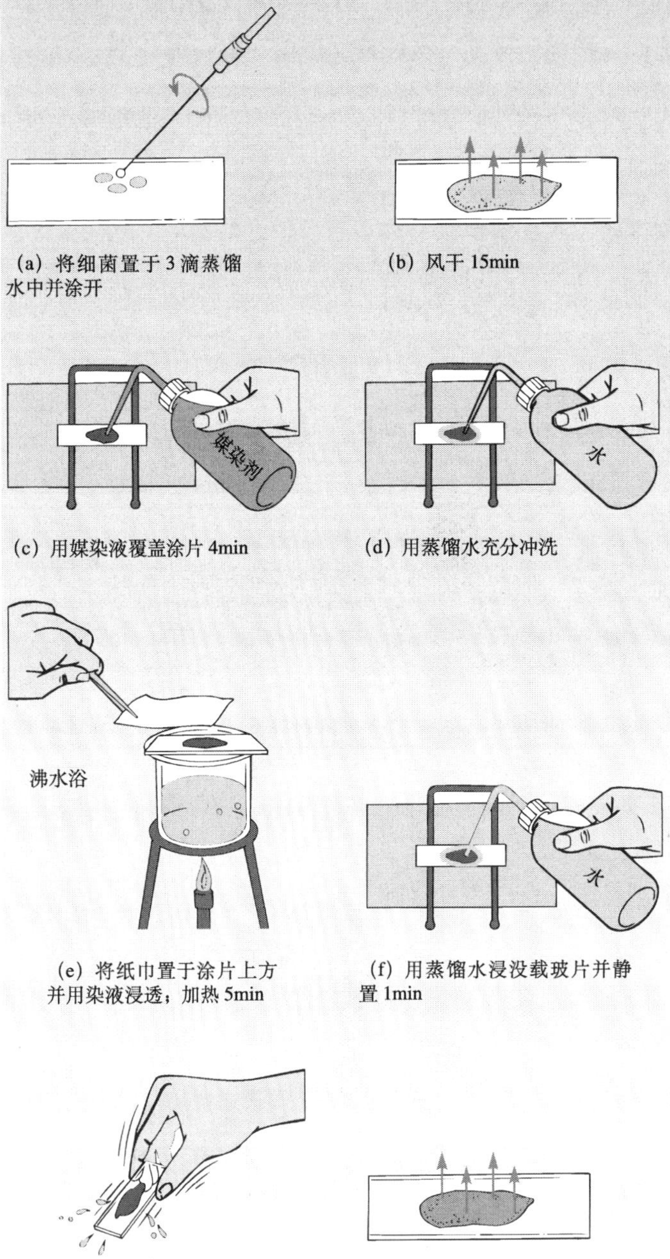

(a) 将细菌置于 3 滴蒸馏水中并涂开

(b) 风干 15min

(c) 用媒染液覆盖涂片 4min

(d) 用蒸馏水充分冲洗

(e) 将纸巾置于涂片上方并用染液浸透；加热 5min

(f) 用蒸馏水浸没载玻片并静置 1min

(g) 将多余的水流出载玻片

(h) 室温下风干

图 11.2 鞭毛染色（West）。

实验步骤（Difco）

1. 用蜡笔在磨砂载玻片的清晰部位周围画一个边界。

2. 在载玻片上滴 1 滴蒸馏水，距离磨砂边缘大约 1cm。

3. 用接种环轻轻地接触用于检验的菌落培养物，然后轻轻地接触水滴，但不要接触到载玻片。不要混合。

4. 略微倾斜载玻片，使标本流到载玻片的另一端。

5. 室温下风干载玻片。不要用热固定。

6. 用 Difco's 斑点测试检验鞭毛染液的小玻璃管里的物质浸没载玻片。

7. 让染液在载玻片上作用大约 4min。（注意：染色时间依据微生物生长阶段、染液新鲜与否，温度，以及染料对菌的染色强度调整，一般 2 ~ 8min。）

8. 用自来水或洗瓶的水小心冲洗载玻片上的染液，同时将载玻片仍放在染色架上。完成前不要倾斜载玻片。

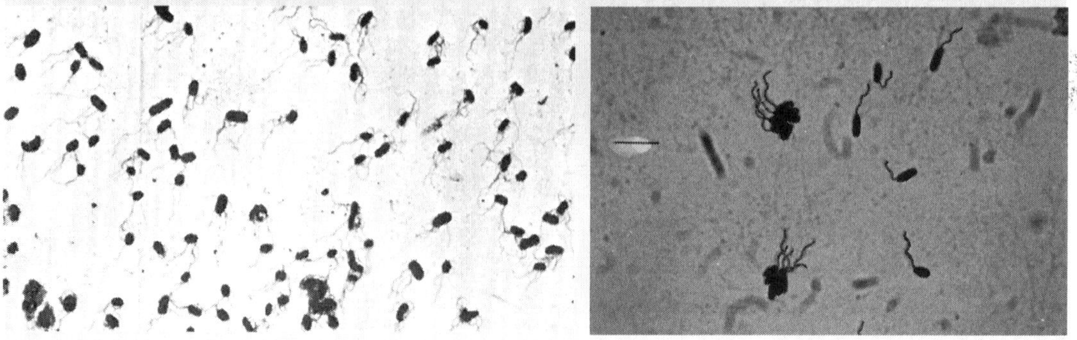

(a) (b)

图 11.3 West 镀银染色。光学显微镜可见一些细菌鞭毛。（a）具周生鞭毛的粪产碱杆菌，West 镀银染色；（b）具极生单根鞭毛的荧光假单胞菌，West 镀银染色（×1 000）。（a：承蒙美国微生物学会许可；b：©E. S.Chan/Visuala Unlimited）。

9. 冲洗后，略微倾斜载玻片，使多余的水流走，室温风干或置于载玻片加热器上。

10. 用油镜观察标本。从标本较薄的区域开始观察，再向中心寻找。寻找单菌落区域，不要选择含有许多细菌团块的区域。细菌及其鞭毛应呈紫色。

提示与警告

（1）不要猛烈振荡培养物。制作涂片时要温和，以避免鞭毛脱落。

（3）用新鲜的胰蛋白胨大豆琼脂斜面培养基培养细菌，保证斜面底部仍有液体。

（3）所有操作尽量温和，否则鞭毛容易断裂或者丢失。

复习题

1. 为什么鞭毛很难着色？

2. 为什么要使用菌龄短的培养物进行鞭毛染色?

3. 为什么鞭毛染色前玻璃载玻片上必须没有任何油脂?

4. 列举四种鞭毛的排列方式

   a

   b

   c

   d

5. 什么是媒染液?

6. 比较鞭毛染色和悬滴培养的实用性。

7. 着色后的鞭毛大小会发生怎样的变化?

第三部分

基础实验室培养技术

如果教育不是让人学会如何学习的过程，那又会是什么呢？

Peter Alexander Ustinov（英国演员和艺人，1921—2004）

通过本书这部分内容，你将了解微生物实验的基本实验技术，例如，如何准备培养基材料并灭菌，如何从各种类型的纯培养中分离细菌，在实验室培养细菌和真菌。同时也将掌握细菌计数的技术。

在本书前两部分的基础上，这部分将继续学习基本的微生物技术。理解和应用显微镜、载玻片及培养技术是完成本书涉及的其他实验的重要基础。

完成第三部分的实验后，你将能够①掌握无菌操作技术：这将达到美国微生物学会核心课程实验操作技能第 3 条的要求（见 v 页）：(a) 灭菌技术以及保持相关器具的无菌状态；(b) 无菌操作技术；(c) 获得微生物样本。②梯度稀释技术估算微生物的数目：这将达到美国微生物学会核心课程实验操作技能第 5 条的要求（见 iii 页）：(a) 正确选择和使用移液管和移液装置；(b) 正确涂布稀释样本以准确计数；(c) 估计所需稀释倍数；(d) 根据平板计数值推测出起始样本的 CFU 或 PFU。

Alfred Theodore MacConkey (1861—1931)

Alfred MacConkey 是英国细菌学家，他首先描述了最著名的固体鉴别培养基——MacConkey's 琼脂培养基。

MacConkey 于 1900 年在《柳叶刀》(*The Lancet*) 上首先描述了这一著名的固体鉴别培养基，该培养基可以依据细菌发酵乳糖的能力区分大肠杆菌和肠道致病菌。在此培养基上，乳糖发酵细菌形成红色或粉红色的菌落；不能发酵乳糖的细菌则呈无色或透明菌落。

发明该培养基的故事非常有趣。第一个配方是含有甘胆酸盐、乳糖和石蕊的胆汁盐石蕊培养基，在 22℃孵育。一年后，MacConkey 在 *Zentralblatt fur Bakteriologie* 公布了该培养基的新配方，改良培养基用牛磺胆酸代替甘胆酸盐，在 42℃孵育。1905 年，MacConkey 为其培养基公布了第三个配方，其中用中性红取代石蕊作为指示剂。这就是我们现在所用的 MacConkey's 琼脂培养基最终配方，其成分如下：

MacConkey's 琼脂培养基（pH 7.1）	
蛋白胨	17.0g
胰蛋白胨	3.0g
乳糖	10.0g
胆盐混合物	1.5g
氯化钠	5.0g
琼脂	13.5g
中性红	0.03g
结晶紫	0.001g
蒸馏水	1000.0mL

实验 12 微生物培养基的配制和灭菌

安全注意事项

本实验中某些加热可能导致烧伤。操作高压灭菌锅需要得到指导教师许可。打开高压灭菌锅时务必戴上隔热（Zetex）手套。Zetex 布提供的石棉保护没有健康危害。同样，熔化琼脂时，如果溅到手上，也会导致烧伤。使用本生灯、加热板和沸水浴时尤其需要小心，它们都有潜在危险并可能导致烧伤。如果被烧伤，需立即治疗。不要用嘴移液。

实验材料

大豆胰蛋白胨肉汤培养基培养 24 ~ 48h 的大肠杆菌（ATCC 11229）

高压灭菌锅（供全班用）
细菌培养皿
培养管
试管架或金属篮子
试管帽
表 12.1 中已知成分的培养基
表 12.2 中混和的培养基
2L 锥形瓶
10ml 带吸头的吸管
称量纸或称量盘
天平
琼脂
隔热 Zetex 棉布手套
48℃ ~ 50℃的水浴锅
沸水浴
铝箔
搅拌棒或带有搅拌条的平板
本生灯或加热板
Difco 手册或 BBL 手册

学习目标

1. 了解不同类型的培养基及其成分，并各举几个例子分别说明其用途。
2. 描述各种培养用试管加盖方法。
3. 描述如何制备和转移培养基。
4. 制备成分已知培养基和成分未知培养基，以及琼脂平板。
5. 理解无菌的概念。
6. 掌握不同培养基、辅助材料和实验材料的灭菌方法。
7. 正确、安全使用高压灭菌锅。

为什么本实验采用下列细菌？

本实验的主要目的之一是制备已知成分培养基和混合培养基。培养基制备后培养大肠杆菌。大肠杆菌是兼性厌氧菌，化能有机异养，能够进行呼吸作用和发酵，分解葡萄糖和其他碳水化合物产生酸和气体。

原理

微生物培养基

微生物的存活和生长依赖于可利用的营养物质和有利的生长环境。实验室用于培养微生物的营养制剂称为**培养基**（medium）。培养基主要分为三种形态：**液态**（liquid）或**肉汤**（broth）培养基、**半固体**（semisolid）培养基和**固体**（solid）培养基。其主要区别是固体和半固体培养基含有液体培养基所缺乏的凝固剂（通常是**琼脂**，agar）。液体培养基，如营养肉汤培养基、胰蛋白胨肉汤培养基或脑、心脏浸剂肉汤培养基（图 12.1a），用来大量繁殖微生物，进行各种生物化学分析。半固体培养基用来研究微生物的发酵特性、运动能力以及促进厌氧生长。固体培养基如营养琼脂培养基和血琼脂培养基，可以用于观察菌落形态、分离纯培养物、保藏菌种、观察特定生物化学反应。

固体培养基融化后能倒入试管或培养皿。如果试管中的培养基在倾斜位置中变硬，称为**琼脂斜面**（agar slant，图 12.1b，c）；如果试管中的培养基在直立位置中变硬，称为**琼脂深层培养管**（agar deep tube，图 12.1d）；如果琼脂被倒入培养皿，则称为**琼脂平板**（agar plate，图 12.1e）。制备琼脂平板一般需要大约 15 ~ 16mL 培养基（和深层琼脂所需的量相同）。

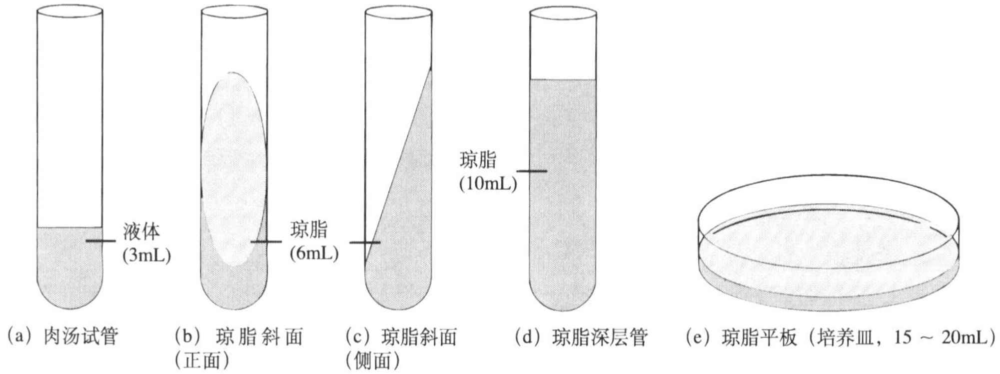

图 12.1　培养基。每个具有适当体积的不同类型培养基。

表 12.1　化学成分明确的培养基

成分	含量
磷酸氢二钾，K_2HPO_4	7g
磷酸二氢钾，KH_2PO_4	2g
水合硫酸镁，$MgSO_4 \cdot 7H_2O$	0.2g
硫酸铵，$(NH_4)_2SO_4$	1g
葡萄糖	5g
蒸馏水	1 L

表 12.2 复合（未知）培养基——胰蛋白胨肉汤

成分	含量
酪蛋白胨	17g
大豆蛋白胨	3g
NaCl	5g
磷酸氢二钾 K_2HPO_4	2.5g
葡萄糖	2.5g
蒸馏水	1 L

可以用两种不同类型的培养基培养微生物。**化学成分明确**（chemically defined）或**合成培养基**（synthetic media）由已知数量的化学物质组成（表 12.1）。这种培养基通常用于培养自养微生物如藻类或不需要复杂营养的异养微生物。在常规的细菌实验中利用**复合**或**非合成培养基**（Complex, or nonsynthetic media，表 12.2），它们由富含维生素和营养物的混合物组成。三种常用的是牛肉膏、酵母膏和蛋白胨。市售培养基和本书涉及的培养基见附录 J。

用市售的脱水干粉配制培养基比较简单。培养基干粉的包装标签上都有制备说明书。例如，为了制备 1L 胰胨豆胨肉汤，需要将 30g 的干粉培养基溶于 1000mL 的蒸馏水。在 2L 的锥形瓶（通常用所需培养基两倍体积大小的三角瓶）中充分混匀。分装并在 121℃灭菌 15 ~ 20min（151bs 的压力）。如注意事项所述，1000mL 水所需的粉末数量将标明。

如果培养基缺乏琼脂，粉末通常不加热也能溶解。如果含有琼脂，则必须加热培养基直到它待沸或沸腾，以便充分溶解琼脂。每种类型的培养基都有特殊的加热说明。例如，为了配制 1L Vogel-Johnson 琼脂培养基，需要将 61g 干粉培养基溶解在 1L 蒸馏水中。混合，直到获得均一的混悬液。加热，同时不断搅动并保持待沸状态 1min。分装到 100mL 或 250mL 烧瓶中，并 121℃高压灭菌 20min。

本书大部分实验都采用装在试管中的无菌培养基。一般使用 18mm × 150mm，16mm × 125mm，或 13mm × 100mm 的细菌培养管。这些试管必须加帽以保持无菌状态，棉花塞、塑料泡沫塞、塑料或金属帽（例如 Morton closures 或 Bacti Capalls）都可以。其作用是防止空气中的微生物污染，允许通气同时尽量降低培养基中水分的蒸发。有时螺旋帽的效果较好，尤其是如斜面培养基等需要密封并长期储存的培养基。

可以用移液器（一种自动的注射器吸液管或普通吸管）吸取适当体积的肉汤培养基或琼脂培养基到一个培养管里（图 12.1）。以该管作为参照，然后倒约相同体积的培养基到排列在同一个试管架上的其他试管中。这种方法快速、方便、相对精确。

斜面试管灭菌后，在琼脂仍处于溶解状态时，将试管移出高压灭菌锅并小心地将其放在桌子上，使有盖的一端略微抬高。也可以改装试管架，使其符合略微倾斜的要求。琼脂冷却并变硬前，不要动这些试管。斜面培养基应该直立存放。

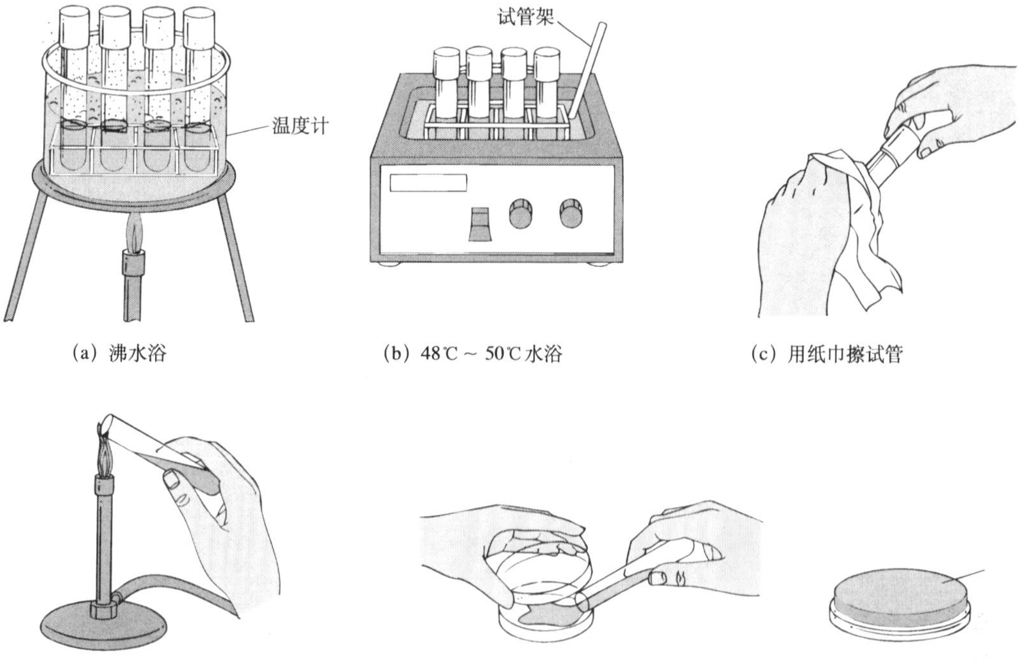

（a）沸水浴　（b）48℃ ~ 50℃水浴　（c）用纸巾擦试管

（d）移去盖子后，灼烧试管顶端　（e）将琼脂培养基倒入平皿底部　（f）冷却以后，倒置储存

图 12.2　制备琼脂培养基平板。

琼脂深层试管在灭菌后储存，可以在需要时用来配制平板。一些琼脂深层培养基可以在室温下储存几天。如果需要长期储存，应该将培养基置于冰箱中以阻止琼脂干燥。制备培养基平板时，需要将琼脂在沸水浴中（图 12.2a），或将其放入 121℃的高压灭菌锅中 30 ~ 60s，然后缓慢地释放蒸汽。琼脂熔解后，倒出液体，转移到 48℃ ~ 50℃的水浴中，并在使用前保持在原位至少 5 ~ 10min（图 12.2b）。深层琼脂在使用前需冷却到 50℃，以便琼脂倒入平板后在皿盖上形成的水蒸气最少。在 42℃ 以上，琼脂不会凝固。当深层琼脂到达 50℃ 时，从水浴中拿出一个试管，表面用纸巾擦干（图 12.2c）。打开盖子，在本生灯火焰上方迅速灼烧顶端（图 12.2d）。将琼脂迅速倒入无菌、干燥的平板中，同时小心地握住盖子使其位于平板的上方，以免污染（图 12.2e）。盖上盖子，待琼脂冷却并变硬后倒置储存平板（图 12.2f）。在储存平板时，一叠平板尽量不要超过三个，或使用专用的平板储存器。

培养基和其他材料的灭菌

灭菌（sterilization）是杀灭培养基或材料中所有形式生命的过程。常见的有三种培养基灭菌方法。最常用的是**高压蒸汽灭菌**（autoclaving），通过将物品放在 121℃和 15 lbs 压力的蒸汽中 15min 或更长时间，具体时间长短取决于物品的性质。该条件下，微生物，甚至内生孢子的存活时间将不会超过 12 ~ 13min。这种方法快速、可靠。现代的高压蒸汽灭菌锅能确保排尽空气，高压蒸汽灭菌锅内只有蒸汽。温度控制也很准确。几乎所有能耐受 121℃温度和蒸汽的培养基和其他物品，都可这样灭菌。

通常，干燥的玻璃器皿，如移液管和平板必须灭菌。蒸汽会腐蚀玻璃器皿并使其潮湿。因此，这些物品通常用**干热灭菌**（dry-heat sterilized）。玻璃器皿放在160℃～170℃的电烘箱。干热灭菌一般不如湿热有效，因此玻璃器皿必须放在这一温度下2h或更久。电烘箱的温度不要超过180℃，否则可能烧焦棉花或纸。

有时，培养基含有不能耐受121℃加热的成分。**细菌滤器**（bacteriological filter）则能除去细菌和溶液中更大的微生物，从而可以不经加热而进行培养基的灭菌。

具有极微小的玻璃制成的圆盘（小孔尺寸是0.9～1.4μm）和Seitz石棉垫过滤漏斗（3mm厚，具有0.1μm的小孔）Scintered玻璃滤器都可以有效对溶液灭菌。然而，如果使用孔径大于0.22μm的滤膜，滤液很可能灭菌不彻底。目前，行之有效的常用方法是使用特制无菌的具有适当孔径的纤维素薄膜或聚碳酸酯薄膜。一般而言，灭菌采用孔径0.22μm滤膜。许多可以对不同体积溶液灭菌的具有滤膜的装置都可以从市面上买到。例如，有一种装置能用带有真空管或正压注射器的滤瓶使溶液流经特殊的膜过滤架（图12.3）。

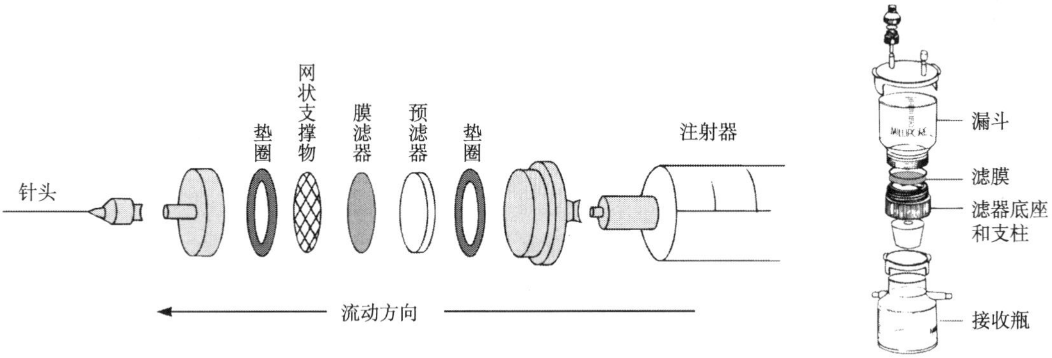

图12.3 供小量培养基灭菌的过滤装置。

其他两种灭菌技术是用紫外射线和环氧乙烷。260nm左右的**紫外射线**（ultraviolet, UV radiation）对许多微生物具致死性，但不能有效穿透玻璃、灰尘、薄膜、水和其他物质。因此，UV灭菌应用较少。例如，UV灯一般安装在房顶或生物安全柜中，对空气和暴露的表面进行灭菌。

许多对热敏感的物品，例如一次性塑料培养皿和注射器、缝线和导管，通常用**环氧乙烷**（ethylene oxide）气灭菌。环氧乙烷共价结合细胞蛋白，从而杀灭微生物和孢子，是一种特别有效的灭菌剂。环氧乙烷气可以快速穿透密封材料，甚至塑料包装。

实验步骤

制备化学成分已知的培养基

1. 使用配方 按照表12.1列出的配方准备500mL葡萄糖－矿物盐肉汤培养基，用于培养大肠杆菌。向1 L的锥形瓶中加入375mL蒸馏水。按照上述表中顺序称量每一组分并加入到水中，每添加一个组分后立即搅动，直到完全溶解。每一组分的量需要减半。

余下的 125mL 水冲洗烧瓶的内壁。

2. 逐滴加入适量的 HCl 或 NaOH，调整 pH 为 7.2 ~ 7.4（见附录 E）。

3. 用 10mL 移液管将 3 ~ 5mL 的葡萄糖－矿物盐肉汤培养基分别分装到 10 支试管中，不完全盖紧试管。将剩下的 450mL 肉汤加到其他试管中。将试管置于试管架或篮子中。将篮子放入高压蒸汽灭菌锅。

制备混合培养基

根据表 13.2 配制 500mL 胰蛋白胨肉汤培养基。

加 375mL 蒸馏水到 1L 的锥形瓶中，分别加入每种组分（用配方表中量的一半）；每次加入后均需搅拌。

用剩余的 125mL 水冲洗瓶壁。

4. 逐滴加入适量的 HCl 或 NaOH，调整 pH 到 7.3（见附录 E）。

5. 依次分装 3 ~ 5mL 肉汤培养基到 10 支试管中，并不完全盖紧试管。将试管置于试管架或篮子中。将篮子放入高压蒸汽灭菌锅。

6. 向剩余的肉汤（450mL）中加入 7.2g 琼脂，使琼脂的浓度为 1.6%。加热锥形瓶里的内容物并逐渐煮沸。加热琼脂直至它完全溶解。用铝箔包起来并放入高压蒸汽灭菌锅。高压蒸汽灭菌后，在 48℃ ~ 50℃ 的水浴锅中冷却装有无菌琼脂培养基的锥形瓶。将所需数量的平板排列在工作台顶端。从锥形瓶上除去铝箔帽并迅速灼烧锥形瓶的颈部。抬起每个平板的盖子，倒入大约 15mL 琼脂培养基，快速盖上盖子（琼脂在平板里应该有 3 ~ 5mm 厚）。连续倒满所有平板。

或者在琼脂培养基溶解后，分装 15mL 到 18mm × 150mm 试管。盖上盖子，高压灭菌。在 48℃ ~ 50℃ 的水浴锅中冷却，并如图 12.2 那样倾倒琼脂培养基。

高压蒸汽灭菌的步骤

1. 教师演示如何使用高压蒸汽灭菌锅。
2. 将新制备的培养基装在高压蒸汽灭菌锅中。
3. 关上并锁上高压蒸汽灭菌锅。
4. 设置高压蒸汽灭菌的时间为 15min 或更长，并选择一个慢速排气。
5. 确保高压蒸汽灭菌锅的温度设定在 121℃。
6. 按下开始键或扭动旋钮到开始位置，开始灭菌。
7. 完成灭菌，且灭菌锅压力显示为 0 时，戴上隔热手套，小心地打开门并取出里面的物品。

制备琼脂平板

1. 按照以前列出的步骤和图 12.2a ~ f，用无菌的胰蛋白胨肉汤培养基制备琼脂平板。
2. 当平板冷却后（琼脂固化），将其倒置，以防止水汽凝集在琼脂表面。
3. 所有平板和试管应该孵育至少 24h，以确保它们在使用之前无菌。

提示与警告

(1) 高压灭菌锅不要装得太满，以提供足够蒸汽循环的空间。

(2) 将培养基放入沸水浴中，然后使用防热手套迅速从本生灯或加热板移走培养基，以阻止暴沸。当从加热处移走时不要摇动或旋转锥形瓶，否则，可能引起培养基暴沸。

(3) 打开高压灭菌锅的盖之前，始终需戴防热手套，距离一臂之隔，慢慢开门。其好处是：

(a) 蒸汽会以受控的风向向天花板逸散而不会烧伤皮肤。

(b) 培养基不会因为锥形瓶里压力的迅速变化而暴沸到带塞子的容器外。

复习题

1. 根据其形状命名三种主要的微生物培养基分别是什么？

   ____________ ____________ ____________

2. 解释成分明确的培养基、未知成分或合成培养基，以及混合或非合成培养基。
3. 为什么培养基在使用前需要灭菌？
4. 描述培养基和物品灭菌的三种方法。

   a

   b

   c

5. 为什么平板冷却后要倒置？
6. 为什么培养基在倒入培养皿前要冷却到 48℃ ~ 50 ℃。
7. 什么是缓冲液？本实验中使用的缓冲体系是什么？
8. 表 12.1 中化学成分已知培养基中的碳源是什么？氮源是什么？

实验 13 培养物转移装置、技术和纯培养的分离与维持

安全注意事项

使用移液管时，通常使用洗耳球或其他装置转移液体，千万不要用嘴。移液管不要横放在工作台上，应当放在移液管架上。移液管一旦被污染，应立即放到适当的容器中。装移液管的容器或袋子应带到拟使用移液管的区域，使用时直接从中取出。小心别被本生灯火焰和烧红的接种环和接种针烫伤。

实验材料

涡旋振荡器

接种环

接种针

本生灯

吹出式移液器和移液操纵器

转移式移液管

胰蛋白胨大豆液体培养基和胰蛋白胨大豆琼脂斜面培养基培养 24h 的黏质沙雷氏菌（*Serratia marcescens*，产色素，ATCC e13880）和玫瑰色微球菌（*Micrococcus roseus*，ATCC 186），或是来自实验 15 的平板划线平板。

胰蛋白胨大豆液体培养基试管

胰蛋白胨大豆培养基琼脂斜面

胰蛋白胨大豆深层琼脂培养基

蜡笔

学习目标

1. 正确使用吹出式移液管
2. 正确使用转移式移液管
3. 正确使用接种环和接种针
4. 无菌操作接种细菌进行传代培养
5. 理解纯培养的原理

6. 从实验 15 分离细菌，培养后备保种
7. 描述如何连续培养细菌

为什么本实验采用下列细菌？

黏质沙雷氏菌（L. *marcescens*，存在于水、土壤、食物中，广泛分布于自然界。它在实验室很容易培养，兼性厌氧，化能有机营养，有氧代谢或厌氧代谢。它在胰蛋白胨大豆液体培养基或琼脂培养基中生长迅速。20℃～35℃培养时，常产生红色色素。

微生物转移仪器和技术的原理

移液管（pipette）一般用来转移部分液体培养物、系列稀释微生物或分装化学试剂。经常使用的有刻度的移液管包括：**吹出式移液管**（blow-out pipette）（也称为**血清学移液管**，serological pipette）和**转移式移液管**（to-deliver pipette）（或是 Mohr 测量移液管，Mohr measuring pipette，命名来自 19 世纪美国药物化学家，Francis Mohr）（图 13.1a，b）。吹出式移液管的最后一滴溶液一定要吹出来，以确保所移溶液体积的准确性。转移式移液管转移液体时，液体应当留在移液管的尖端，不必排出。

使用移液管吸液体时，应用移液器或其他辅助仪器（图 13.1c，d，e，f），**不要用嘴**。从液体的弯月下凹面读取体积（图 13.1g）。

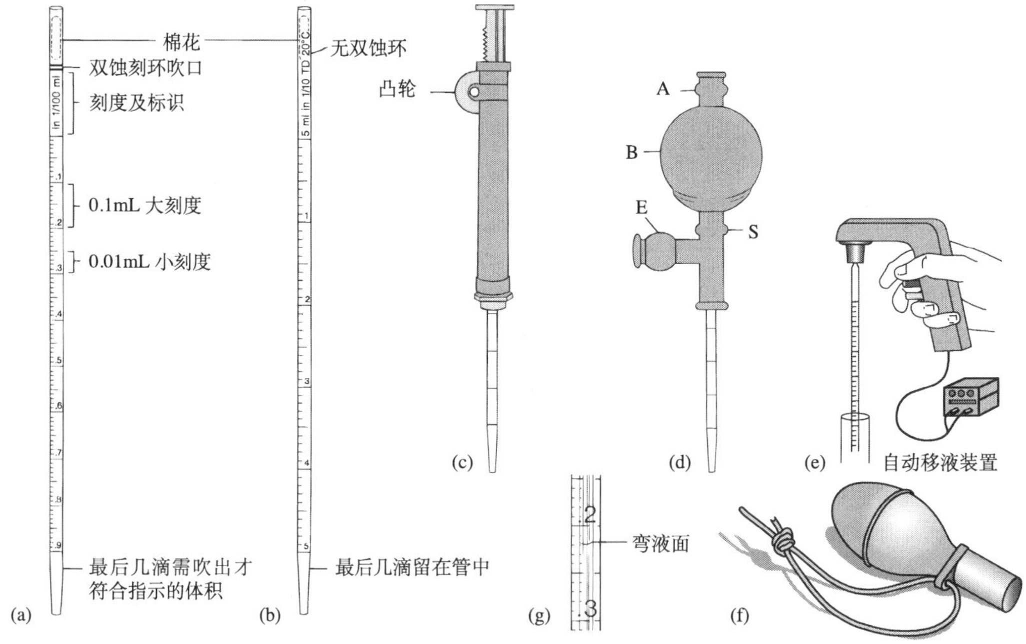

图 13.1 移液管。（a）吹出式移液管；（b）转移式或 Mohr 型移液管；（c）塑料泵，这个泵附在移液管上，转动轮子就可以吸放液体；（d）移液器，按压 A 挤压移液器，B 变瘪。按 S 键溶液吸入移液管；按皮球 E 键，排出液体；（e）1 ～ 150mL 的电子移液器，按压键就可以吸放液体；（f）安全的移液漏斗，这个橡胶移液器有一个圆锥形硅酮附件，可以通过定容装置与移液管连接起来。挤皮球仅需将该移液器和移液管紧密接触。吸入液体，然后移开皮球，用食指控制液面；（g）移液管内液体体积要从液体弯月面下凹处读取。（来自 Kleyn，Bickwell，Gilstrap Microbiology Experaiments, 2nd ed. WCB. McGraw-Hill. 1999. Fig.6.2, page 54.）

通常，灭菌前要用脱脂棉塞移液管上端。这样可以避免移液器或其他仪器对移液管的交叉污染。

把灭菌的移液管放在移液管筒中可以避免污染。干净、无菌的移液管应当尖头先放入移液管筒。罐子的底部应当有纸或棉花垫物，以免弄碎尖头。然后盖上筒的顶部。打开或者盖上移液管筒盖子时，如果顶部卡住，稍微旋一下，就容易打开或者松动。移液管放入筒中后，高压灭菌器设定在快速排气和干燥位置，可以对移液管高压灭菌和烘干。移液管也可以干热灭菌。

移液管的正确使用需将其放平，小心拧开顶部。开口端应始终朝下。取出移液管后，盖上盖子，移液管筒始终水平放置。未用的移液管不能平放，若平放就应视为染菌。用过的移液管应当立即管嘴向下，完全浸没在含有 3% ~ 5% 的来苏尔消毒液的容器中。

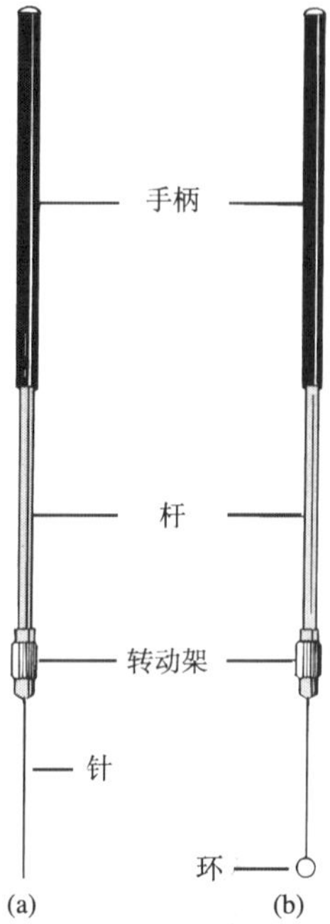

图 13.2　微生物学的转移设备。(a) 接种针；(b) 接种环。

接种针（inoculating needle）和**接种环**（loop）（图 13.2a，b）用以从液体培养基、斜面或琼脂培养基上，无菌操作将微生物转移到其他培养基上。两者都包括手柄、杆和镍铬或白金丝的转动架。如果金属丝是直的，就是接种针；如果是环状的则为接种环。使用前，两者末端的金属丝都要缓慢通过本生灯火焰顶端或是放入焚烧式灭菌装置（Bacti-Cinerator）中灭菌（图 13.4）。操作正确时，全部金属丝都应烧得通红。接种针或接种环使用前都不能被污染。用过的接种针或接种环应当经火焰灼烧彻底灭菌。

无菌（asepsis 意指没有微生物导致的腐烂、腐败。通过**传代培养**（subculturing），将微生物从一个培养基转移到另一个培养基上，在这个过程中**无菌技术**（aseptic technique）相当重要，贯穿本书的大部分实验。如果不采用无菌技术，微生物实验室的污染将不堪设想，实验结果也将受到很大影响。无菌技术也确保实验室工作人员免受微生物感染。

纯培养物分离和保存原理

平板表面生长分散的纯培养菌落，用接种针挑到另一培养管中，例如胰蛋白胨大豆琼脂斜面（琼脂类型取决于微生物类型）。尽可能挑取菌落中心的细菌，因为中心被污染的可能性比边缘低。现在，每个斜面代表一种单一的微生物，这就是**纯培养**（pure culture）或**保种培养**（stock culture）。

微生物学实验中的关键问题之一是长期保存纯培养。比较理想的技术是尽量减少传代次数。**冷冻**（refrigeration）或**干燥**（desiccation）将微生物保存在休眠状态可满足此要求。

短期（一般 1 ~ 3 个月）保存好氧细菌一般将斜面在冷藏 4℃ ~ 10℃。采用带螺帽的试管保存可以减少保存期间的脱水。

灭菌矿物油密封培养物可以降低水分丢失，可相对较长期地保持培养物。石蜡油的灭菌可以用烘箱 110℃加热 1h。琼脂斜面生长一段时间后，无菌操作，用石蜡油覆盖斜面表面。石蜡油厚度应达到 1/4 英尺*。石蜡油封存的斜面一般常温保存。许多属的细菌都可以用矿物油保存（例如：芽胞杆菌属、大多数的肠杆菌科、一些微菌属、变形菌、假单胞菌属和链霉菌）。有些属的细菌（例如：固氮菌、明串珠菌属）不能用矿物油保存。表 13.1 中总结了一些典型细菌的保存条件。

许多情况下，培养物长期保存并不需要矿物油。*E.coli* 和其他一些肠杆菌科、铜绿假单胞菌属、葡萄球菌和肠球菌按照下面的方法可以在室温保存几年。穿刺接种半固体营养琼脂或 0.7% 的双蒸水琼脂。在最适温度下培养过夜。最后，拧紧盖子并用封口膜密封。

长时间保存菌种的最好方法是**冻干法**（lyophilization）（**冷冻干燥**，freeze-drying）。这种方法可以减少定期传代次数，降低保种时菌种突变几率。冻干时，细菌培养物悬浮在无菌的保护性培养基例如牛奶、血清或 3% 乳糖中。

表 13.1　细菌的保存

细菌	保存培养基	保存温度（℃）	保存时间（月）
产气杆菌属	1，2	4 ~ 10	2
产碱杆菌属	1，2	4 ~ 10	3
芽孢杆菌属	1，2	25	12
梭菌属	3，4	4 ~ 10	12
埃希氏菌属	1，2	25	31
乳杆菌属	4	25	1
明串珠菌属	4	25	1
奈瑟氏球菌属（腐生）	2，5	4 ~ 10	1
变形杆菌属	1，2	4 ~ 10	3
假单胞菌属	1，2	4 ~ 10	3
沙门氏菌属	1，2	4 ~ 10	3
沙雷氏菌属	1，2	4 ~ 10	3
葡萄球菌属	1，2，4，5	4 ~ 10	3
链球菌属	3，4，5	25	1 ~ 3

注：保存培养基：1. 营养琼脂；2. 胰蛋白胨大豆琼脂；3. 肉汤培养基；4. 碳酸钙硫胶质培养基；5.CTA 培养基（BBL）。

将少量浓稠的悬浮液转移到保种管里，然后在干冰和乙醇混合物中速冻，抽真空，密封保种管。这些密封的干燥培养物通常都能够保存数年。严格厌氧和一些兼性厌氧的微生物接触氧气会被损伤。琼脂穿刺培养可以对其进行保种。其操作要点是：首先让半固体琼脂培养基直立、凝固，然后用接种针将所带的细菌穿刺琼脂中心。厌氧菌将在琼脂深处提供的厌氧环境下生长，等生长到合适的阶段后，冷冻穿刺培养物。厌氧微生物可以在保存硫胶质肉汤培养基或肉汤培养基中保种。

市售菌种和菌种保藏的更多信息见附录 J。

菌种接种所需材料和技术的标准操作

移液管

指导教师演示转移式和吹出式移液管的正确使用方法。然后，学生用双蒸水演练如何使用两种移液管和提供的移液器或机械设备。

*1 英尺 $=3.048\times10^{-1}$m

无菌操作技术

1. 用蜡笔在待接种的试管或平板上写日期、姓名和待测试的微生物（图 13.3a）。

2. 轻轻混匀起始培养液，使管中的细菌成为均匀的悬浮液（图 13.3b）。可以轻轻敲打试管形成漩涡或使用涡旋器混匀。

3. 把保种试管和要接入的试管放在同一个手掌里，用大拇指固定。试管在手中形成一个“V”字形（图 13.3c）。它们必须保持一定倾角，使开口端不会竖直地直接暴露在含有污染物的实验室空气中。

4. 用另一只手，把接种环或接种针在本生灯或 Bacti-Cinerator 灭菌器（图 13.4）火焰上烧灼，直到金属丝变得通红（图 13.3d）。

5. 用拿着接种环的那只手，取 2 支试管上的盖子，将盖子捏在手指之间，然后将试管的颈部在火焰上迅速灼烧以确保无菌（图 13.3e）。不过，**不能让试管变得通红**。

6. 把灼烧过的接种环放入液体培养基中冷却，直到不再发出“嘶嘶”声。用无菌的接种环，转移 1 滴保种管中的培养物到新的液体培养基中。也可以这样将细菌转移到载玻片上，斜面划线培养，或在细菌培养皿上划线接种（图 13.3f）。从斜面挑细菌时，把接种环或针放在斜面表面冷却，直到不再发出“嘶嘶”声，方才可以挑菌。

7. 把试管颈部再次经过火焰灭菌（图 13.3g）。

8. 盖上试管盖（图 13.3h）。

9. 把接种环或接种针重新过火焰或灭菌（图 13.3i）。

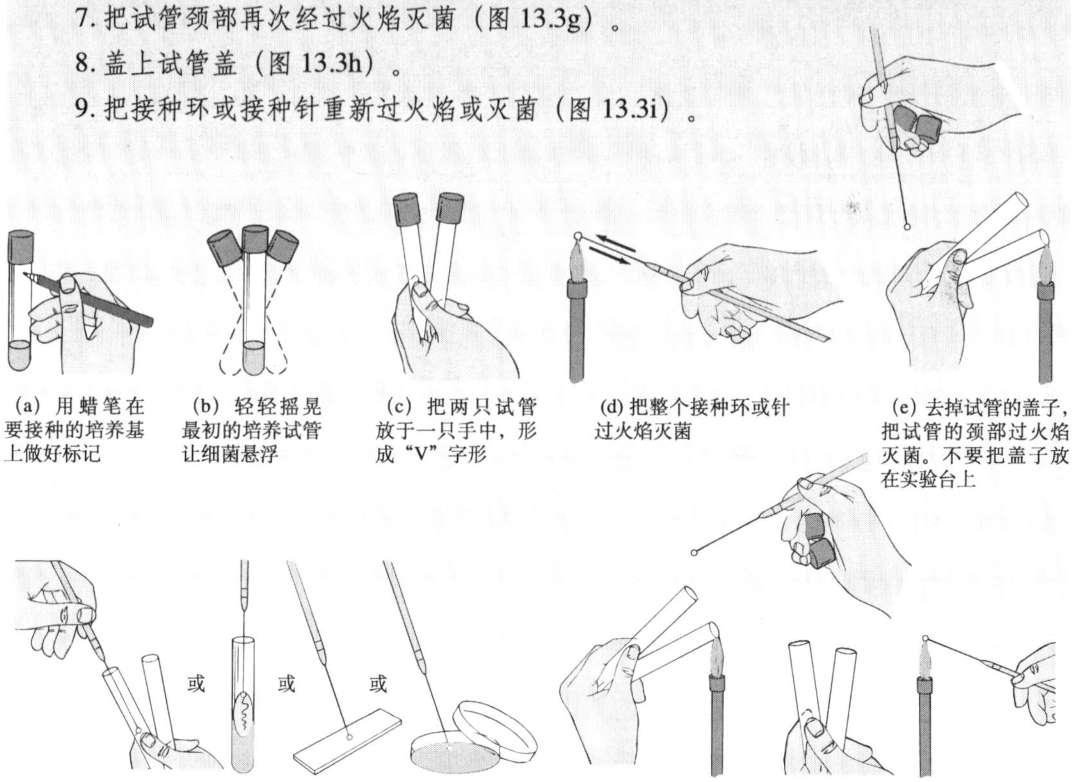

(a) 用蜡笔在要接种的培养基上做好标记

(b) 轻轻摇晃最初的培养试管让细菌悬浮

(c) 把两只试管放于一只手中，形成“V”字形

(d) 把整个接种环或针过火焰灭菌

(e) 去掉试管的盖子，把试管的颈部过火焰灭菌。不要把盖子放在实验台上

(f) 等接种环或针冷却后，挑取细菌划在斜面培养基表面或放到载玻片上或划在细菌培养皿的表面

(g) 把试管的颈部重新快速经过火焰进行灭菌

(h) 盖上盖子

(i) 把接种环或针重新过火焰灭菌

图 13.3 细菌接种和传代的无菌操作技术。

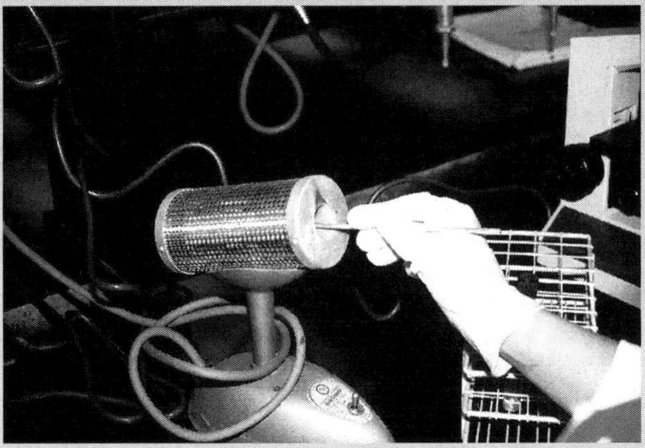

图 13.4　Bacti-Cinerator 灭菌器。这台仪器可以对接种环、接种针和培养试管的口在最佳温度 871℃（1600°F）下进行干热灭菌，时间为 5 ~ 7s。这种干热灭菌还可以避免过火焰灭菌时微生物的飞溅现象。它由一个带孔的不锈钢外壳包裹一个陶瓷漏斗和直立的支撑铸件组成。

使用无菌技术进行如下转移：

a. 使用接种环，把黏质沙雷氏菌从胰蛋白胨大豆肉汤中转移到胰蛋白胨大豆琼脂斜面。用接种环把黏质沙雷氏菌接种到胰蛋白胨大豆肉汤中。

b. 用接种针，把黏质沙雷氏菌转移到胰蛋白胨大豆琼脂深层试管中。方法是：把带有黏质沙雷氏菌的接种针穿刺到试管中，但不要碰到试管壁。插到培养基的 2/3 深处。然后把接种针从试管中抽出。

c. 使用接种环，进行斜面到斜面的接种。通过以蛇行（左右或 S 行）方式轻轻在斜面上划线（图 13.5d）。如果斜面底部有液体，接种后将试管斜放，让水流到斜面的表面。这将会湿润表面，展开细菌。

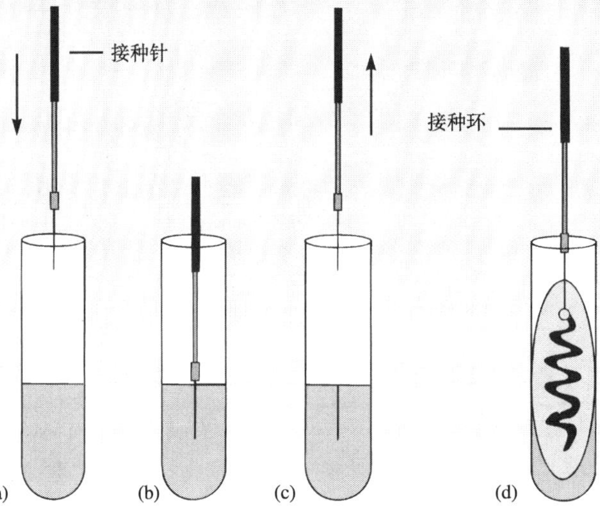

图 13.5　接种技术。（a）~（c）穿刺接种。注意：接种针不要碰到试管壁，针只能刺到培养基的 2/3 深处；（d）用接种环斜面接种。

d. 将试管放到试管架或是干净的篮子中，35℃培养 24 ~ 48h。然后，检查试管中细菌的生长情况。肉汤培养基中的生长情况用浊度（混浊度）表示。在斜面培养基表面和沿着琼脂深层试管的接种线出现橘色到红色的生长物。注意观察是否被污染。污染与否的指标是有无橘色到红色的微生物生长。在实验报告中记录结果。

纯培养的分离和保存操作步骤

1. 用蜡笔在胰蛋白胨大豆琼脂斜面上标上对应细菌的名称。肉汤培养基的操作也相同。写上实验人的名字和日期。

2. 选择 3 种细菌的单菌落，用接种环进行无菌操作，尽量挑取单菌落中心处的细菌。从多个单菌落中获得材料很有必要。给每种细菌准备 1 个斜面培养基和 1 个胰白胨大豆肉汤培养基。如果使用螺口试管，接种前应拧松一些，以保证斜面的有氧环境。

3. 培养 24 ~ 48h 后，就可以获得 3 支纯培养的斜面和肉汤培养基。

4. 观察肉汤培养基（图 13.6），不要摇动它。在实验报告中记录观察结果。

5. 把纯培养物放入冰箱备用。

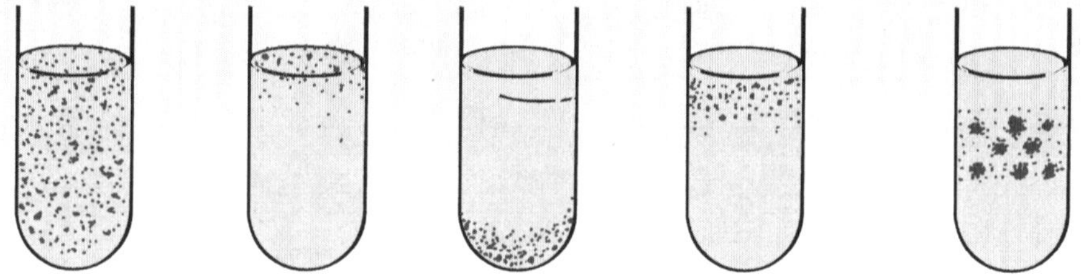

图 13.6　液体培养基中一些典型的生长情况。

提示与警告

（1）如果移液管里的液体转移前接触了移液管顶部堵塞用的棉花，其中的液体很可能被污染。

（2）经常检测接种环的大小，确保直径保持在大约 3mm，环直径过大或过小都不能携带适量液体。

（3）使用移液管时，确保视线与液体的顶端水平。这样可以避免视差（一个物体表现出来的位置取决于观察者的位置）。视差错误源于未将液体的弯月面与移液管的刻度对准。移液管需要直立，用食指控制液体的流出。吸取液体务必用移液器，切忌用嘴。

（4）含有发酵性糖类的培养基应当避免持续培养时间过长。

（5）选择性培养基应当新鲜。

（6）培养物不能变干燥。保存时应当拧紧试管盖。

（7）接种时，应该迅速经过火焰灭菌和冷却接种针，避免意外的交叉污染。

复习题

1. 描述如何使用最常见的两种移液管。
2. 无菌操作中火焰灼烧的作用？
3. 传代培养的目的？
4. 接种时，哪些情况下采用接种环？
5. 哪些情况下传代培养物可能被污染？
6. 如何确定他人给你的培养基在使用前是否灭过菌？
7. 哪些现象提示液体培养基中有生长？
8. 为什么要用接种环而不是接种针从培养平板上转移培养物到培养试管中？
9. 肉汤纯培养与斜面纯培养之间分别如何区分？
10. 菌种保藏时，无菌矿物油有何作用？
11. 如何冷冻干燥培养物？
12. 纯培养时如何保存某些厌氧微生物？
13. 哪些现象提示液体培养基中有微生物生长现象？
14. 总结本实验的主要目的？

实验 14

涂布技术

安全注意事项

乙醇极易燃烧。使盛有乙醇的烧杯远离火焰。不要用嘴转移液体。不要把灼热的玻璃棒放入乙醇溶液。确保清楚灭火器存放位置。

实验材料

大豆胰蛋白胨肉汤培养基中经 24 ～ 48h 培养的枯草芽孢杆菌 (ATCC 6051，白色乳酪状菌落)、黏质沙雷氏菌 (ATCC 13880，红色菌落) 或玫瑰色微球菌 (ATCC 186，红色菌落)、黏质沙雷氏菌（或玫瑰色微球菌）和枯草芽孢杆菌两种菌的混合物

本生灯
95% 的乙醇
蜡笔
带有移液操纵器的移液管
尺子
接种环
L 形玻璃棒
500mL 烧杯
3 个胰蛋白胨大豆琼脂平板

学习目标

1. 了解涂布技术的目的
2. 掌握涂布技术

医学应用

纯培养是临床检测生化参数，鉴定未知致病菌的前提。

为什么本实验采用下列细菌？

通过本实验，应该掌握用涂布技术从含有两种或者更多种细菌的混合物中获得单菌落纯培养的技能。实验采用的菌株有枯草芽孢杆菌和黏质沙雷氏菌或者玫瑰色微球菌。枯草芽孢杆菌易于培养，所需培养基简单（例如，胰蛋白胨大豆琼脂培养基），形成容易观察的白色、乳酪状菌落。而黏质沙雷氏菌能形成大的红色、粉红或者红紫色的菌落。通过观察颜色和菌落形态，学生就可以判断分离的菌落属于哪种细菌，接下来，分离的菌落被挑

取和划线接种到新鲜的培养基上以获得。

原理

天然环境中，不同种属的细菌往往群集在一起生长。为了充分地研究和鉴定单个菌种，需要获得菌株的**纯培养**（pure culture）。**涂布技术**（spread-plate technique）是达到上述目的简单而直接有效的方法。该技术将包含 100 ~ 200 个或更少细胞的稀释细菌混合液转移到琼脂板中央，然后用灭菌的 L 形玻璃棒均匀涂布。玻璃棒通常通过乙醇浸泡后燃烧去除乙醇而灭菌。接种后，一些分散的细胞形成**单菌落**（colony）。一个菌落是大量细菌细胞在固体培养基上形成的可以肉眼观察的分散群体。在这个实验步骤中，一般推定菌落源于一个细胞，因此是代表纯培养的克隆。

接种后，通过俯视菌落的顶端，可以了解菌落的一般形态以及边缘或者周围的形状。从平板侧面观察，可以发现菌落具有明显的凸起。这些变化如图 14.1 所示。单菌落可以通过接种到新鲜培养基上来获得纯种。

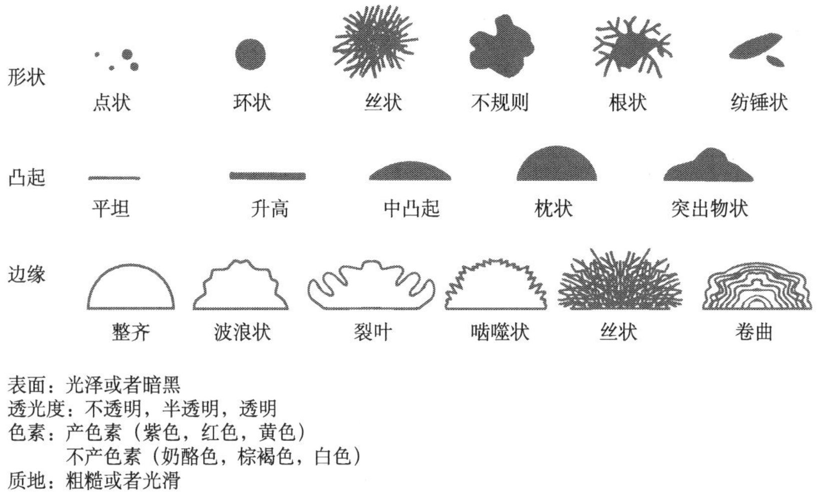

图 14.1　肉眼观察到的固体培养基上的细菌菌落特征。以上术语用于描述这些特征。

实验步骤

1. 用蜡笔在琼脂培养基平板的底部写上菌种名、接种人姓名和日期。3 个板分别接种：（a）枯草芽孢杆菌、（b）黏质沙雷氏菌、（c）混合菌。

2. 分别吸取 0.1mL 的细菌培养液胰蛋白胨大豆琼脂培养基的中央（图 14.2a）。

3. 把 L 形玻璃涂布棒放到盛有乙醇的烧杯中（图 14.2b）然后在烧杯旁边轻敲涂布棒，以去掉多余的乙醇。

4. 将在乙醇中浸泡过的涂布棒快速穿过火焰，燃烧乙醇（图 14.2c），在无菌的平皿盖中冷却涂布棒。

5. 用无菌的涂布棒均匀地将菌液涂布到琼脂的表面（图 14.2d），确保整个平板的表面都被覆盖。同时要确保没有碰到平板的边缘。

6. 将涂布棒浸泡在乙醇中，然后在烧杯旁轻敲涂布棒去掉过多的乙醇，再次通过火焰。

7. 重复上述步骤接种剩下的 2 个平板。

8. 倒置平板，在室温或 30℃培养 24 ～ 48h。

9. 接种后，记录一些代表性菌落，仔细观察它们的表型（图 14.3）。在实验报告中记录实验结果。

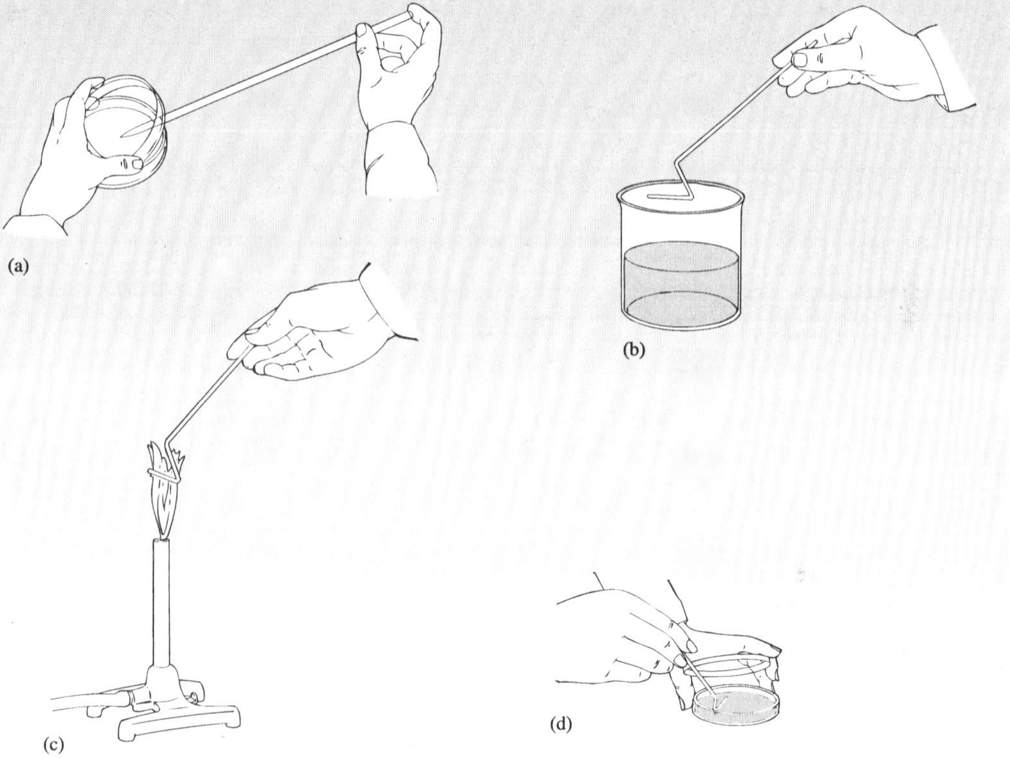

图 14.2　涂布技术。

提示与警告

（1）燃烧玻璃棒上残余的乙醇时，只需掠过火焰点燃乙醇，然后从火焰移开玻璃棒。

（2）点燃玻璃棒后等待 5 ～ 10s 使得乙醇烧净，确保玻璃棒充分冷却，在涂布时不会出现滋滋声。轻轻将玻璃棒放在琼脂表面，使其冷却。不要把燃烧的玻璃棒拿到烧杯中。如果操作不慎，把玻璃棒从烧杯中移去，快速盖灭烧杯

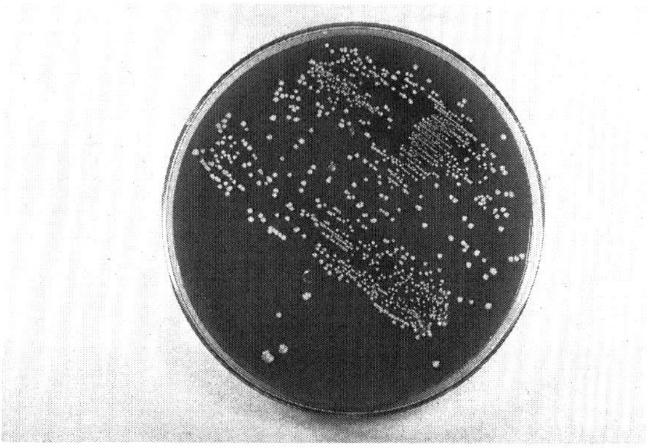

图 14.3　涂布的平板。涂布板上肉眼可见的菌落图。注意平板上有很多已经分离很好的菌落。

里的明火。不要将燃烧的乙醇倒入水槽中。不要向燃烧的乙醇泼水。

（3）为避免污染平皿盖子和培养物，涂布时不要把盖子放到操作台、桌子或其他物体上。拿着盖子，底部向下，尽量位于琼脂表面上方。

（4）涂布培养液时，转动平板会使得细菌涂布得更均匀（但是不要用玻璃棒敲打培养皿的侧面）。

（5）倒置培养，以防冷凝水滴到平板，影响单菌落的形成。

（6）为了避免烧伤，不要拿着玻璃棒，这样乙醇就不会流到手上。

（7）保证所有可燃物如纸等远离燃烧的乙醇。

复习题

1. 什么是细菌菌落？
2. 在涂布技术中乙醇的作用是什么？
3. 为什么一个成功的涂板只能用包含 100 ～ 200 个细胞的稀释培养液？
4. 描述一些典型细菌菌落的形态。
5. 涂布技术的目的是什么？
6. 所有实验中，标注都在平板的底部。为什么？

实验 15 平板划线技术和鉴别培养基

安全注意事项

小心本生灯火焰和水浴锅。

实验材料

平板划线技术

大肠杆菌 (ATCC 11229 , 白色菌落)、黏质沙雷氏菌 (ATCC 13880，红色菌落；也可以用玫瑰色微球菌 ATCC 186)、枯草芽孢杆菌 (ATCC 6051, 白色或米色菌落) 于大豆胰蛋白胨肉汤培养基上培养 24 ～ 28h

胰蛋白胨大豆琼脂粉
48℃ ～ 50℃水浴
平皿
蜡笔
沸水浴
本生灯
接种环

鉴别培养基

大肠杆菌 (ATCC 11229)、普通变形杆菌 (ATCC 13315)、金黄色葡萄球菌 (ATCC 25903) 的混合物于大豆胰蛋白胨肉汤培养基上培养 24~28h

甘露醇盐琼脂粉
伊红－亚甲基蓝琼脂粉

学习目标

1. 理解平板划线技术和鉴别培养基的目的
2. 掌握平板划线技术和分离不同菌落以进行传代培养

为什么本实验采用下列细菌？

获得完全分离的纯菌落的另一种方法是平板划线技术。之前几个实验中用到的大肠杆菌、枯草芽孢杆菌、黏质沙雷氏菌也用于本实验。请记住，黏质沙雷氏菌形成红色菌落；枯草芽孢杆菌形成白色或米黄色菌落；大肠杆菌形成白色菌落。后面的实验中也将用到这些培养物。

医学应用

临床上，获得纯培养物是进行生化检验鉴别可疑微生物的必经步骤。

平板划线技术的原理

平板划线技术（streak-plate technique）可以分离纯的菌落。实验步骤是：用接种环将细菌混合物转移到琼脂平板的边缘，然后以以下几种方式之一划线培养。在线的某些点上，可能有单个细胞在划线过程中从接种环上转移到琼脂表面，这样就可以形成单个菌落（图 15.1）。单菌落来源于单细胞。其主要原理是：划线时，细胞在琼脂表面形成浓度梯度，使得未完全分开的细胞在平皿上的某些位置联合生长，而单个细胞，则在平皿上的其他地方形成肉眼可见的完全分离的单菌落。用接种针将新菌落中的细胞转移至琼脂斜面或其他合适的培养基中保存纯培养物。

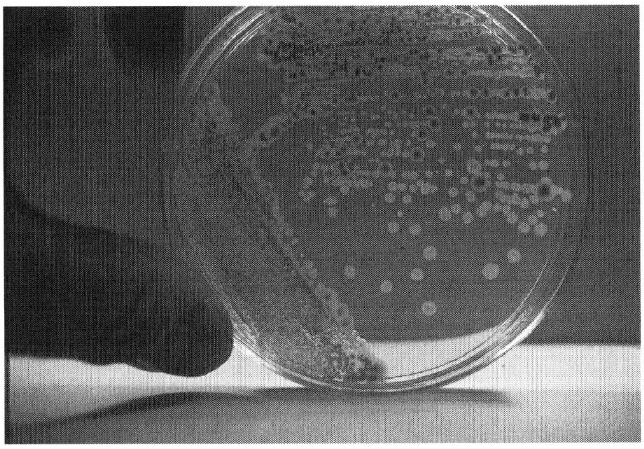

图 15.1　平板划线，注意分离开的菌落。红色的为黏质沙雷氏菌，白色的为大肠杆菌。

实验步骤

1. 沸水浴融化 3 管封好的无菌胰蛋白胨大豆琼脂试管（见图 12.2 a，b）。

2. 将试管在 48℃ ~ 50℃ 的水浴中冷却 10 ~ 15min。

3. 移去试管帽，用火焰烧试管边缘后将琼脂倒入平板（见图 12.2c ~ f）。倾倒时保持平板的盖子覆盖住平板底和试管口。采用同样方法倒其他两个平板。

4. 倒完平板后，在实验台上冷却几分钟。用蜡笔在平板底部标上所接菌种名、接种者姓名、时间。在平板底部画一个 4 等分扇形（见图 15.2），以利于划线。

5. 无菌操作，接种 1 环细菌混合物（见图 13.3c）。

6. 接种环在琼脂平板上划线，琼脂平板如下制备：

a. 小心抬起平板盖，以能使接种环轻松进入为宜（图 15.2a）。为了避免污染，必须使盖子完全覆盖住琼脂表面。将接种环上的菌体划琼脂边缘的一小块面积上，以更有效地利用琼脂表面，如图 15.2b 所示。划线时一定要轻，以使接种环在平板表面划动但不划破琼脂。

b. 取出接种环，火焰灼烧，杀死残余细菌。再将接种环插进平板盖下，在琼脂边缘的区域 1 的附近冷却接种环。

c. 转动平板，但要记住最初的划线位置的终止点（用标记的扇形作指引）。划出区域 1 中的菌体（图 15.2b），形成区域 2.

d. 移出接种环，火焰灼烧，像上一步一样冷却接种环，重复以上的划线过程（图 15.2b 区域 3)。

e. 如有必要，可再重复一次，划出第 4 个区域。该区较其他扇形区的交叉线更少。

f. 在另外两块新平板上，重复上述过程（a ~ e）。

7. 倒置平板于 30℃ ~ 37℃培养箱，培养 24 ~ 48h。然后检测每个平板，计算 3 个或 4 个涂布区中菌落的分布和数量，记录实验结果。

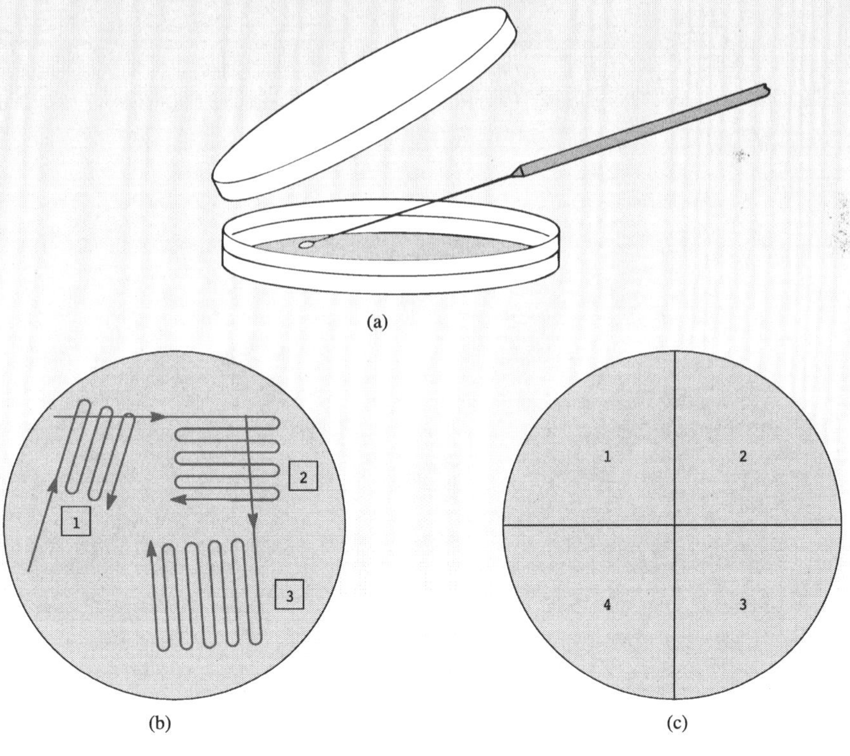

图 15.2　准备平板划线。箭头表明接种环移动方向。在（b）中，划完区域 1 后灼烧并冷却接种环，再划区域2；同理，在划区域 2，3 和最后的区域之前也灼烧并冷却接种环，其目的是减少连续区域内菌体的数量，这样可以在区域 3 内获得单菌落。

鉴别培养基的原理

可以利用各种培养基作为划线平板。实验的第一个部分我们使用了胰蛋白胨大豆琼脂培养基，一种多用途的复合培养基。通常利用选择性或鉴别性培养基制成划线平板最有优势。**选择性培养基**（selective media）有利于某种特定的微生物生长。例如，胆盐或者染料碱性品红和结晶紫抑制革兰氏阳性菌的生长而不影响革兰氏阴性菌的生长，因此有利于革兰氏阴性菌的生长。**鉴别性培养**（differential media）基是用于区分各种微生物类群的培养基，甚至能基于微生物的生物学特征进行微生物的初步鉴定。血琼脂平板既是一种鉴别性培养基又是一种富集培养基。它可以用来区分溶血性菌和非溶血性菌。溶血性细菌（例如许多分离自咽喉的链球菌和葡萄球菌）可以在其菌落周围形成透明区，这源于红细胞破裂。

用于分离和部分鉴定细菌的两个非常重要的鉴别选择培养基是甘露醇盐培养基和伊红－美蓝培养基。甘露醇盐琼脂培养基用于从临床或非临床样品中分离葡萄球菌。该培养基含有 7.5% 的 NaCl，这将抑制除葡萄球菌以外的其他细菌的生长。金黄色葡萄球菌发酵甘露醇产酸能在淡红色的琼脂上形成黄色区域（见图 15.3）。这源于酚红遇酸变红黄色，这将其与在培养基上形成红色区域或红 / 黄双区域的表皮葡萄球菌区分开来（见图 15.4）。伊红－美蓝（EMB）琼脂培养基被广泛地用于检测水装置或其他地方的大肠杆菌及相关细菌。它含有抑制革兰氏阳性菌生长的伊红 Y 和美蓝。这些染料也有助于区分革兰氏阴性菌。如大肠杆菌发酵乳糖摄取该染料，形成蓝黑色的带金属光泽的菌落。而沙门氏菌属（*Salmonella*）、变形杆菌属（*Proteus*）和假单胞菌属（*Pseudomonas*）等非乳糖发酵型菌，形成无色菌落或米黄色菌落。

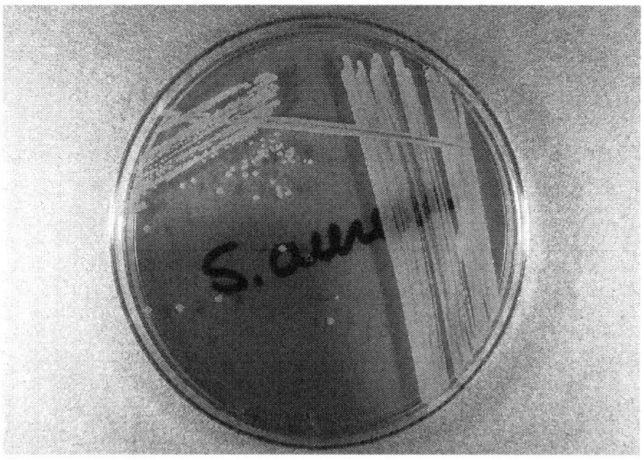

图 15.3　于甘露醇盐琼脂培养基培养金黄色葡萄球菌。图中显示生长的细菌周围的培养基颜色变黄，这是由于细菌可以发酵甘露醇并产酸。

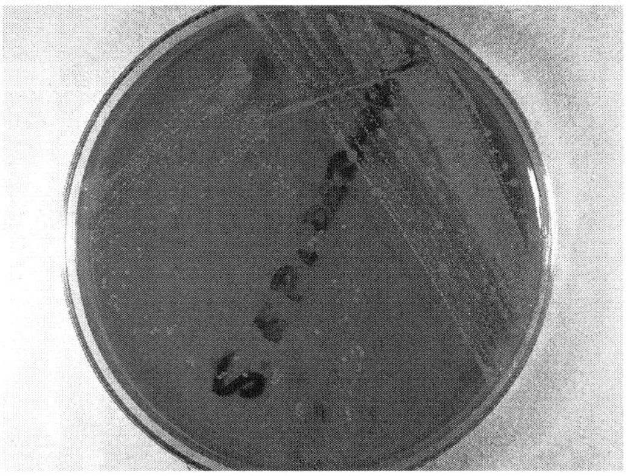

图 15.4　于甘露醇盐琼脂培养基培养表皮葡萄球菌。图中显示小的白色菌落并不使用甘露醇，则没有酸产生，因此无法观察到颜色改变。

本实验将综合利用平板划线技术、鉴别与选择培养基来分离及部分鉴定金黄色葡萄球菌和大肠杆菌。

实验步骤

1. 用沸水浴融化 1 管无菌的加帽的甘露糖盐琼脂和 1 份 EMB 琼脂。

2. 将以上 2 个试管置于 48℃ ~ 50℃ 的水浴中冷却 10 ~ 15min。

3. 移去试管上的帽，火焰灼烧试管口，将琼脂倒入无菌平板内（见图 12.2c ~ f）。注意在倒琼脂时，保持平板盖覆盖住平板底和试管口。按照同样方法，倒第二块平板。

4. 在实验台上冷却平板数分钟。在平板底部标记实验者姓名、日期和使用的琼脂培养基类型。

5. 取 1 环大肠杆菌、金黄色葡萄球菌和普通变形杆菌的混合物。按照之前实验步骤 6 中的方法，制备甘露糖盐和 EMB 琼脂划线平板。

6. 将平板于 35℃ ~ 37℃ 下倒置培养 24 ~ 48h。观察菌落生长情况和评估菌落生长的类型。比较 2 个平板上的菌落，找出在 2 个平板上都生长的菌。记录观察结果。

提示与警告

（1）灼烧后的接种环需在琼脂上冷却至少 10 ~ 15s，直到接种环不再发出嘶嘶声。

（2）仅第一个区域的划线菌取自菌种管。划第 2 ~ 4 个区域时，不能再从菌种管中取菌。

（3）通常，倒置培养，以防止冷凝水滴到琼脂平板，影响单菌落的形成。

复习题

1. 平板划线技术中，微生物如何稀释扩散开，形成独立的单菌落？

2. 划线平板上哪个部分形成的菌落最多？哪个部分形成的菌落最少？回答并给出理由。

3. 每一个单菌落都是由单个细胞生长形成的吗？解释你的回答。为什么平板上的单菌落可用于获得纯培养？

4. 为什么甘露醇盐培养基和 EMB 培养基既可以称为选择性培养基又可称为鉴别性培养基？

5. 哪些情况下，划线平板容易被污染？

实验 16

倾倒平板培养基技术

安全注意事项

小心本生灯火焰和热水浴。不要用嘴吸移液管。

实验材料

大肠杆菌（ATCC 11229）、黏质沙雷氏菌（ATCC 13880，也可以用玫瑰色微球菌 ATCC 186）、枯草芽孢杆菌（ATCC 6051）大豆胰蛋白胨肉汤培养基培养 24 ~ 48h 的混合菌液

3 支胰蛋白胨大豆琼脂试管

3 个 0.9% 无菌 NaCl 溶液（含盐的）空白

48℃ ~ 50℃水浴

沸水浴

蜡笔

3 套细菌培养皿

本生灯

3 支带有移液操纵器的 1mL 无菌移液管

学习目标

1. 掌握倾倒平板培养基技术（pour-plate technique）
2. 运用倾倒平板培养基技术分离单菌落

为什么本实验采用下列细菌？

另一个可以分离获得纯菌落的方法是倾倒平板培养基技术。黏质沙雷氏菌、枯草芽孢杆菌和大肠杆菌在前面的三个实验中都用到过，纯培养物平板应该都保存好。本实验继续用这些相同的菌株：黏质沙雷氏菌产生红色菌落；枯草芽孢杆菌是白色到奶油状菌落；大肠杆菌是白色菌落。

网络学习链接

来自 MicrobeLibrary.org (MicrobeLibrary@asmusa.org)

1. 图片－系列稀释（7 个影像）

2. 系列稀释指南

原理

倾注平板法（pour-plate technique）也能够获得单菌落，并且已经广泛用来分离细菌和真菌。来源样品稀释几次，减少微生物数量，以便有效使用平板分离法获得单菌落（图 16.1）。取少量几种稀释样品，加入灭菌平板，倒入冷却至 48℃ ~ 50℃ 的液体胰蛋白胨大豆琼脂，混匀。如果足够稀释，琼脂凝固后，每个细胞就被固定在一个位置，并在那里长成单菌落。假如没有成链状或细胞簇，菌落总数就与稀释样品中可见的微生物数量相等。为了准备**纯培养物**（pure culture），应该将长在表面或表面下的菌落接种到新鲜培养基上。

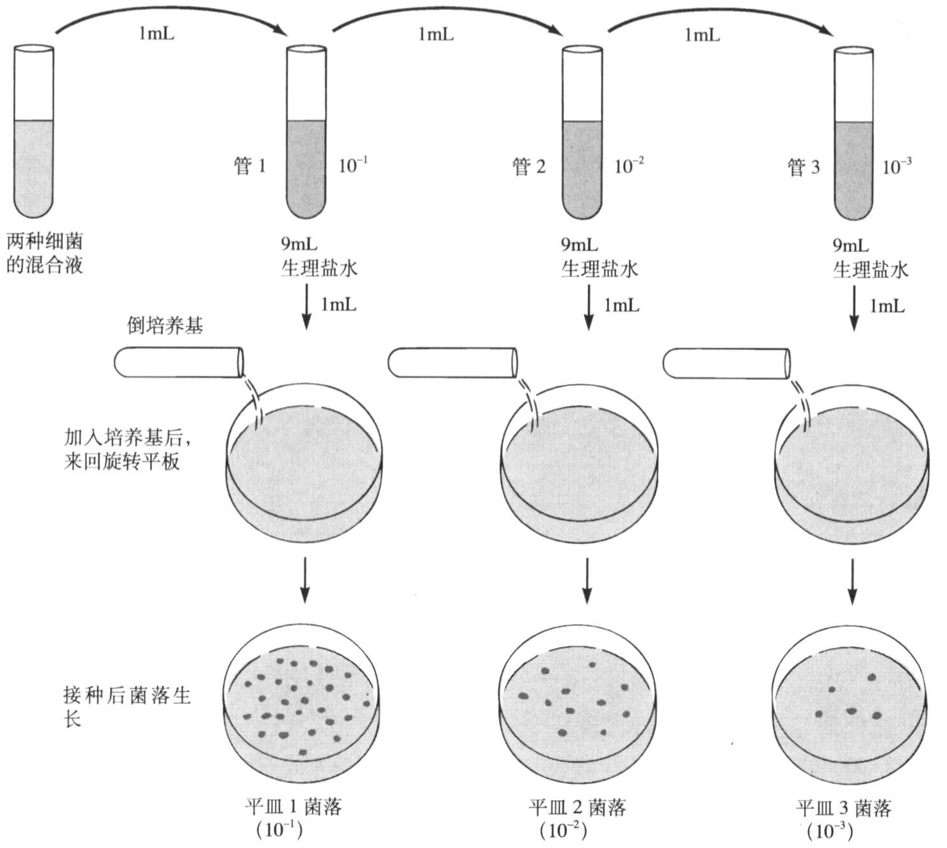

图 16.1 倾倒平板培养基法。原始样品被稀释几次，以有效地减少或稀释细菌数量。每个稀释度的 1mL 菌液都被注入到平板底部。然后再加入琼脂。分离的细胞将生长为菌落，可以制备纯培养物。在琼脂表面形成的菌落大而圆，表面以下的菌落呈豆状或透镜状，并且很小。

实验步骤

1. 用蜡笔标记3个无菌生理盐水作为空白。

2. 在沸水浴中融化胰蛋白胨大豆琼脂，在48℃～50℃水浴中冷却至少10～15min（见图12.2）。

3. 用蜡笔在3个灭菌平板底部标记1～3，并写上实验者姓名和日期。

4. 用无菌技术吸取1mL混合细菌培养物至含生理盐水的1号管，并完全混匀。这就是10^{-1}稀释液。

5. 用无菌技术从1号管中吸取1mL混合液至2号生理盐水管中，混匀；这是10^{-2}稀释液。

6. 用无菌技术从2号管中吸取1mL混合液至3号生理盐水管中，混匀；这是10^{-3}稀释液。

7. 接种3号管后，混匀，去塞子，灼烧试管口，无菌移取1mL至3号细菌培养皿。用同样的方法接种1号平板和2号平板，分别从1号和2号试管中吸取1mL稀释菌液。

8. 将融化的胰蛋白胨大豆琼脂培养基倒入培养皿。在平的桌面上轻轻来回转动每个平板。不要使任何琼脂溅到平板壁！然后将平板放在一边使其冷却，变硬。

9. 将平板在30℃～37℃下倒置培养24～48h。

10. 检查倾倒平板，并做好实验记录。

提示与警告

（1）在加入细菌以前，一定要使煮沸的琼脂在水浴中放置足够的时间，以彻底冷却。

（2）当倾注琼脂在平板上凝固时，琼脂的颜色将会变亮并变浑浊（不透明），在观察到这个变化之前不要移动平板。

（3）平板通常倒置培养，以防冷凝水滴落到培养基上，影响单菌落的形成。

复习题

1. 比较倾倒平板培养基法与平板划线和平板涂布法的结果有何异同。
2. 倾倒平板培养基法与其他细菌菌落分离方法相比有哪些主要优点和不足？
3. 为什么琼脂表面形成的菌落要大于在内部形成的菌落？
4. 为什么大多数细菌不会被48℃～50℃的融化琼脂杀死？
5. 描述如何运用倾倒平板培养基法分离真菌？
6. 胰蛋白胨大豆琼脂培养基在倒入平板进行接种时，为什么要冷却至50℃以下？
7. 培养时，为什么要倒置平板？

实验 17

厌氧细菌的培养

安全注意事项

不要用嘴吸移液器。小心不要被本生灯火焰和水浴锅烫伤。联苯三酚有毒，而且可能会经皮肤而吸收到体内，所以在转移晶体时，请使用一次性手套和药匙。10% 的 NaOH 对皮肤有腐蚀性，其蒸汽也可能损害呼吸道。使用带有移液控制装置的移液管来转移 NaOH。各种气体产生装置会与水快速反应释放出可燃性的气体。处理这些产物时要采取适当的保护措施。使用的厌氧广口瓶不能漏气而且瓶盖要严格密封。水激活后的密封袋还未在厌氧瓶中使用时要在远离明火或火花的通风处搁置约 30min，直到反应停止。

实验材料

Eugon 肉汤培养 24 ~ 48h 的铜绿假单胞菌（ATCC e10145）、大肠杆菌（ATCC 11229）；巯基乙酸肉汤培养的生孢子梭菌（*Clostridium sporogenes*， ATCC 3584）

3 Eugon 琼脂深层培养基

沸水浴水浴锅

48℃ ~ 50℃水浴锅

4 支盛装巯基乙酸肉汤的试管

接种环

2 个胰蛋白胨大豆琼脂平板

4 套装有消毒过的 Brewer's 厌氧琼脂的培养皿

GasPak Jar, GasPak 一次性厌氧系统（BBL 微生物系统）

GasPak Pouch(BBL), Difco Gas Generatingenvelopes, BioBag(Marion Scientific)

厌氧包装套装（KEY Scientific products），厌氧生长包（Ward's）

肉汤氧化酶，琼脂氧化酶，OxyDish, OxyPlates (Oxyrase, Inc., wwww.oxyrase.com)

3 支胰化酪大豆肉汤管，内装 0.1mL 的肉汤氧化酶

3 个有琼脂氧化酶的 OxyDish

4 支胰蛋白胨大豆琼脂斜面

剪刀数把	棉塞数个
联苯三酚晶体（有毒）	10%NaOH（腐蚀性）
试管	橡胶塞
试管架	蜡笔
一次性手套	药匙，用于转移联苯三酚晶体和土壤
带有移液操纵器的 1mL 移液管	花园土壤

学习目标

1. 了解为什么有些细菌需要厌氧环境才能生长
2. 理解一些培养厌氧细菌的不同方法
3. 成功培养出几种厌氧细菌

为什么本实验采用下列细菌？

本实验旨在训练学生培养厌氧细菌的技能，为此专门选择了一株专性厌氧菌（生孢子梭菌），一株兼性厌氧菌（大肠杆菌）以及用作对照的严格需氧菌（铜绿假单胞菌）。铜绿假单胞菌（L. *aeruginosa*, 铁锈上生存，呈现绿色）是完全或稍微弯曲、能游动的杆菌（长约 1.5 ~ 3.0μm），端生鞭毛。该菌需氧，具有复杂的以氧作为最终电子受体的呼吸代谢机制。该菌在自然界广泛存在。生孢子梭菌（M.L.n. *spora,* 孢子 +Gr.v. *gennaio,* 生产）长约 1.3 ~ 16.0μm，直杆状、周生鞭毛。内生孢子椭圆形、近端着生，细胞大小因此增大。该菌是专性厌氧菌。如果有氧，生长则会变得迟缓，而且会抑制孢子生成。该菌在环境中广泛存在。

大肠杆菌易于在营养琼脂上生长。菌落光滑，稍微突起，湿润。它是兼性需氧菌，拥有有氧呼吸和发酵两种代谢机制。

医学应用

临床上，最常见的病原厌氧菌在身体的各个部位各不相同。例如：血液中是脆弱拟杆菌（*Bacteroides fragilis*）；肠道里有梭菌属、拟杆菌属（*Bacteroides*）；生殖器部位有放线菌属（*Actinomycetes*）、拟杆菌属、梭形杆菌属（*Fusobacterium*）、梭菌属、动弯杆菌属（*Mobiluncus*）；皮肤和软组织部位里有产气荚膜梭菌、脆弱拟杆菌，以及消化链球菌属（*Peptostreptococcus*）。

原理

细菌及其他微生物都对氧压力非常敏感。例如，一些微生物只在有氧环境才能生长，被称为专性**好氧菌**（obligate aerobes）。**兼性厌氧菌**（facultative anaerobes）有无氧均能生长，有氧时生长得更好。严格**专性厌氧菌**（obligate anaerobes）只能在无氧状态下生长，氧对其有毒害。**耐氧菌** (aerotolerant anaerobes) 不能利用氧气但也不会被氧伤害。最后，那些生长需要少量氧，但在正常气压下会被氧抑制的微生物称为**微好氧菌** (microaerophiles)。这些微生物对氧气的不同需求可以通过下列方式很容易地鉴别出来：把这些要鉴别的微生物接种到一管溶解态的琼脂中，混合均匀，不必充气，让它自然凝固。微生物会在含有合适的氧浓度的琼脂部位生长（图 17.1）。

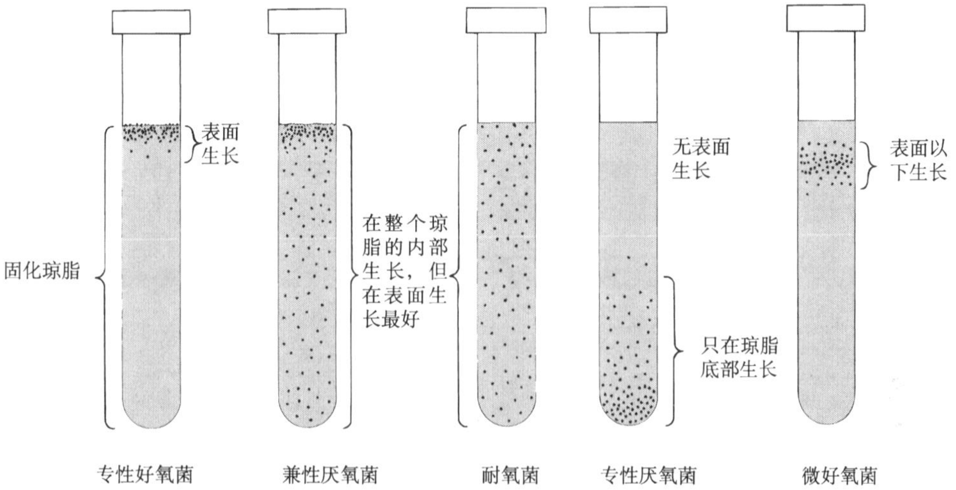

图 17.1 不同琼脂深度培养基的生长现象。每个点代表琼脂内部或表面的某个菌的细胞克隆，直接暴露在空气中的是需氧菌。氧气的含量随深度的增加而减少，直到试管底部彻底无氧。

氧会伤害厌氧菌，因此其培养不容易。理想的培养环境是缺氧但湿度合适。很多厌氧菌的生长需要二氧化碳。多种方法可以培养厌氧微生物。下述为最常用的四种。

最方便的方法之一是使用设计好的商业无氧肉汤。两种最常用的是熟肉汤培养基和巯基乙酸肉汤。巯基乙酸培养基可以用甲叉蓝或刃天青作为氧化还原反应的指示剂。培养基变成蓝色或红色表示培养基的含氧量过高，就不适合培养厌氧微生物了。

非严格厌氧菌也可以在厌氧条件的营养琼脂斜面生长。该装置称为 **Wright's 试管** [Wright's tube, 以美国内科医生 James H. Wright(1901-1978) 的名字命名]（图 17.2）。用联苯三酚和 NaOH 可以生成无氧环境。NaOH 存在时，联苯三酚被氧化而有效去除氧。厌氧菌在琼脂斜面上划线后，再插入整齐的棉塞直至插到紧邻斜面的上方。在棉塞上端和培养管末端装满联苯三酚晶体，再加入 1mL 10% 的 NaOH。试管用橡胶塞密封好，立即颠倒过来，倒置培养。

厌氧微生物也可在特殊的平板上生长，无需复杂而昂贵的培养设备。最方便的平板法之一就是使用 Brewer's （以工业微生物学家 John H.Brewer 于 1942 年命名）**无氧平板** (anaerobic petri plate) 和特殊的无氧琼脂（如图 17.3）。

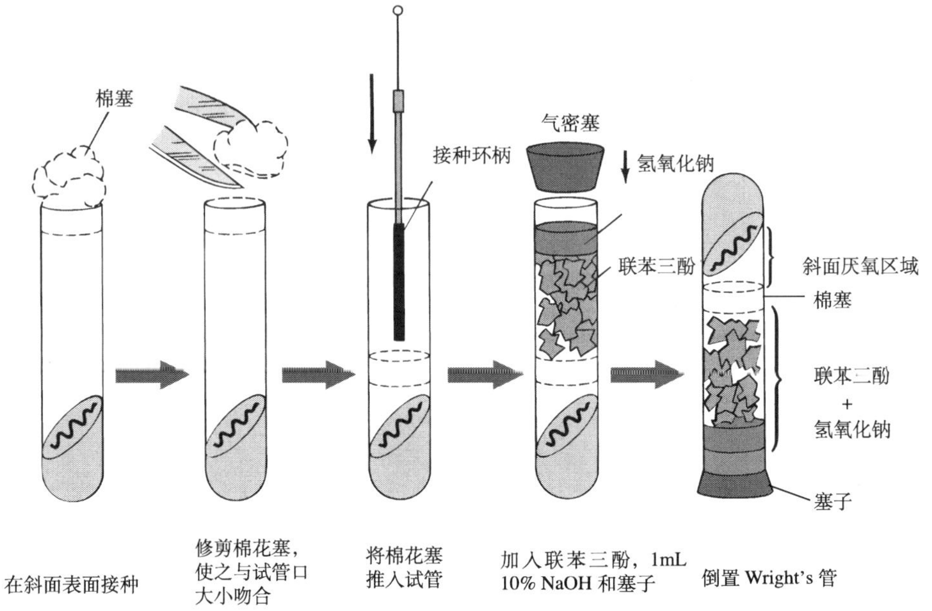

图 17.2 制备无氧 Wright's 试管。联苯三酚被氢氧化钠激活而去除试管里的氧气，形成无氧环境。

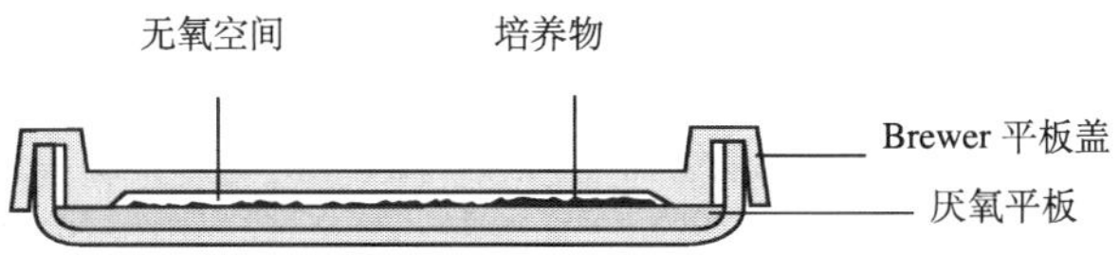

图 17.3 Brewer's 平板。Brewer 盖子和巯基乙酸之间厌氧。

Brewer's 特殊的封口可以与一合适的平板底部匹配，使其圆状边缘恰好在琼脂上方，从而使得琼脂表面不接触空气。Brewer's 无氧琼脂里含有高浓度的巯基乙酸。在 Brewer 盖子下，巯基乙酸的巯基基团可以彻底还原任何氧分子而创造一个无氧环境。

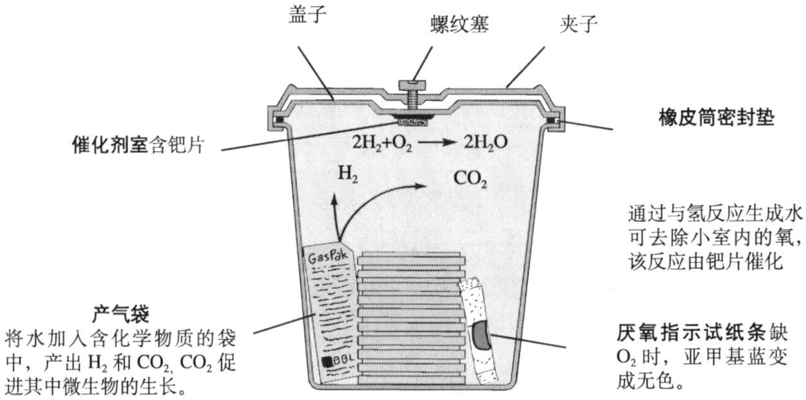

图 17.4 GasPak 系统。

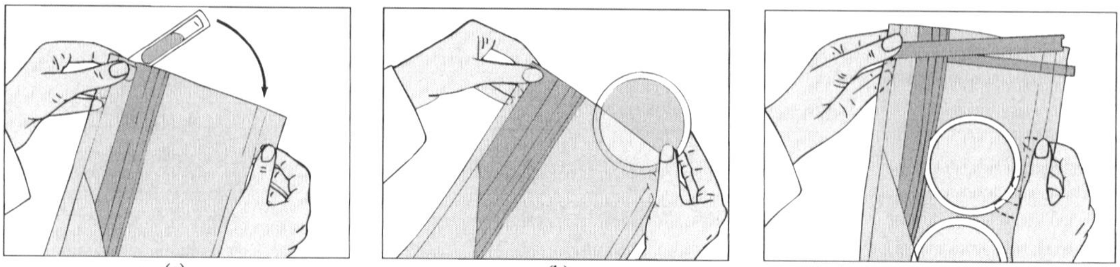

图 17.5 GasPak 装袋步骤。（a）把 GasPak 液体活化试剂装入袋子的孔道里；（b）把平板装入袋子；（c）用封条封口得到无氧环境，然后进行培养。

另一种对微生物进行无氧平板培养的方法是 **GasPak 无氧系统** (GasPak Anaerobic System)。在 GasPak 系统中（图 17.4），加入水之后 GasPak 膜会生成氢气和二氧化碳。小槽里的钯催化剂（片状）催化使得氢气和氧气生成水，从而除去密封室中的氧气。

GasPak 袋 (GasPak pouch) 比传统的 GasPak 培养室更方便、更易于观察。在 GasPak 袋里，一种特殊的激活剂充满试剂小室（图 17.5a），把培养平板放进去（图 17.5b），用封条封口创造厌氧环境（图 17.5c），然后进行培养。这样，实验者就可以看到微生物的生长状况。

Oxyrase 公司引入了一种最简便的培养厌氧菌的方法：只需在 5.0mL 的肉汤培养基 [米勒 – 欣顿二氏琼脂培养基 (Mueller-Hinton)、 Eugon、 胰蛋白酶解酪蛋白、营养元素、Schaedler、铌（Columbia）]，或脑心浸液 (Brain Heart Infusion) 中加入 0.1mL 的 **Oxyrase For Broth** (一种专利化合物)。大多数厌氧菌可以在加入后立即培养。也是来自氧化酶公司 (Oxyrase,Inc)，**OxyDish** 和 **Oxyrase For Agar** 使得在平板上培养和获得厌氧菌变得更容易。只需把 Oxyrase For Agar 与琼脂培养基混合，然后倒入 OxyDish 中。OxyDish 有一个内环可以严密地封住琼脂表面，这可以很轻便地打开或再合上。几分钟时间内，Oxyrase For Agar 中该酶系统和底物就可以除尽琼脂培养基中和封闭的平板上部的氧气。在厌氧培养过程中，该盘可以进行几次打开和合上操作而仍然保持厌氧环境。这个系统消除了厌氧培养的困难度和购买瓶子、厌氧培养器和夹子的成本。

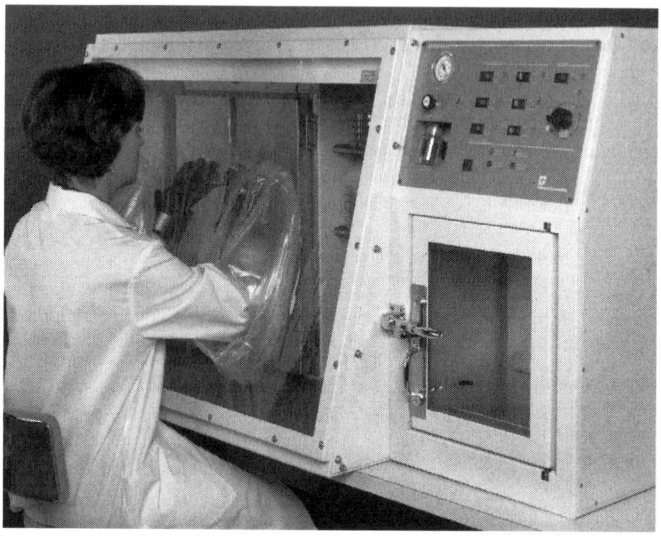

图 17.6 厌氧培养箱。注意在小室右下方的可视窗口。（感谢 Thermoforma Scientific Division 提供的照片）

用氧化酶进行无氧培养的另一个最新的方法是 **OxyPlate**。OxyPlate 是预制的平板，配方与传统培养基相同，并加上氧化酶。酶可以继续消耗培养基中以及琼脂表面和盖子间的氧气。因为是直接获得无氧的培养基，因此无需有屏障的器材，如广口瓶、袋子以及夹子。只需在 OxyPlate 上划线，然后即可进行厌氧培养。该平板可以叠放和存放在有氧平板旁进行培养。有氧培养和厌氧培养并排放置有利于在早期就识别出厌氧菌落。

厌氧培养还有一个新方法是**厌氧培养箱**（anaerobic chamber）（图 17.6）。它是一个能维持厌氧环境的封闭小室。特殊的小口用于充入惰性气体如二氧化碳，添加或移除培养所需材料。气密手套允许操作者在箱内进行实验。

实验步骤

氧与细菌生长的关系

1. 溶解 3 份 Eugon 琼脂深层培养基，然后沸水浴几分钟，以除去其中的氧。

2. 把该琼脂转移到 48℃～50℃的水中冷却。

3. 在各试管上，用蜡笔标上要培养的细菌名称、实验者姓名和实验日期。

4. 无菌操作，分别接 1～2 环菌到冷却好的试管中（铜绿假单胞菌、生孢子菌、大肠杆菌）。

5. 不要通气，用两手搓动试管，混合菌和琼脂。

6. 琼脂凝固后，把 3 支试管置于 35℃培养 24～48h。

7. 观察每支试管里菌的生长情况并记录。

厌氧菌的肉汤培养

1. 在 3 支盛有新鲜蒸馏的巯基乙酸肉汤试管上，用蜡笔分别标上要培养的细菌名称（铜绿假单胞菌、生孢子菌、大肠杆菌）、实验者姓名以及实验日期。

2. 无菌操作，接种 3 支试管。不可摇动试管，以防氧化培养基！培养基中的甲叉蓝或刃天青作为氧化还原指示剂。如果超过 1/3 的肉汤培养基变蓝或变红，使用前需再将试管水浴加热，以除去氧气。

3. 把 3 支试管置于 35℃培养 24～48h。

4. 观察每支试管里菌的生长情况并记录。

厌氧菌的平板培养

1. 用蜡笔在这 3 只培养平板底部划线（1 只是胰蛋白胨的大豆琼脂细菌培养皿，另 1 只是 Brewer's 细菌培养皿，以及 1 只带盖子的 Brewer's 平板），分成两部分，一边标记上生孢子菌，另一边标记为铜绿假单胞菌。用另 3 个平板进行同样的操作，标上铜绿假单胞菌和大肠杆菌（这些平板进行兼性厌氧菌培养）。

2. 在各半边培养基上用接种环接种合适的菌种。

3. 在常规的厌氧培养器里，35℃，倒置培养胰蛋白胨大豆琼脂平板。

4. 把无菌的 Brewer 厌氧盖子小心地盖上 Brewer's 平板。盖子的边缘应刚好压住琼脂的表面，但不能陷入其中。35℃培养。

5. 把常规的厌氧培养琼脂平板置入 GasPak 厌氧瓶或 GasPak 厌氧袋。

6. 按照产品说明书操作。

7. 35℃培养 24 ~ 48h。

8. 记录结果。

Wright's 试管中厌氧菌的斜面培养

1. 准备 4 支胰蛋白胨大豆琼脂斜面，2 支标上铜绿假单胞菌，2 支标上生孢子菌以及实验者姓名和实验日期。

2. 无菌操作，把相应的菌接到相应的斜面上。

3. 每种菌的斜面选 1 支，在 35℃培养 24 ~ 48h。

4. 另外的两支试管，用剪刀剪去棉塞（如图 17.2），用接种环柄将其压进试管，直到快接近斜边顶端。戴上手套，用联苯三酚晶体填满棉塞上面的空隙，然后加入 1mL 10% 的 NaOH。立即用橡胶塞密封试管，然后倒置试管。

5. 插入试管架，35℃倒置培养 24 ~ 48h。

6. 记录生长结果。

从土壤中分离厌氧菌

1. 取 1 药匙土壤置入一巯基乙酸肉汤试管里。

2. 在 30℃或 37℃培养 1d（温度可选）。

3. 培养试管中的浑浊度和发酵产气代表生长状况。

4. 如果时间足够，把培养物划线到有 Brewer's 厌氧琼脂的细菌培养皿，置于 GasPak 培养箱中培养，观察菌落形态。

5. 记录结果。

培养厌氧菌的简化方法

1. 无菌操作，在含有肉汤氧化酶的胰酶解酪蛋白大豆肉汤试管中培养铜绿假单胞菌、生孢子菌和大肠杆菌。在含有胰蛋白胨大豆琼脂和琼脂氧化酶的 OxyDish 中进行重复培养。

2. 37℃培养 24 ~ 48h。

3. 记录生长结果。

提示与警告

（1）如果使用螺帽试管（比如在巯基乙酸肉汤培养基），在厌氧培养箱外面培养时，要旋紧盖子，防止大气中氧气的渗入。

（2）在厌氧 GasPak 瓶中，帽子应稍微松一点，以使系统产生的氢和氧在管中进行中和反应。

复习题

1. 阐述如何在培养瓶中形成厌氧环境。

2. 解释 Wright's 试管中的现象。

3. 区分下面的概念：

   a. 严格厌氧菌

   b. 严格好氧菌

   c. 兼性好氧菌

   d. 耐氧菌

   e. 微好氧菌

4. Brewer's 厌氧琼脂中哪种物质从培养基中去除氧气？简述 Oxyrase 平板如何发挥作用。

5. 本实验涉及的形成厌氧环境的方法中，哪一种最好，为什么？

实验 18

细菌计数

安全注意事项

不要用嘴吸移液器，小心本生灯的火焰和水浴锅。

实验材料

培养 24h 大豆胰蛋白胨肉汤培养基培养大肠杆菌 (ATCC 11229)
4 个 99mL 无菌生理盐水或磷酸盐缓冲液
带有移液操纵器的 1mL 或 1.1mL 移液管
6 个培养皿
6 支装有胰蛋白胨葡萄糖酵母琼脂培养基的试管（平板计数琼脂）
48℃～50℃水浴
沸水浴
本生灯
比色杯
分光光度计
4 管大豆胰蛋白胨肉汤

学习目标

1. 描述几种计算样品中细菌数量的方法。
2. 通过标准平板计数法，定量计算培养物中的活菌数。
3. 用分光光度计测定培养物浊度，确定浊度与细菌数量（生物量）之间的关系。

为什么本实验采用下列细菌?

本实验的所有学习目标都与检测活细菌数有关。如果需要在短期内获得大量细菌，最可靠的微生物是前面实验中用到过的大肠杆菌。大肠杆菌在 37℃培养时的代时是 0.35h。因此，它繁殖非常迅速，并且容易量化（那就是很容易通过分光光度计检测活菌数量）。

医学应用

在临床和研究性实验室中，往往都有必要准确计数活菌。如果操作得法，计数可能获得非常精确的结果。

网络学习链接

来自 MicrobeLabrary.org(Microbe Library@asmusa.org)

1. 图片—系列稀释（7 张图）

2. 系列稀释操作步骤

原理

很多研究需要定量确定细菌群体的数量。其中使用最广泛的两种方法是：**标准的**或者**活菌平板计数法**（standard, or viable, plate count method）和**分光光度（浊度）法** [spectrophotometric (turbidimetric) analysis]。虽然两种方法获得的结果有些相似，但是两种还是有明显的不同。例如，标准的平板计数法间接检测细胞密度只能揭示活菌相关的信息。分光光度计分析基于浊度，间接测定所有细菌生物量，包括活菌和死菌。

标准平板计数法包括用无菌盐水或磷酸缓冲液稀释样品，直到稀释程度足以精确计数。也就是说，最后一个稀释度的平板中应该有 25 ~ 250 个菌落。少于 25 个菌落则无法满足统计分析的要求，多于 250 则因为菌落彼此太接近而不能区分不同的**菌落形成单位**（colony-forming unit, CFU）。其假设是：每个活菌细胞与其他细菌分开，形成单独、分散的菌落（CFU）。这样，菌落数应该是在培养条件下生长的活菌数量。涂板采用的稀释范围比较宽（10^{-4} ~ 10^{-10}），因为样品中活菌准确数量一般未知。每个稀释度做两个或者三个重复可以获得更高的精度。

细菌生长及细胞数量（生物量）的另一个指标是培养过程中渐增的浊度。分光光度计分析显示，透过的光线随着细胞群体密度增加而降低。透过的光线转换为电能，显示在电流计上。电流计读数间接显示细菌的数量。这个方法比标准平板计数法快，但缺点是只能检测 10^7 或以上数量的细菌。

稀释率

根据《美国微生物学会类型手册》（*American Society for Microbiology Style Manual*），稀释率用比号（：）或斜杠（/）表示，需要注意的是，二者有差别。斜杠是部分与整体的比率，例如，1/2 就表示整个两部分中一半。冒号是第一部分与第二部分的比率，总共有三部分。因此，1/2 相当于 1 ： 1，但 1 ： 2 相当于 1/3。（具体见附录 A 关于稀释度的完整讨论和样品处理涉及的问题）

实验步骤

标准平板计数法

1. 用蜡笔在 6 个细菌培养皿底部标记以下的稀释度：10^{-4}，10^{-5}，10^{-6}，10^{-7}，10^{-8}，

10^{-9}。标记4瓶生理盐水或磷酸盐缓冲液的浓度为：10^{-2}，10^{-4}，10^{-6}，10^{-8}。

2. 利用无菌技术，转移1.0mL液体样品或1g的固体材料到99mL无菌生理盐水中，这就是10^{-2}的初始稀释度。盖上瓶盖。

3. 用力振荡10^{-2}的初始稀释液25次，肘部放在工作台上，快速移动前臂从前到后做圆弧运动。其目的是分散细菌并打散任何可能存在的成块的细菌。

4. 10^{-2}的初始稀释液振荡好后，立即在无菌环境下开盖并转移1.0mL到第二个99mL的空白生理盐水中，因为这是来自10^{-2}的初始稀释，所以第二个稀释度是10^{-4}，盖好瓶子。

5. 用力振荡10^{-4}稀释液25次，转移1.0mL到第三个99mL的空白盐水中，第三个空白瓶就是原始样品的10^{-6}的稀释倍数，盖上瓶子。再次重复操作得到10^{-8}的稀释倍数。

6. 再次振荡10^{-4}的稀释度，无菌环境下转移1.0mL到一个平板中，另0.1mL转移到另一个平板中，对10^{-6}和10^{-8}稀释度也同样如此操作。（图18.1）

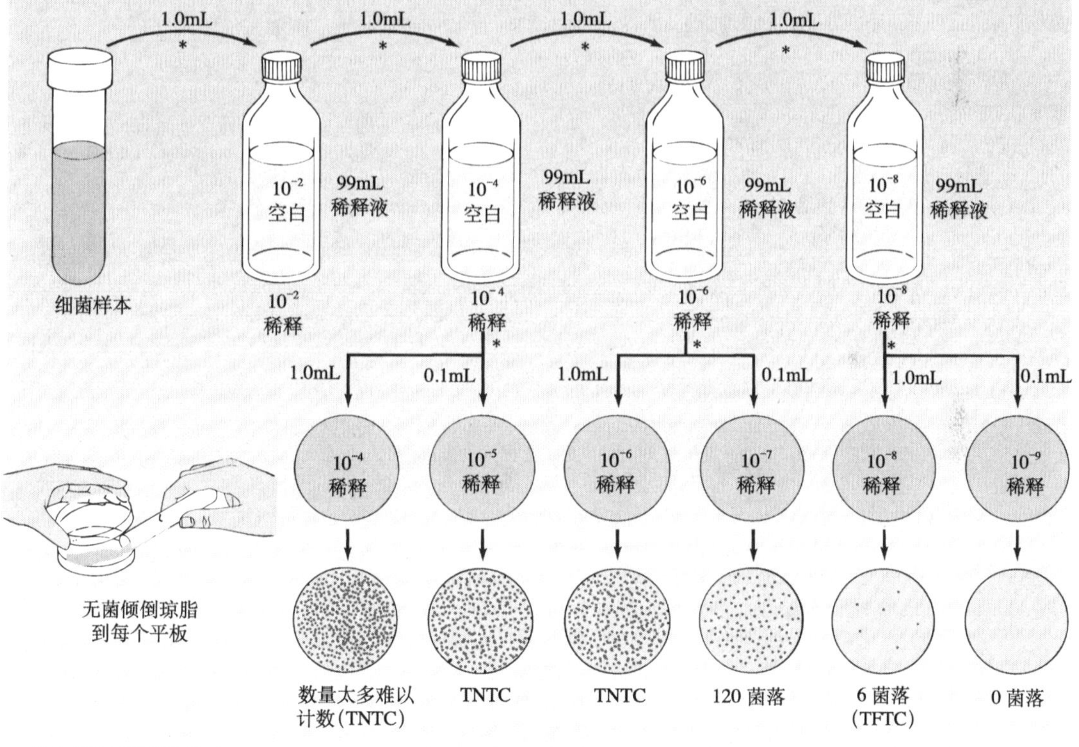

* 每次移液后需更换枪头。

图 18.1 系列定量稀释涂布法。

7. 从48℃～50℃的水浴中取出一管琼脂培养基，小心打开10^{-4}平板的盖，无菌操作，将琼脂倒入，培养皿在桌面轻轻划8字形，迅速混匀样品和培养基，其他5个培养皿也类似操作。

8. 培养皿冷却且琼脂凝固后，倒置35℃培养24h或20℃条件下培养48h。

9. 培养结束后，选择所有菌落数在25～250之间的培养皿。菌落数多于250的培养皿不计数，称为太多而难以计数（TNTC），菌落数少于25的培养皿称为太少而难以计数（TFTC）。计数每个培养皿里的菌落。如果可能，使用一个特定的计算器，如 Quebec 菌落计数器（图 18.2a）。请指导教师演示这些计数器的用法（图 18.2b）。

10. 菌落数除以稀释系数，获得每毫升或每克样品中细菌的数量（CFU）（附录 A）。每毫升的菌落数应该反映计数方法的精确度，并且不超过两位有效数字，例如，假设 10^{-6} 倍稀释的平板上有 130 个菌落，那么，每毫升初始样品中的细菌数就可以按下面的公式计算获得：细菌数 /mL=$130/10^{-6}=1.3\times10^{8}$ 或 130 000 000。

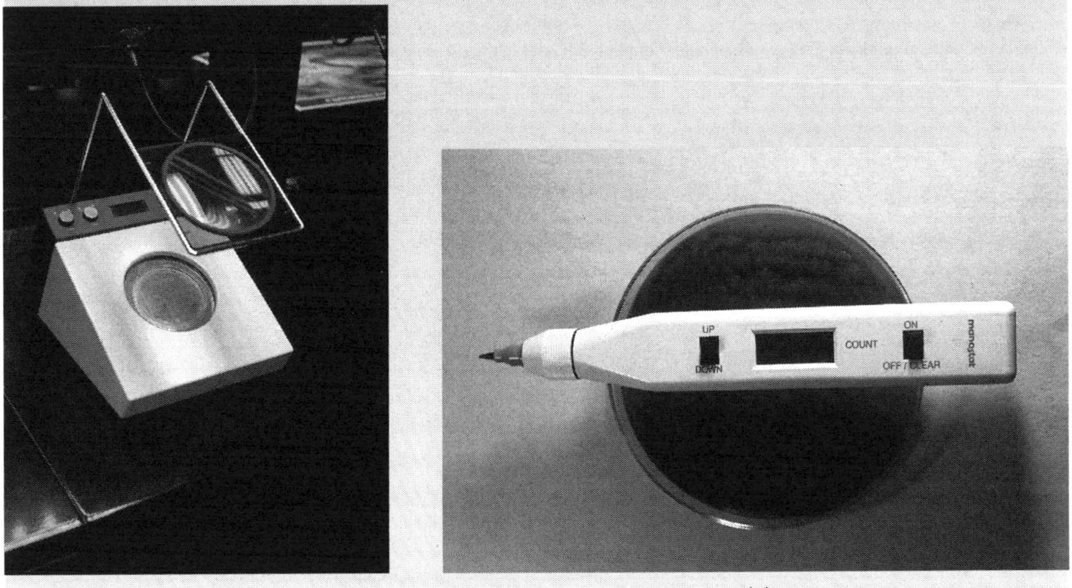

(a) (b)

图 18.2 菌落计数器。 (a) 莱卡暗视野 Qubec 菌落计数器。这个计数器始终从平板的侧面照明，平板被放大，以便更容易计数较小的菌落。这种专门的暗视野设计，使得光线均匀、不刺眼。对照暗，菌落明亮，容易与琼脂培养基中的其他东西区分开。多个型号的仪器，采用电子探头接触每个菌落，自动计数。(b) 手持电子菌落计数器。这个型号组合了标记和计数器，接触培养平板时，标记和计数同时进行。电子嘟嘟声确证每条输入。累计总数显示在容易读取的 LCD 上。

11. 记录结果。

比浊法测定细菌数量

1. 把一个空管和 4 个装有灭过菌的大豆胰蛋白胨肉汤的试管放在试管架上。除了空管外，每管都含有 3mL 的无菌肉汤，用这 4 管（管 2 ~ 5）肉汤做 4 个梯度稀释（图 18.3）。

2. 按下述操作标定和使用分光光度计（图 18.4）：

a. 旋转图 18.4 中的旋钮 B 到右边，打开分光光度计。

b. 用单光仪刻度盘旁边的指示器设置图 18.4 的刻度盘 D，确保波长（550 ~ 600nm）与靠近该刻度盘的指针一致（指导教师将告知选用的波长）。

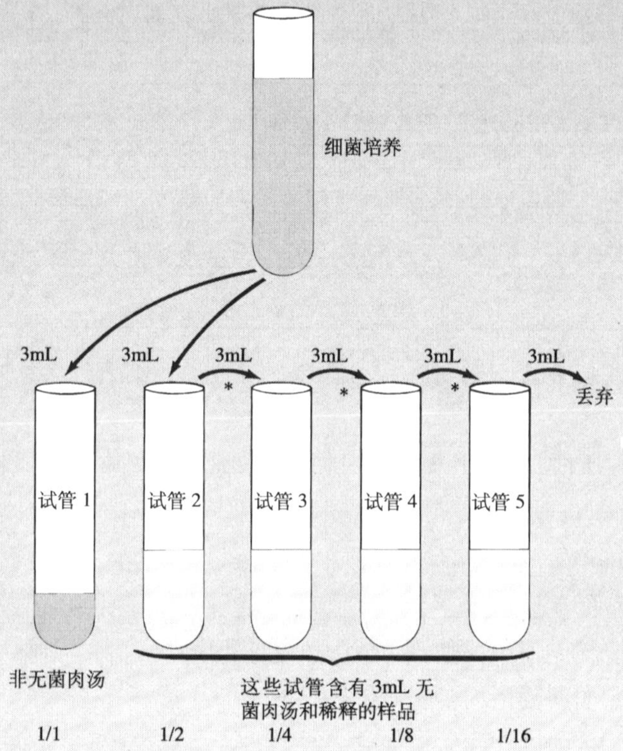

* 每次移液后需更换枪头。

图 18.3　制备标准曲线的两倍梯度稀释。

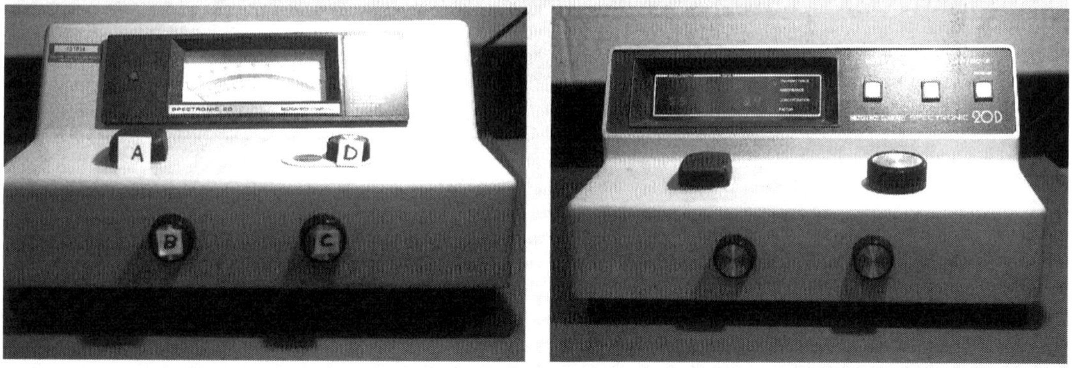

(a)　　　　　　　　　　　　(b)

图 18.4　典型的分光光度计。 (a) 一个模拟款 (A) 比色槽，(B) 开关按钮 / 零对照按钮，(C) 100% 透光率控制按钮，(D) 波长控制按钮。(b) 一个数字款，能够直接显示浓度。

c. 比色槽没有比色杯时（图 18.4 中 A），光源被隔断。指针应该指向透光率为零或者吸光率无限大。这位于刻度左端。旋转旋钮 B，直到指针对齐刻度的左末端。

d. 放只含有无菌肉汤的比色杯卡进比色槽（图 18.4 中 A），这个管子称为空白对照。因为其样品浓度等于零，其吸光率为零，或者透光率 100%。这位于刻度盘右末端。旋转旋钮 C 直到指针对齐刻度的左末端。

e. 把含有稀释菌液的比色杯放入比色槽，一次放入一个比色杯。重复步骤 b、c，确认设置正确。

f. 关上盖子，读取每种稀释细菌的吸收值，并记录，务必先混匀菌液，再读取吸光值。

g. 记录结果。利用平板计得的数量，计算每个稀释度每毫升的菌落形成单位。

提示与警告

不要用漩涡混合器混合稀释管。

复习题

1. （%T）透光率和吸光率有什么区别？
2. 为什么平板活菌计数方法被认为是间接测定细胞密度的方法，而浊度法根本不是在计数？
3. 为什么用吸光率而不用透光率构建标准校正曲线？
4. 构建标准校正曲线使用的目的是什么？
5. 为何有必要综合浊度法和平板计数法？
6. 列举摇动空白 25 次的理由？
7. 菌落形成单位 (CFU) 的含义？
8. 如何进行梯度稀释，得到稀释 10^{-10} 的终稀释度？列出每一步。
9. 本实验的光谱检测为什么采用波长 550 ～ 600nm？
10. 你如何定义生物量？
11. 分光光度计法检测细菌数量的优点、缺点分别是什么？

第四部分
细菌的生化活性

生命其实只是由电子驱动的，由电子释放的能量驱动。光子激发电子，电子从高能级流到低能级，会释放出能量。电子运动的电流非常小。阳光维持这种微弱的电流。所有中间代谢复合体都是围绕这个基本事实的花边修饰而已。

Albert Azent-Gyorgi （美国医生和生物化学家，诺贝尔奖获得者，1893—1986）

细菌利用从环境获得的原料（营养）完成各种生物化学活动（生长和繁殖）。发生在细菌体内外的生物化学转化由生物催化剂——酶控制。

这部分实验指南设计实验是演示或测试细菌的部分生物化学活性。通过观察细菌利用酶和降解糖类、脂类、蛋白质和氨基酸的能力可以了解其生化活性。代谢或利用这些有机物往往形成一些可以识别或者鉴定细菌的副产物。

完成第四部分的实验后，实验者将掌握使用相应微生物培养基和检测系统的技能。这将达到美国微生物学会核心课程实验操作技能第 4 条的要求（见 v 页）：（a）使用生物化学测试培养基和（b）精确记录显微镜视野观察结果。

Sir Alexander Fleming (1881—1955)

因为发现青霉素，Fleming 与 Ernst Boris Chain 和 Sir Howard Walter Florey 共同获得了 1945 年的诺贝尔生理学或医学奖。

1922 年的一天，细菌学家 Alexander Fleming 感冒了。他的鼻涕滴到含有细菌的平板上。一段时间后，他发现鼻涕周围的细菌被溶解了。他认为鼻黏液可能含有他正在寻找的“万能抗菌物质”。从该现象，Fleming 证明抗菌物质是一种酶，他称之为溶菌酶（lysozyme）——lyso- 是因为它具有溶解细菌的能力，zyme 是因为它是一种酶。他发现了一种对溶菌酶特别敏感的小的球菌，并称之为溶壁微球菌（*Micrococcus lysodeikticus*），因为它被裂解（希腊语中 deiktios 是显示的意思）。Fleming 还发现眼泪富含溶菌酶。为了继续研究，他组织人向自愿者喷柠檬挥发油，从而产生眼泪，这就是著名的“柠檬折磨”。圣玛丽医院简报为此登了一张卡通图片。图片展示到 Fleming 的实验室的小孩们，一人给小孩喷柠檬挥发油，另外的人在收集小孩的泪液，小孩的报酬是几分钱。使 Fleming 失望的是，溶菌酶对有害细菌无效。不过，七年后，他发现了非常有效的抗菌物质：青霉素。这印证了巴斯德的名言：“机会总是偏爱有准备的头脑”。

实验 19

碳水化合物 III：淀粉水解

安全注意事项

小心本生灯火焰。不要用嘴吸移液管。观察时，防止含有细菌的碘液从平板滴落。

实验材料

在胰蛋白胨大豆琼脂斜面上培养 21 ～ 48h 的枯草芽孢杆菌（ATCC 6051）、大肠杆菌（ATCC 11229）和普通变形杆菌（ATCC 13315），

1 个淀粉琼脂平板

革兰氏碘液（1g 碘，2g 碘化钾，300mL 蒸馏水）

蜡笔

接种环

本生灯

带胶头的巴斯德吸管

温度设置为 35℃的保温箱

学习目标

1. 理解淀粉水解的生物化学机制
2. 掌握淀粉水解测试技能

为什么本实验采用下列细菌?

本实验的主要目的是让学生掌握淀粉水解测试的专业技能。如果细菌产生 α - 淀粉酶，该细菌就能水解淀粉。如果细菌不能产生 α - 淀粉酶，细菌就不能够水解淀粉。这三种细菌产生 α - 淀粉酶的能力各异：枯草芽孢杆菌产生 α - 淀粉酶；大肠杆菌不产生 α - 淀粉酶；普通变形杆菌则可能产生也可能不产生 α - 淀粉酶。

原理

许多细菌产生**水解酶**（hydrolase）。有水时，水解酶将有机物分解为小分子。本实验展示糖类淀粉的水解。

淀粉分子由两部分组成：**直链淀粉**（amylose, 无分支的葡萄糖聚合物，200 ~ 300 个单位）和**支链淀粉**（amylopectin, 大而具有分支的聚合物）。支链淀粉和直链淀粉都能被某些细菌经其产生的**α- 淀粉酶**(α -amylase) 快速水解，形成糊精、麦芽糖和葡萄糖，例如：

淀粉 [直链淀粉 + 支链淀粉] (大的多糖)	α- 淀粉酶 ⟶ H_2O	糊精 （中间产物 多糖	+ 麦芽糖 （二糖）	+ 葡萄糖 （单糖）

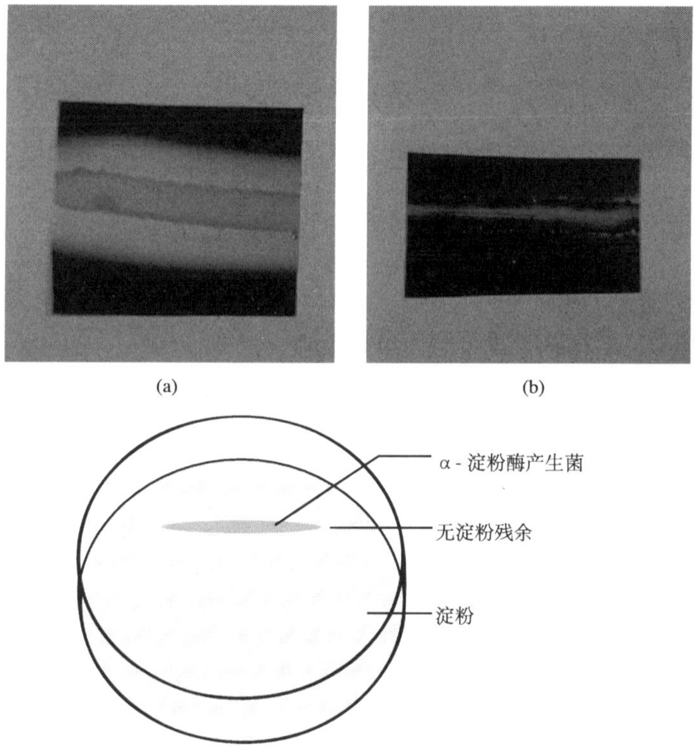

图片 19.1　加革兰氏碘液后，检测淀粉酶水解作用。（a，c）阳性。淀粉被完全水解则呈现清晰（白色）的晕圈。(b) 阴性。淀粉保持完整——没有颜色改变，如图所示，划线菌落周围颜色介于紫色与棕色之间。

革兰氏碘液可以指示是否存在淀粉。它与淀粉反应，形成蓝色至棕色的复合物。淀粉水解后则不产生颜色变化。添加革兰氏碘液后，在含淀粉的培养基上生长的细菌周围，如果出现了澄清区域，说明细菌产生 α - 淀粉酶（图 19.1）。否则，则淀粉未被水解。

实验步骤

第一阶段：检测淀粉水解

1. 用蜡笔将淀粉琼脂平板分成 3 个区，标记所接种的细菌名称、实验者姓名和日期。

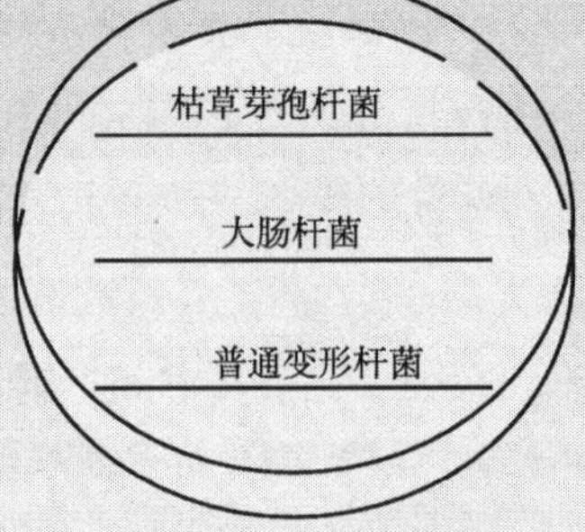

2. 利用无菌操作技术，在所划分的区域内，接种相应的细菌，成一直线（见图 13.3）。

3. 在 35℃下培养 24 ～ 48h。

第二阶段

1. 在淀粉琼脂平板的划线上滴几滴革兰氏碘液。如果细菌周围澄清，说明淀粉已经被水解，该细菌能够产生淀粉酶，测试为阳性。如果周围不澄清，或整个培养基变蓝，则说明淀粉还未水解，该菌不产生淀粉酶，则测试为阴性。

2. 如果结果还是难以区分，一种解决的方法是：将平板倒置在含有碘晶体的烧杯上（去除平板盖子）。上升的碘蒸气能够与淀粉反应。未反应的碘的红棕色不会干扰实验结果。

3. 在实验报告中记录结果。

提示与警告

（1） 小心滴加碘到有细菌生长的划线的一端，不要污染整个平板。因为如果必要，还需重新培养，随后再测试。

（2） 加碘液后，立即记录是否存在蓝色。

（3）与碘液反应产生红紫色的细菌为部分水解，应当再培养一段时间，再进行检测（参考第一步）。

复习题

1. 描述水解酶的功能。
2. 描述淀粉水解的化学机制。
3. 淀粉平板上用于检测微生物淀粉水解能力的化学药品是______
4. 淀粉被细菌水解说明什么？
5. 淀粉酶能够水解淀粉。该水解的最小产物是______
6. 细菌如何能够在淀粉琼脂上快速生长但不产生 α- 淀粉酶？
7. 淀粉琼脂的成分是什么？

实验 20

脂类：脂类水解

安全注意事项

小心本生灯的火焰。

实验材料

大豆胰蛋白胨肉汤培养基培养的奇异变形杆菌（*Proteus mirabilis*，ATCC 14273）和表皮葡萄球菌（*Staphylococcus epidermidis*，ATCC 14990）

含有 3% 的 Bacto 脂酶试剂的醇溶青琼脂平板（Difco）

接种环

35℃培养箱

蜡笔

本生灯

学习目标

1. 理解脂类水解的生化过程
2. 通过测定产生特异脂酶，检测细菌水解脂类的能力
3. 理解通过颜色变化检测脂类水解的原理
4. 掌握检测脂类水解的技能

为什么本实验采用下列细菌？

通过本实验，学生能够掌握如何区分细菌是否产生脂酶。实验设计选择了一种产脂酶和不产脂酶的细菌。奇异变形杆菌是产脂酶的兼性厌氧革兰氏阴性杆菌。它存在于人及多数动物的小肠内，粪便、土壤和被污染的水体也存在。表皮葡萄球菌是不产脂酶的革兰氏阳性球菌。它主要存在于温血脊椎动物的皮肤和黏膜，但也经常从食物、垃圾和水体中被分离出来。

原理

脂类是能够大量储存能量的高分子物质。细菌代谢的两个常见脂类是甘油三酯和磷脂。如下图所示，甘油三酯被**脂肪酶**（lipase）水解生成甘油和游离脂肪酸。甘油和脂肪酸分

子能被细菌摄取，然后通过糖酵解、β- 氧化以及三羧酸循环进一步代谢。这些脂类也可以进入其他代谢途径，用于合成细胞膜磷脂。磷脂是所有细胞的功能成分，细菌水解宿主细胞磷脂的能力是致病菌扩散的重要因素。另外，产脂肪酶的细菌污染食物时，解脂细菌水解脂类，导致变质，称为**脂肪臭败**（rancidity）。

当这些同样的脂类加入到琼脂固体培养基，并与解脂细菌一起培养时，由于脂肪酸的释放，周围的培养基变酸。通过加入 pH 指示剂，就可能通过颜色的变化来检测脂类水解。例如，含有 Bacto 脂肪酶试剂的醇溶青琼脂平板为淡紫色。酸性 pH 使得解脂细菌周围变为深蓝色。

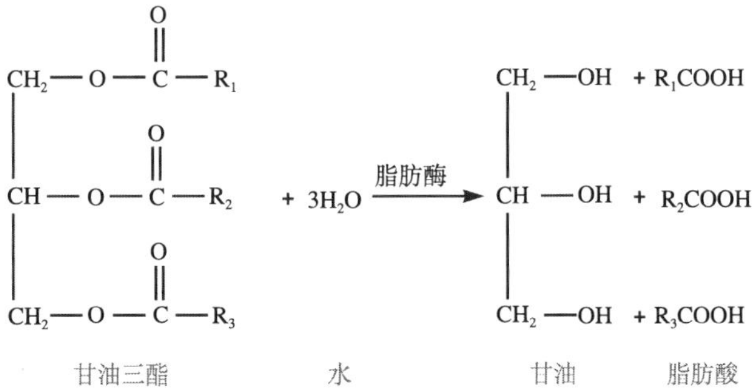

实验步骤

第一阶段

1. 用蜡笔将醇溶青蓝色琼脂平板的底部分为 2 部分，半边标记为奇异变形杆菌另一半标记为表皮葡萄球菌，在平板上写上实验者姓名和日期。

2. 在该平板上接种相应的细菌（图 20.1a）。

3. 平板倒置，35℃培养 24 ~ 48h。

第二阶段

1. 观察平板上脂肪是否被水解（图 20.1a）。如果细菌生长的周围为蓝色区域，说明发生了水解。否则，菌落周围仍然是淡紫色。

2. 测定水解圈大小并记录结果。

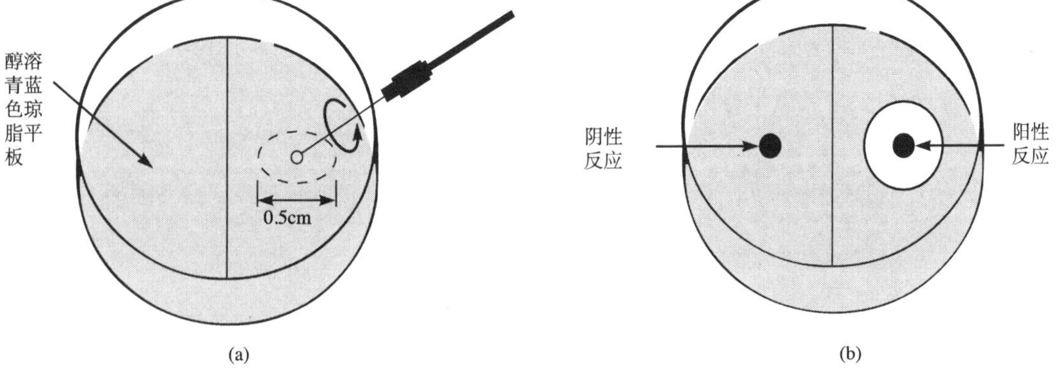

图 20.1 脂肪水解。（a）醇溶青蓝色琼脂平板接种步骤；（b）阴性和阳性反应。

提示与警告

（1）观察琼脂培养基平板的颜色变化时，把平板对着不同背景颜色有助于准确判定结果。

（2）对着光线，从不同角度观察，以及从平板上下两侧观察，都有助于获得准确的结果。

复习题

1. 脂肪酶的作用是什么？
2. 如何确定细菌能否分解脂肪？
3. 在细菌细胞中脂类的两个功能是什么？
4. 举一些食物被解脂细菌腐败变质的例子。
5. 细菌分解磷脂的能力与致病性有何关系？
6. 甘油三酯和磷脂的区别是什么？
7. 细菌代谢脂类的途径有哪些？

实验21 蛋白质、氨基酸和酶I：产生硫化氢和运动能力

安全注意事项

小心本生灯的火焰。Kovacs，试剂含有浓盐酸，应当特别小心。所有培养试管应直立放在试管架或空罐子里。

实验材料

大豆胰蛋白胨肉汤培养基培养 24 ~ 48h 的肺炎克雷伯氏菌（ATCC e13883），普通变形杆菌（ATCC 13351）和伤寒沙门氏菌（ATCC 29631）

本生灯	接种针
试管架	3 个 SIM（硫化氢 - 吲哚 - 运动能力）琼脂深层培养基
3 个测试运动能力深层培养基	Kovacs，试剂
35℃培养箱	蜡笔

学习目标

1. 理解细菌产生硫化氢的生物过程
2. 描述两种可以检测硫化氢产生的方法
3. 描述检测运动能力的方法
4. 掌握检测硫化氢和运动能力的技能

为什么本实验采用下列细菌?

本实验将介绍根据硫化氢产生和运动能力来鉴别细菌的技能。实验选择了两个产硫化氢、能运动的细菌，以及一个不运动、不产硫化氢的细菌。伤寒沙门氏菌（Gr. *typhus*，昏迷）存在于人体、恒温动物和冷血动物、食物和环境中，兼性厌氧，革兰氏阴性杆菌，产硫化氢，能运动。普通变形菌（L. *vulgaris*，普通的）存在于人类和许多动物肠道、粪便和污水中，兼性厌氧，革兰氏阴性杆菌，产硫化氢，能运动。肺炎克雷伯氏菌（Gr. *pneumonia*，肺炎、肺部炎症）存在于人体排泄物、临床标本、土壤、水、稻谷、水果和蔬菜中，兼性厌氧，革兰氏阴性杆菌，不能运动，不产硫化氢。

原理

许多蛋白质都富含诸如半胱氨酸等含硫氨基酸。当这些蛋白质被一些细菌水解时，氨基酸被释放，摄取为营养物质。半胱氨酸在**半胱氨酸脱硫酶**（cysteine desulfurase）存在时，失去硫原子，并与来自水的氢原子形成硫化氢（图 21.1a）。

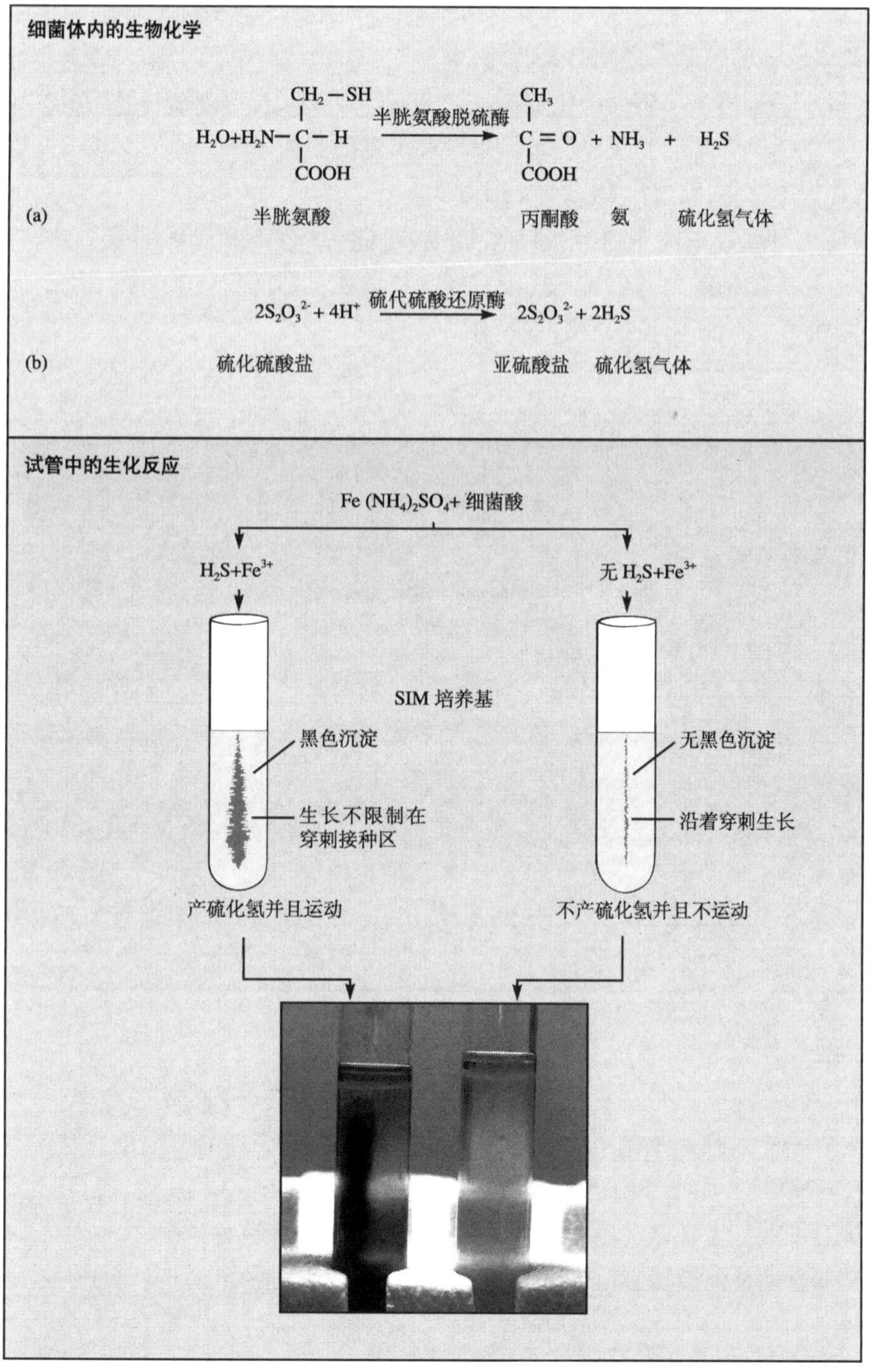

图 21.1 硫化氢的形成。应当提及的是，不是所有的细菌都是既产硫化氢又能运动，或既不产硫化氢也不能运动，许多其他可能的组合也存在。

还原含硫无机化合物，如硫代硫酸盐（$S_2O_3^{2-}$）、硫酸盐（SO_4^{2-}）或亚硫酸盐（SO_3^{2-}）也能产生硫化氢气体。例如，某些细菌在硫代硫酸还原酶作用下，将摄取的硫代硫酸钠还原为亚硫酸，释放硫化氢气体（如图 21.1b）。

本实验中，SIM（1926 年以其发明者 J.S.Simmons 命名）培养基中以蛋白胨和硫代硫酸钠作为底物，硫酸亚铁铵作为硫化氢的指示剂。半胱氨酸是 SIM 培养基中蛋白胨的一个组分。 添加足够的琼脂，使培养基为半固体状态。一旦产生硫化氢，它就会与硫酸亚铁铵结合，形成一种黑色不溶性硫化亚铁沉淀，这可以显示在穿刺接种线周围。如果细菌还能运动，则整个试管都会变成黑色。如果存在黑色的线或试管，则说明该菌能够产生硫化氢。否则，则不产生硫化氢（图 21.1c）。

SIM 琼脂也可以用来检测细菌能否运动和检测能否产生吲哚（参看实验 22 中讨论吲哚的产生部分）。如果细菌的生长不局限在穿刺接种线，则说明细菌能够运动。如果生长局限在穿刺接种线，则说明该细菌不能运动。

实验步骤

第一阶段

1. 在每个 SIM 琼脂深层培养试管上标明接种的菌种名称，实验者姓名和日期。

2. 无菌操作（见图 13.3），在每一个试管里穿刺接种相应的细菌，穿刺到距试管底部 3/4 的地方。同样的方法接种 3 支运动型检测培养基。

3. 35℃培养 24 ~ 48h。

第二阶段

1. 检测沿 SIM 培养物穿刺接种的刺痕有无黑色沉淀。存在 FeS 黑色沉淀则说明细菌能够产生硫化氢。

2. 根据观察结果，判断并记录是否每个细菌都能产硫化氢，是否都具有运动性。

3. 如果愿意，还可以检测是否产生吲哚。在 SIM 培养基中加入 5 滴 Kovacs，（根据德国细菌学家 Nikolaus Kovacs 命名）试剂，观察深层培养试管顶部是否形成红色（见实验 22）。

提示与警告

（1）注意：从深层琼脂中抽出接种针的路径尽量沿穿刺进去的路径。

（2）另外一个观察运动的方法是慢慢转动刺痕周围有少量细菌生长，但是不能十分确定的试管。经转动，如果细菌运动，两边的微生物生长看起来很宽，否则，会变得更窄。

（3）观察细菌能否运动，用纸巾擦净试管表面更易于得到好结果。

（4）培养基的任何变黑都可以认为是产生硫化氢的结果。

复习题

1. 产生 H_2S 的能力对细菌有何用处？

2. SIM 培养基如何用来检测运动能力?
3. 在 SIM 培养基中，哪些底物用以产生 H_2S ?
4. 除了用于检测产生 H_2S 和运动能力，SIM 培养基还能检测哪些细菌生化性质?
5. 黑色的 FeS 沉淀如何指示产生 H_2S ?
6. 半胱氨酸脱硫酶催化哪个反应? 写出该反应式。
7. 硫代硫酸盐还原酶催化哪个反应? 写出该反应式。

实验 22 蛋白质、氨基酸和酶Ⅱ：IMViC 检测

安全注意事项

注意本生灯的火焰。不要用嘴移液。Barritt's 试剂含有萘酚，有毒，可能会导致脱皮，所以使用该试剂时要戴手套。Kovacs' 试剂也因含高浓度 HCl 和对－二甲氨基苯甲醛而可能腐蚀皮肤和黏膜。万一这两种试剂接触皮肤或者眼睛，立即用大量的水冲洗皮肤或眼睛至少 15min。确保所有试管都直立放置在试管架或容器中。

实验材料

在大豆胰蛋白胨肉汤培养基上培养 24 ～ 28h 的产气肠杆菌（*Enterobacter aerogenes*, ATCC 13048）、大肠杆菌（ATCC 11229）、产酸克雷伯氏菌（*Klebsiella oxytoca*, ATCC 13182）和普通变形杆菌（ATCC 13315）

4 支 SIM 琼脂深层试管

Kovacs' 试剂、吲哚检验片或 Difco's 斑点测试吲哚检测试剂 Kovacs

本生灯

接种环和接种针

4 支内含 5mL 肉汤培养基的 MV-VP 试管

甲基红指示剂

Barritt's 试剂（溶液 A 和溶液 B）或 Difco's 斑点测试 Voges-Proskauer 试剂 A 和 B

4 支 Simmons 柠檬酸琼脂斜面

4 支空试管

带有移液操纵器的 4mL 移液管

蜡笔

一次性手套

学习目标

1. 理解一些细菌降解色氨酸的机理
2. 测定一些细菌氧化葡萄糖产生酸性终产物的能力
3. 区分发酵葡萄糖的肠细菌

4. 解释 Voges-Proskauer 检测的目的
5. 根据发酵柠檬酸的能力区分肠细菌
6. 掌握 IMViC 系列检验

为什么本实验采用下列细菌?

通过本实验，学生应当掌握根据 IMViC 系列实验区分不同肠道菌（小肠相关的细菌）的技能。为此，选取了 4 种不同的细菌。产气肠杆菌（Gr. *aer,* 气）是兼性厌氧、革兰氏阴性杆菌，周生鞭毛，能运动，发酵乳糖。自然界中广泛存在，淡水、土壤、污水、植物、蔬菜、动物和人类粪便中均存在。产气肠杆菌为产吲哚阴性、MR 阴性、VP 阳性、Simmons 柠檬酸阳性。大肠杆菌 (Gr. *colon,* 大肠) 为兼性厌氧的革兰氏阴性杆菌，周生鞭毛运动或不可运动。乳糖发酵。存在于温血动物肠道的下部的菌群中。吲哚阳性、MR 阳性、VP 阴性、Simmons 柠檬酸阴性。产酸克雷伯氏菌是兼性厌氧革兰氏阴性杆菌，不运动，乳糖发酵，存在于人类粪便、临床样本、土壤、水体、谷物、水果和蔬菜中。该菌吲哚阳性、通常 MR 阴性、VP 阳性、Simmons 阳性。普通变形杆菌（L. *vulgaris,* 普通的）为革兰氏阴性兼性厌氧杆菌，存在于人及许多动物肠道、粪便及污水中，周生鞭毛，能运动，不能进行乳糖发酵，吲哚阳性、MR 阳性、VP 阴性，有时 Simmons 柠檬酸阳性。

医学应用

以下医学重要的细菌为 MR+：大肠杆菌（尿道条件致病菌）、伤寒沙门氏菌（伤寒）、痢疾志贺氏菌（*Shigella dysenteriae*，细菌性痢疾）、鼠疫耶尔森氏菌（*Yersinia pestis*，鼠疫）。下列属于 MR–：产气肠杆菌（尿道感染）。

百日咳杆菌（哮喘）是柠檬酸阴性，然而其他博德特氏菌属（*Bordetella*）菌株是柠檬酸阳性的。肠道细菌中的肺炎克雷伯氏菌和肠杆菌属 （*Enterobacter*）是柠檬酸阳性的，在临床实验室条件下能与柠檬酸阴性的条件致病菌大肠杆菌区别开来。

网络学习链接

来自 Microbelibrary.org（Microbelibrary@asmusa.org）

图片—吲哚检验

原理

鉴别肠道菌对于确定一些食物传播和水传播疾病的致病菌非常重要。许多在人体肠道或其他哺乳动物肠道发现的细菌都属于肠杆菌科。这些菌短、革兰氏阴性、不产孢子。它们又分为乳糖发酵型和非乳糖发酵型。包括致病菌（沙门氏菌属和志贺氏菌属，非乳糖发酵）、条件致病菌（克雷伯氏菌属和大肠杆菌属，乳糖发酵；变形菌，非乳糖发酵）、正常肠道菌（肠杆菌，乳糖发酵）。

可以利用 **IMViC 检测** [IMViC test，**吲哚** (*i*ndole)、**甲基红** (*m*ethyl red)、***Voges-***

Proskauer 试剂和**柠檬酸** (*c*itrate)；其中“i”是为了便于发音] 区分鉴别这些肠道菌。

吲哚生成

几乎所有蛋白质都含有**色氨酸** (tryptophan)。具有**色氨酸酶** (tryptophanase) 的细菌可以水解色氨酸为其代谢产物，即吲哚、丙酮酸和氨。丙酮酸和氨可以满足细菌的营养需求。吲哚未被利用而积累在培养基中。添加 **Kovacs' 试剂** (Kovacs' reagent) 可以检测吲哚存在与否。Kovacs' 试剂与吲哚反应，在培养基表面产生亮红色复合物（图 22.1 和图 22.2）。加入 Kovacs' 试剂后，产生红色，那么细菌就是**吲哚阳性**（indole positive）。如果无红色出现，则表明色氨酸未被水解，该菌是吲哚阴性（indole negative）。

菌体内发生的生物化学反应

色氨酸 —色氨酸酶→ 吲哚 + 丙酮酸 + 氨

试管内发生的生物化学反应

吲哚 + 对 - 二甲胺苯甲醛 —HCl / 戊醇→ Rosindole 染料（樱桃红色化合物）

（HCl + 戊醇 + 对 - 二甲胺苯甲醛：Kovacs' 试剂）

Kovacs' 试剂

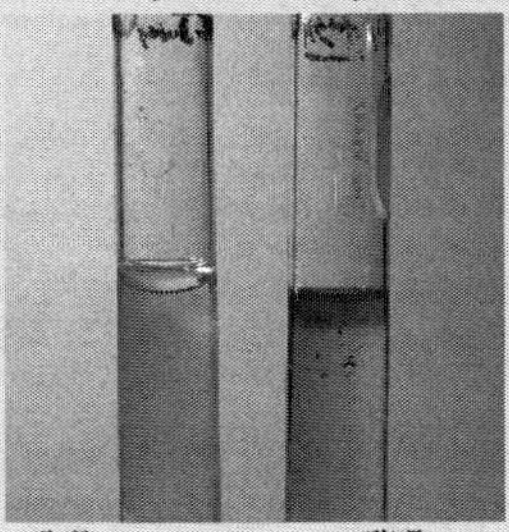

吲哚 -　　吲哚 +

图 22.1　吲哚检测。 左边的试管为吲哚阴性，右边的为吲哚阳性。

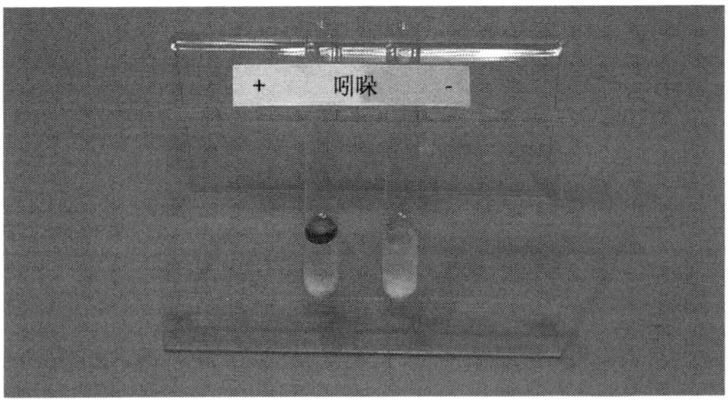

图 22.2　KEY 小片吲哚检测。如图所示，加入 10 滴 Kovacs' 试剂后几分钟内变红，则为吲哚阳性。右边的试管为吲哚阴性，呈无色。

甲基红检测

所有肠道细菌分解葡萄糖满足于其能量需求。不过，终产物却因细菌具有的代谢途径而异。pH 指示剂甲基红（见附录 E）能检测由产生酸性终产物如乳酸、乙酸、甲酸等导致的酸性改变。该指示剂在区分大肠杆菌（混合酸发酵）和产气肠杆菌（丁二醇发酵）时非常重要。**混合酸发酵菌**（mixed acid fermenter, 例如大肠杆菌）发酵产生混合酸，酸化培养基。**丁二醇发酵菌**（butanediol fermenter, 例如产气肠杆菌）发酵产生丁二醇、3- 羟基 -2- 丁酮和少量有机酸。培养基 pH 下降的程度没有混合酸发酵大。如图 22.3 图示，pH 4 时，甲基红指示剂变红——**甲基红阳性** (positive methyl red test)。pH 6 时，指示剂变黄——**甲基红阴性** (negative methyl red test)。

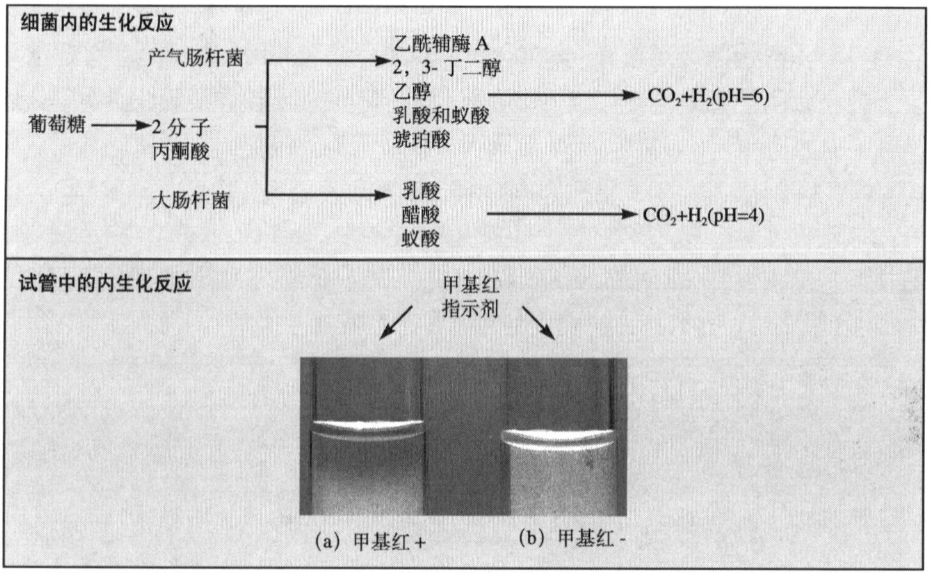

图 22.3 **甲基红检测**。（a）大肠杆菌，MR+。（b）产气肠杆菌，MR–。

Voges-Proskauer 检测

Voges-Proskauer 检测 (Voges-Proskauer test) 根据两位科学家（生活在 20 世纪早期的德国医生 Daniel Voges 和卫生学家 Bernhard Proskauer）的名字而命名。用于鉴定细菌能否发酵葡萄糖产生 **2, 3- 丁二醇**（2, 3-bulanediol），并积累在培养基内。纯乙醇中加入 40% 的 KOH 和 5% 的萘酚溶液（Barritt's 试剂）就可以检测出是否存在 **3- 羟基 -2- 丁酮**（acetoin, 2,3- 丁二醇的合

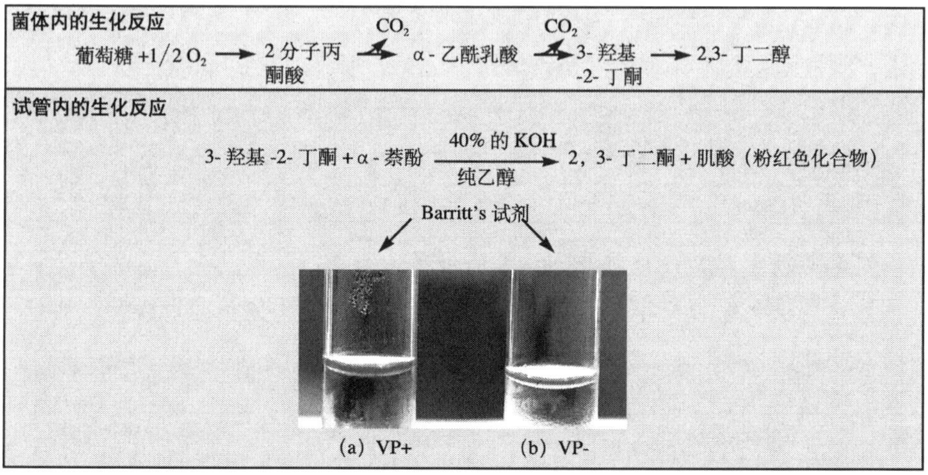

图 22.4 Voges-Proskauer **检测**。（a）产气肠杆菌，VP+。(b) 大肠杆菌，VP –菌体内的化学反应。

成前体）。如果存在，向培养基中加入 Barritt's 试剂后，15min 后出现樱桃红色，即为 **VP 阳性**（positive VP test）。如果不出现红色即为 **VP 阴性** (negative VP test)（见图 22.4）。

柠檬酸利用检测

柠檬酸检测 (citrate utilization test) 可以确定细菌能否以柠檬酸为唯一碳源提供其所需能源。这依赖于**柠檬酸透过酶** (citrate permease) 的存在，利用该酶有利于柠檬酸进入细菌胞内。柠檬酸进入细胞后，转化成丙酮酸和 CO_2。Simmons 柠檬酸琼脂斜面中，以柠檬酸钠作为碳源，以 NH^{4+} 作为氮源，pH 指示剂（见附录 D）溴百里香酚蓝。利用柠檬酸过程需要 O_2，所以该实验在斜面上进行。细菌氧化柠檬酸，消耗柠檬酸，释放 CO_2。CO_2 与钠（由柠檬酸钠提供），形成碳酸钠——一种碱性化合物，pH 因而提高，指示剂变成蓝色，即为**柠檬酸检测阳性** (positive citrate test)。若指示剂不变色，则为**柠檬酸检测阴性** (negative citrate test)（图 22.5）。另外，柠檬酸阴性菌在该培养基上也不会生长。

菌体内的生化反应

柠檬酸钠 $\xrightarrow[\text{柠檬酸酶}]{\text{柠檬酸透性酶}}$ 丙酮酸 + 草酰乙酸 + CO_2

试管内的生化反应

从柠檬酸钠中获得的 Na+CO_2+H_2O ⟶ Na_2CO_3(碱性)　　pH↑

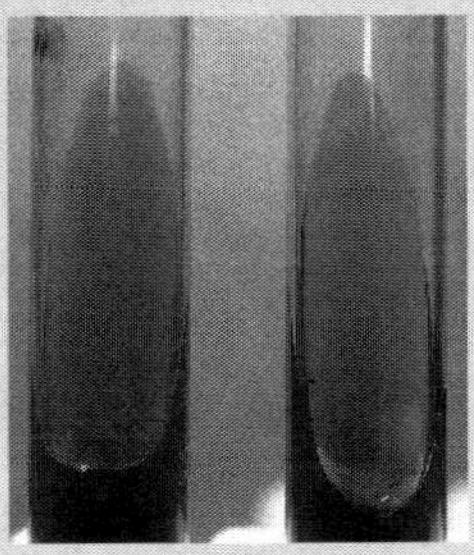

(a) 柠檬酸 +　　(b) 柠檬酸 −

图 22.5　柠檬酸检测。（a）产气肠杆菌；蓝色阳性。（b）大肠杆菌；绿色阴性。

实验步骤

吲哚产生检测

第一阶段

1. 把 SIM 深层培养试管标记上待培养细菌的名称（大肠杆菌、普通变形杆菌和产气肠杆菌），实验者姓名和日期。（如果没有 SIM 培养基，胰蛋白胨大豆琼脂培养基是吲哚检测的良好替代物）

2. 无菌操作（见图 13.3），每管穿刺接种或接种环接种。

3. 试管于 35℃ 下培养 24h。

第二阶段

把试管从培养器中取出，带一次性手套，每管中加入0.5mL（大约10滴）的Kovacs' 试剂，轻轻摇动试管。出现深红色则说明有吲哚。无色或黄色为阴性。

基于你的观察，实验报告中，确定并记录每株菌能否水解色氨酸。

甲基红检测

第一阶段

1. 在装有MR-VP肉汤培养基的试管上标记上细菌名称（大肠杆菌、产气肠杆菌和产酸克雷伯氏菌），日期和实验者姓名。

2. 无菌操作，用接种环接种适当的细菌。

3. 所有试管于35℃下培养24 ~ 48h。对于生长缓慢的培养物，需要培养4 ~ 5d。

第二阶段

1. 将培养物的1/3转移到一支空试管中，放在一边，待进行Voges-Proskauer检测。

2. 每只试管中留2/3，加入0.2mL（大约4 ~ 5滴）甲基红指示剂。密切注意颜色的改变（红色是阳性）。

3. 基于你的观察，在实验报告中，记录并确定每种细菌能否发酵葡萄糖，降低培养基pH。

Voges-Proskauer检测

第二阶段

1. 带上一次性手套，向甲基红检测中余下的1/3的培养物中加入0.6mL的Barritt's溶液A和0.2mL的溶液B，剧烈震荡以通气（或者加入大约15滴试剂A和5滴试剂B，这样效果很好，而且还避免了移液）。立刻或20min内出现红色即为阳性反应。

2. 基于你的观察，在实验报告上记录并确定每种细菌能否发酵葡萄糖，产生3-羟基丁酮。

柠檬酸利用检测

第一阶段

1. 在每个Simmon柠檬酸琼脂斜面上标记上待培养细菌的名称（大肠杆菌、产气肠杆菌和产酸克雷伯氏菌），实验者姓名和日期。

2. 无菌操作，穿刺－划线接种相应细菌到每支试管。

3. 试管在35℃培养24 ~ 48h。

第二阶段

1. 检测斜面上菌体是否生长，以及颜色是否从绿变蓝。

2. 根据自己的观察，在实验报告上确定并记录各种细菌能否利用柠檬酸作为能源，出现深蓝色为阳性。

提示与警告

（1）加入 Kovacs’ 试剂之前，SIM 琼脂深层培养不要超过 24h。如果培养时间过长，吲哚会被进一步代谢。这样会使原本可代谢色氨酸产生吲哚的细菌呈现假阴性。

（2）向色氨酸大豆肉汤培养基中加入 Kovacs’ 试剂也可以检测是否产生吲哚。

（3）加入甲基红不要超过 5 滴。如果加入过多，这种外来颜色会使培养基变红，不代表特异性代谢产物的结果。

复习题

1. SIM 深层试管中什么成分适于检测细菌能否产生吲哚？

2. 哪种有机物质是检测细菌混合酸发酵所必需的？

3. 为什么要振荡 MR-VP 培养基？

4. 利用 2，3- 丁二醇发酵途径的细菌是否也可以利用混合酸途径发酵？列举支持你回答的理由。

5. 为什么检测细菌能否代谢柠檬酸需要组成明确的培养基？

6. 完成下面表格

检测内容	培养基	重要成分
吲哚	________	________________
甲基红	________	________________
Voges-Proskauer	________	________________
柠檬酸	________	________________

实验 23 蛋白质、氨基酸和酶 III：酪蛋白水解

安全注意事项

小心本生灯火焰和水浴锅。不可用嘴吸吸管。保持培养管正放在试管架或容器中。

实验材料

大豆胰蛋白胨肉汤培养基培养 24 ~ 48h 的大肠杆菌（ATCC 11229）、枯草芽胞杆菌（ATCC 6051）和铜绿假单胞菌（ATCC 10145）

数个计数琼脂试管（胰蛋白胨葡萄糖酵母琼脂）

接种环

无菌的培养皿数个

35℃的水浴

试管架

灭菌脱脂牛奶

沸水浴

48℃ ~ 50℃的水浴

本生灯

蜡笔

带有移液操纵器的 5mL 移液管

学习目标

1. 理解脱氨的生化过程
2. 通过酪蛋白水解检测确定细菌是否具有分泌蛋白水解酶的能力
3. 解释蛋白水解圈的含义

为什么本实验采用下列细菌？

本实验将学习如何通过酪蛋白水解检测确定细菌是否存在蛋白水解酶。为此，本实验将用到前面实验用到过的 3 种细菌。其中，大肠杆菌为阴性，而枯草芽孢杆菌和铜绿假单胞杆菌为阳性。

原理

酪蛋白（casein）是牛奶中含有的高分子蛋白质，不能自由渗进细菌细胞膜（这就是牛奶呈白色的原因）。因此，酪蛋白必须转化为氨基酸才能被部分细菌作为碳源和能源。细菌分泌**蛋白水解酶**（proteolytic enzyme），水解酪蛋白为氨基酸（图 23.1），后者被运

进细胞内分解。

当牛奶掺入计数平板琼脂中时，牛奶中的酪蛋白使平板变得浑浊。接种细菌后，分泌蛋白酶（如酪蛋白酶）的细菌将会产生**蛋白质水解圈** (zone of proteolysis)（在菌落周围有一个清晰的圈）。水解圈（阳性反应）是生成可溶性氨基酸的水解反应的结果（图 23. 2b）。阴性反应中，没有蛋白酶的活性，细菌菌落周围的培养基仍不透明。

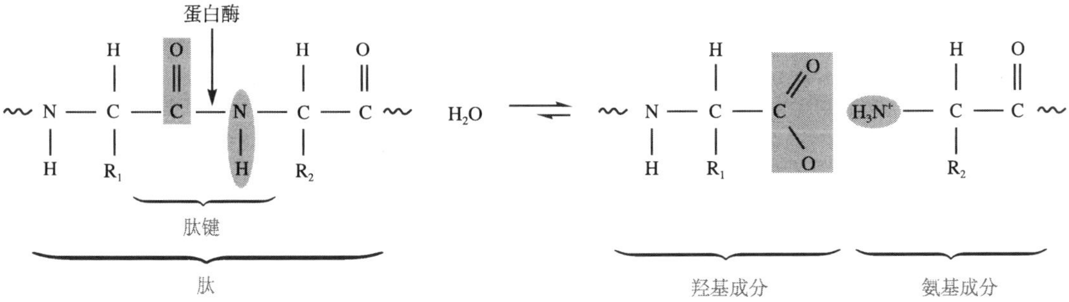

图 23.1　蛋白质水解。

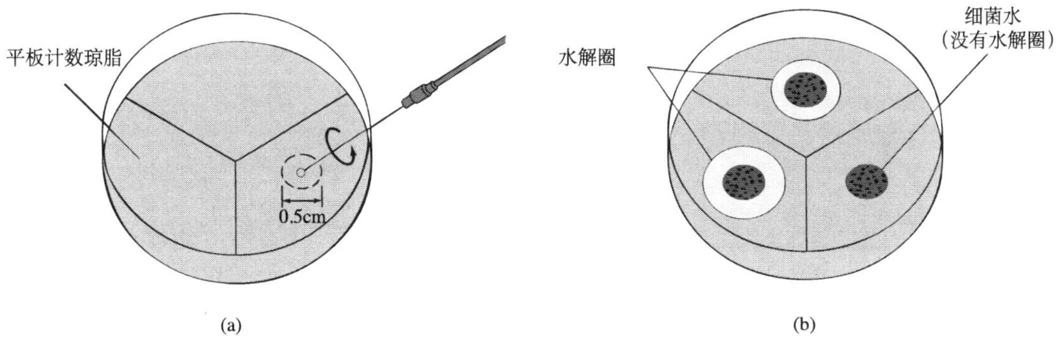

图 23.2　酪蛋白水解。（a）用含有牛奶的计数平板接种细菌。（b）出现两个蛋白质水解圈。

实验步骤

第一阶段

1. 在沸水浴中熔化盛有琼脂的试管。熔化后，置 48℃ ~ 50℃水浴 10min。

2. 用蜡笔在培养皿底部画线，将平皿分成 3 部分，分别标上：大肠杆菌、枯草芽孢杆菌、铜绿假单胞菌。再标上实验者姓名和实验日期。

3. 吸取 2mL 无菌的脱脂牛奶到培养皿中，牛奶事先在 48℃ ~ 50℃保温。加入熔化的琼脂，转动使之混匀。把平皿置于凉的平面上，让培养基凝固。

4. 如图 13.3 所示进行无菌操作，在标记部分接种相应的细菌（如图 23.2a）。取 1 满环的细菌接种到每个区域的中心部位，涂抹均匀，相当于角币大小（直径 5 ~ 18mm）。

5. 倒置平板，35℃培养 24 ~ 48h。

第二阶段

1. 检查各菌落周围是否有一个清晰的圈（即蛋白质水解圈）。在黑色背景下更容易看清楚水解圈。

2. 根据观察，判断哪种菌能水解酪蛋白，记录在实验报告中。同时测定每个菌落周围水解圈的大小。

提示与警告

无菌操作要规范，以防身上或空气中有水解酪蛋白能力的细菌污染，造成错误结论。

复习题

1. 解释下列术语：
   a. 蛋白质
   b. 水解作用
   c. 酪蛋白
   d. 蛋白酶
   e. 氨基酸
   f. 肽键
   g. 蛋白水解
2. 有牛奶的琼脂平板如何鉴定有无蛋白质水解能力?
3. 为什么一些不产生任何蛋白酶的细菌也能在含有牛奶的琼脂平板上生长?
4. 画出蛋白质水解作用的化学反应。
5. 本实验中为何使用无菌的脱脂牛奶?
6. 牛奶为什么呈白色?

实验 24 蛋白质、氨基酸和酶 V：过氧化氢酶活性

安全注意事项

小心本生灯火焰。不要用嘴吸吸管。过氧化氢对皮肤和黏膜有腐蚀性。所有的培养基试管都正置于试管架上。

实验材料

大豆胰蛋白胨肉汤培养基培养 18 ～ 24h 的 3 种菌：金黄色葡萄球菌（ATCC 25923）、粪肠球菌（*Enterococcus faecalis*，ATCC 19433)、藤黄微球菌（ATCC 9341）。

数个胰蛋白大豆琼脂培养基斜面

3% 的过氧化氢（有腐蚀性）或 Difco's 斑点测试的过氧化氢酶试剂

本生灯

带有移液操纵器的巴斯德吸管

试管架

干净载玻片

接种环

35℃培养箱

蜡笔

木制涂布棒或镍铬合金环

学习目标

1. 理解好氧菌通过产生过氧化氢酶消除过氧化氢毒性的生化过程
2. 描述如何检测过氧化氢酶
3. 掌握过氧化氢酶测试

为什么本实验采用下列细菌？

本实验将测定细菌是否产生过氧化氢酶。过氧化氢酶测试在细菌鉴定中非常有用。为此，选择了 3 种细菌：金黄色葡萄球菌 (L. *aureus*, 金黄色) 是革兰氏阳性球菌，有氧生长时，产生过氧化氢酶，其主要存在于温血脊椎动物的皮肤和黏膜，但也经常从食品，尘埃和水中分离到。粪肠球菌 (L. *faecalis*, 存在于病变部位和粪便中) 不产过氧化氢酶，革兰氏阳性球菌，其在环境中分布广泛，尤其是脊椎动物的粪便中。藤黄微球菌（L. *luteus*, 金黄色）产过氧化氢酶，革兰氏阳性球菌，其主要分布在哺乳动物皮肤和土壤中，但也常从食物和空气中分离到。

网络学习链接

来自 MicrobeLibrary(MicrobeLibrary@asmusa.org)

1. 图片—过氧化氢酶实验
2. 动画视频—过氧化氢酶实验

原理

部分细菌含有黄素蛋白，还原 O_2，生成**过氧化氢**（hydrogen peroxide, H_2O_2）或**超氧阴离子**(superoxide, O_2^-)。这些物质的毒性很强，因为它们具有很强的氧化能力，能够迅速破坏细胞组分。细菌必须能够保护自己不受这些氧产物的伤害，否则就会被杀死。

一些细菌的酶可以保护自己免受这些毒性氧产物的伤害。专性需氧菌和兼性厌氧菌通常产生**超氧化物歧化酶**（superoxide dismutase），来催化破坏超氧化物，**过氧化氢酶**（catalase）和**过氧化物酶**(peroxidase)也有这个功能，它们催化过氧化氢裂解的过程如下：

$$2O^-_2 + 2H^+ \xrightarrow[\text{歧化酶}]{\text{超氧化物}} \underset{\text{氧气}}{O_2} + \underset{\text{过氧化氢}}{H_2O_2}$$

$$2H_2O_2 \xrightarrow[\text{歧化酶}]{\text{超氧化物}} \underset{\text{水}}{2H_2O} + \underset{\text{游离的氧气}}{O_2}$$

大多数专性厌氧菌都没有这两种酶，因此不能耐受 O_2。

通过加过氧化氢底物到大豆蛋白胨斜面培养基中（正培养 18 ~ 24h），就可以检测是否产生过氧化氢酶及其活性。如果细菌产生过氧化氢酶，上面的化学反应就会释放氧气。如果形成气泡，是过氧化氢酶阳性。否则，则为过氧化氢酶阴性。

过氧化氢酶活性在细菌鉴定中很有用。例如，形态相近的粪肠道球菌(过氧化氢酶阴性)和葡萄球菌（过氧化氢酶阳性）能够通过过氧化氢酶实验区分 (图 24.1)。

实验步骤

第一阶段

1. 把欲培养的细菌名称和实验者姓名以及实验日期标示到大豆蛋白胨琼脂斜面试管上。
2. 无菌操作（图 13.3），划线接种相应的细菌接到标示好的斜面中。
3. 斜面 35℃培养 24h。

第二阶段

1. 为了测试过氧化氢酶，将培养基斜面放到一斜面上，然后吸取几滴 3% 的过氧化氢或者 3 ~ 5 滴 Difco's 斑点测试 过氧化氢酶试剂加到培养基斜面上。
2. 气泡出现表示阳性反应（图 24.1a），没有气泡是阴性反应（图 24.1b）。
3. 根据你的观察，判定每种菌是否有过氧化氢酶活性，并记录到实验报告中。

4. 注意：另一种过氧化氢酶实验的方法是用木制的涂布棒或镍铬合金环把生长菌转移到一载玻片上。然后加一滴 3% 的过氧化氢或者 1 滴 Difco's 斑点测试过氧化氢酶试剂混合进去。立即冒泡的为阳性（图 24.2）。

(a)　　(b)

图 24.1　过氧化氢酶斜面实验。（a）金黄色葡萄球菌，过氧化氢酶阳性。注意氧气气泡（左边的试管）；（b）粪肠球菌，过氧化氢酶阴性反应；没有气泡（右边的试管）。

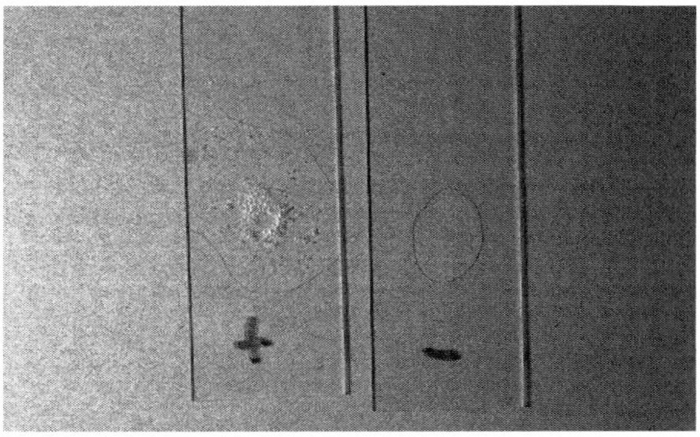

图 24.2　过氧化氢酶载玻片实验。阳性过氧化氢酶反应有气泡产生（左边载玻片）；阴性过氧化氢酶反应没有气泡产生（右边载玻片）。

提示与警告

（1）把过氧化氢的载玻片放入装有消毒剂的容器中进行处理。

（2）如果在同一实验阶段还想使用斜面做其他用途，可以通过加入过氧化氢到斜面里进行处理，以节约材料。

（3）从血液琼脂平板上挑取菌落必须千万小心。红细胞里有过氧化氢酶，即使一点点血细胞被转移进实验中来也会造成假阳性反应。

（4）过氧化氢不稳定，一般现用现配。

复习题

1. 过氧化氢酶对部分细菌有何意义？
2. 厌氧菌需要过氧化氢酶吗？给出你回答的理由。
3. 写出存在过氧化氢酶时，分解过氧化氢的化学反应式。
4. 过氧化氢酶实验可以区分哪两类细菌？
5. 黄素蛋白还原氧气的三种产物是：

   a.

   b.

   c.
6. 哪几种细菌会产生过氧化氢酶？
7. 过氧化氢酶反应的底物是什么？

实验25 蛋白质、氨基酸和酶类 VII：氧化酶实验和生物发光法

安全注意事项

小心本生灯火焰。严禁用嘴吸移液管。氧化酶试剂具有腐蚀性，避免接触眼睛和皮肤。如果不小心接触了，立即用大量的水清洗眼睛或皮肤至少 15min。注意不要直接接触紫外光，会对眼睛造成损伤。只能间接观察生物发光平板。

实验材料

大豆胰蛋白胨肉汤培养基培养 24h 的粪产碱杆菌（ATCC 8750）、大肠杆菌（ATCC 25922）、铜绿假单胞菌（ATCC 27853），以及费希尔氏弧菌（*Vibrio fischeri*, Carolina）

过夜培养物

胰蛋白胨大豆琼脂平板

海水琼脂平板

四甲基 -p- 苯二胺氟安定（氧化酶试剂），Difco 安瓿（1%）

本生灯

铂金或塑料环

蜡笔

带有移液操纵器的巴斯德吸管

氧化酶盘或干燥的载玻片（Difco）；氧化酶检测条（KEY Scientific 产品）；斑点测试氧化酶试剂（Difco）

木质涂布棒

滤纸

灭菌的棉签

学习目标

1. 理解氧化酶的生化性质
2. 描述根据细胞色素氧化酶活性鉴定细菌的实验过程
3. 列举氧化酶阳性和阴性的细菌
4. 掌握氧化酶实验

5. 利用海洋细菌观测生物发光

为什么本实验采用下列细菌?

本实验的目的是检测氧化酶活性。这可以根据细胞色素氧化酶活性鉴定细菌。实验采用了 3 种细菌。粪产碱杆菌（残渣或粪便中的 L. *faecium*）革兰氏阴性，好氧杆菌（球杆菌或球菌），严格有氧呼吸型代谢，氧作为末端电子受体，具有氧化酶。大肠杆菌是兼性厌氧的革兰氏阴性杆菌，具有呼吸和发酵两种代谢类型，不具有氧化酶。铜绿假单胞菌是革兰氏阴性，好氧杆菌，严格有氧呼吸代谢，氧作为末端电子受体，产生氧化酶。

本实验的第二部分涉及生物发光。通过在光合细菌海水琼脂培养基上培养海洋细菌费希尔氏弧菌（弯曲，革兰氏阴性杆菌），这个称为生物发光的生化反应可以在培养的第二天观察是否出现绿光或蓝绿光。

医学应用

氧化酶测试在临床实验室很有用，因为一些革兰氏阴性病原菌［例如：淋病奈瑟氏菌（*Neisseria gonorrhoeae*），铜绿假单胞菌和弧菌属（*Vibrio*）］是氧化酶阳性，而肠杆菌科（*Enterbacteriaceae*）则为氧化酶阴性。

网络学习链接

来自 MicrobeLibrary.org（MicrobeLibrary@asmusa.org）

图片—尿素测试

原理

氧化酶在有氧呼吸的电子传递过程中非常重要。**细胞色素氧化酶**（Cytochrome oxidase, aa_3 型）在将还原的细胞色素 c 氧化形成水和氧化型细胞色素 c 的过程中，利用氧作为电子受体。

通过加入氧化酶测试试剂或测试条（四甲基 -p- 苯二胺氟安定或氧化酶圆盘，p-minodimethylaniline）到已经在平板上生长的细菌，可以确定细菌能否产生细胞色素氧化酶。或者也可以使用木质的涂布棒，也可以将细菌样本快速接触 KEY 测试条或含有 Dry Slide 的氧化酶试剂区域。浅红色的氧化酶测试试剂（盘，条或棉签）作为人工底物，将电子传递给细胞色素氧化酶，在此过程中被氧化为紫色，然后呈深紫色（图 25.1，图 25.2）。如果存在深紫色物质就证明为阳性反应。颜色不变或为浅红色则表示氧化酶不存在，为阴性反应。

海洋弧菌属和发光杆菌属（*Photobacterium*）能够发出绿色或蓝绿色的光。这种现象称为**生物发光**（bioluminescence）。这在细菌与某些鱼类和乌贼的共生关系中很关键。例如，生活在发光鱼体内的发光杆菌属物种从其共生的鱼类获得营养，也成为鱼类吓退潜在捕食者的特殊方式。

萤光素酶催化该反应并利用还原性的黄素单核苷酸，分子氧和一个长链醛（甘油醛）

菌体内的生化反应

$$2\ 还原型细胞色素\ C+2H^{+}+{}^{1}/_{2}O_{2}\xrightarrow[氧化酶]{细胞色素}2\ 氧化型细胞色素\ C+H_{2}O$$

滤纸（圆盘 / 载玻片）上的生化反应

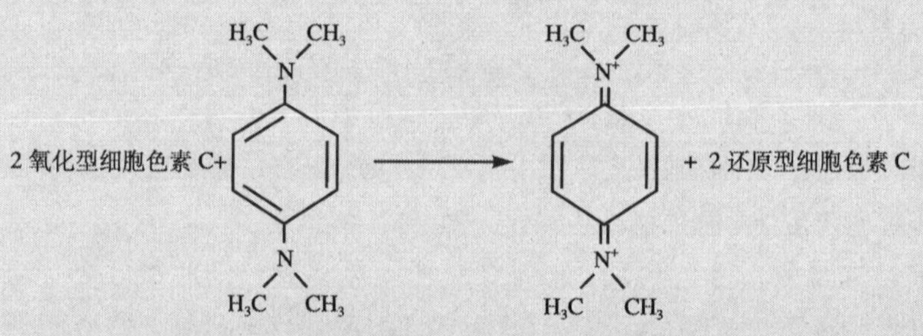

四甲基 -p- 苯二胺氟安定（试剂）　　Wurster's 蓝（深紫）

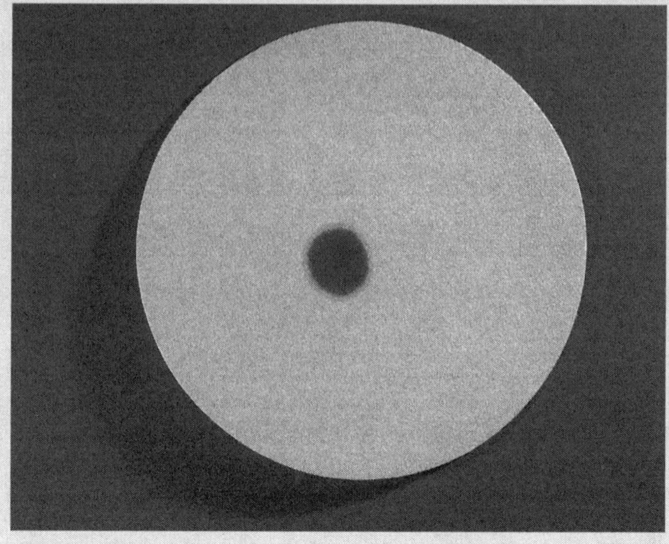

图 25.1　氧化酶反应。 注意菌落接触氧化酶浸泡过的滤纸后，颜色从蓝色变到深紫色。

作为底物。在这个过程中，$FMNH_2$ 外围的电子被激活。激活的 $FMNH_2$ 回到基态（FMN）时，释放出光。

$$FMNH_2+O_2+RCHO\xrightarrow{荧光素酶}FMH+H_2O+RCOOH+光$$

荧光素酶合成调控的研究表明，只有宿主体内的细菌数量达到临界值时，该基因才会表达。这种现象称为密度感应。这是许多细菌广泛利用来调控特定基因的表达的重要机制。

氧化酶测试的操作步骤

第一阶段

1. 使用蜡笔将胰蛋白酶大豆琼脂平板分为3部分，并标上拟培养细菌的名称，实验人姓名和日期。

2. 无菌操作（图13.3），将合适的细菌划线接种在琼脂表面。

3. 倒置平板，35℃培养24～47h。

第二阶段

1. 滴加2～3滴氧化酶试剂到每一个测试细菌的表面，或将带有氧化酶试剂的滤纸放在细菌菌落表面。将氧化酶盘放置在另外的细菌菌落上。加入1滴无菌水。如果有干燥的棉签或测试棒，就使用木质的涂抹棒将样本转移到棉签、测试棒或浸过氧化酶试剂的滤纸上，也可以将KEY氧化酶测试条放在斜面表面。如果必要，也可以用水浸湿。如果使用灭菌棉签，可将棉签轻触平板上的菌落。打开氧化酶注射瓶盖子，加入几滴试剂到接触过菌落的棉签。

2. 观察菌落或样本的颜色是否发生了从粉红色到蓝色，并最后变为深紫色的变化。这种颜色的变化在20～30s内进行。20～30s后的颜色变化可忽略，因为试剂的自氧化也会发生颜色改变。氧化酶阴性细菌不会发生颜色变化或只能产生一种浅粉红色。

3. 根据观察结果，确定是否每一种细菌都产氧化酶并记录在实验报告上。

生物发光演示

第一阶段

1. 费希尔氏弧菌的过夜培养，无菌操作，将其转移到海水琼脂平板上。

2. 培养12～24h。

第二阶段

在暗房中观察平板是否发光。眼睛需在暗处适应一段时间，才能看见生物发光。在开始的24小时内要经常观察平板，因为有时细菌发光仅仅限于几小时内（图25.3）。

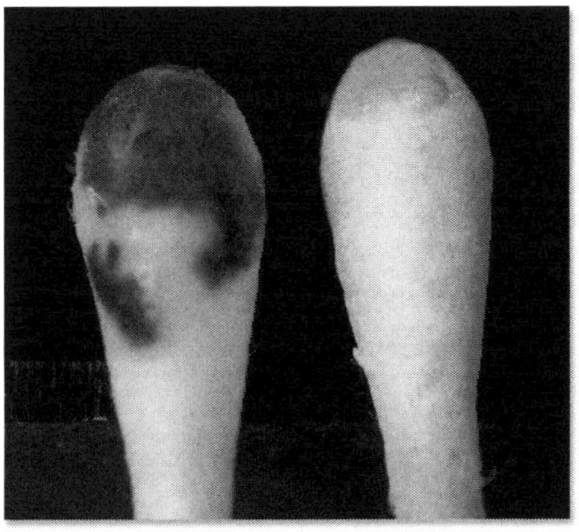

图25.2 氧化酶反应。左边的棉签显示氧化酶作用下，发生蓝色到紫色的反应，氧化酶反应阳性。右边的棉签为氧化酶阴性。

图25.3 在海水琼脂平板上的生物发光。费希尔氏弧菌的平板培养物。(©Kenneth Lucas/ Biological Photo Service)

提示与警告

（1）在加入氧化酶试剂后要立即观察颜色变化。20s 后的颜色变化是无效的。

（2）使用镍或其他含铁的接种设备可能会生成假阳性反应。

（3）如果用涂布棒转移细菌，用完涂抹棒后应立即放入消毒罐或专门装含有生物危险材料的袋子中。

复习题

1. 具有氧化酶活性的细菌的代谢有何特征?
2. 细胞色素氧化酶对具有该酶的细菌有何重要意义?
3. 厌氧细菌需要氧化酶吗? 解释你的答案。
4. 氧化酶测试中的试剂分别有何作用?
5. 氧化酶测试可以区分哪几类细菌?
6. 在氧化酶测试中，为何不应使用镍或其他含铁接种工具?
7. 氧化酶测试中有无局限性?

实验 26 蛋白质、氨基酸和酶Ⅷ：脲酶活性

安全注意事项

小心本生灯的火焰。所有培养管直立放在试管架或罐上。

实验材料

已在胰蛋白胨大豆琼脂斜面上生长 24 ～ 48h 的大肠杆菌 (ATCC 11229)、肺炎克雷伯氏菌 (ATCC e13883)、普通变形杆菌（ATCC 13315）和猪霍乱沙门氏菌 (*Salmonella cholerae-suis*，ATCC 29631)。

5 支尿素肉汤试管

本生灯

试管架

接种环

35℃培养箱

尿素平板 (Difco) 或者脲酶实验试管 (KEY Scientific 产品)

4 支无菌试管

蜡笔

无菌镊子

学习目标

1. 理解尿素水解的生物化学过程
2. 测定细菌通过脲酶降解尿素的能力
3. 判断哪些情况下需要进行脲酶测定
4. 掌握脲酶测定技能

为什么本实验采用下列细菌?

本实验将通过脲酶测定鉴定细菌是否具有以其脲酶降解尿素的性质。为此，实验选择了两种脲酶阳性的细菌（肺炎克雷伯氏菌和普通变形杆菌）和两种脲酶阴性的细菌 （大肠杆菌和猪霍乱沙门氏菌）。

医学应用

在临床实验室中，变形杆菌属、摩根氏菌属（*Morgarella*）、普罗威登斯菌属（*Providentia*）的成员可以通过其快速脲酶活性与其他肠道非乳糖发酵细菌［如沙门氏菌属、志贺氏菌属（*Shigella*）］进行区分。奇异变形杆菌是人尿道感染的主要致病菌。

原理

一些细菌可以产生**脲酶**（urease）来攻击酰胺化合物比如尿素中的碳氮键，形成终产物氨、二氧化碳和水（图 26.1）。

脲酶活性（**脲酶活性实验**，urease test）可以利用在含有尿素的培养基上生长的细菌和 pH 指示剂（比如酚红）检测。尿素被（细菌）水解后的产物氨在培养基中积累，

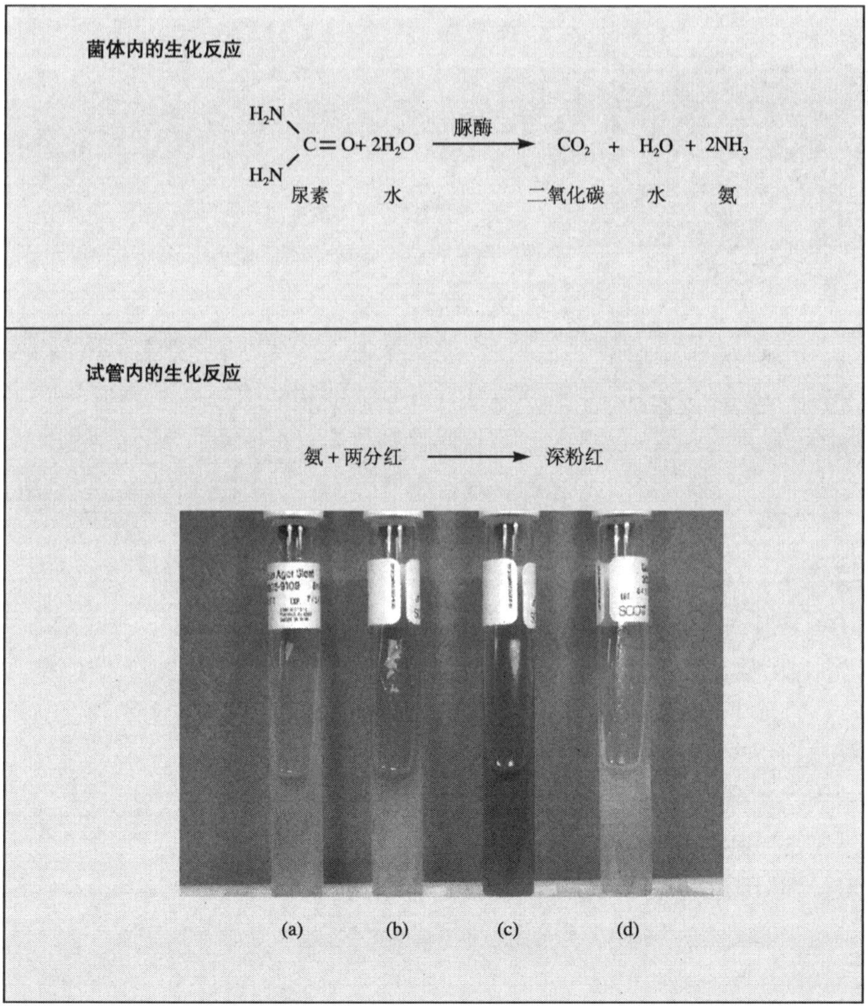

图 26.1 尿素水解。（a）未接种对照；（b）弱阳性反应（延迟阳性）；（c）非常快速的反应；（d）阴性反应。

培养基变成碱性，pH 升高。指示剂从橙红色变为深粉红色或者紫红色（樱桃色）。如果出现这些变化，就说明尿素水解为阳性。如果培养基未出现深粉红色，就说明该菌是阴性。

实验步骤

第一阶段

1. 在每支尿素肉汤试管上标明要接入细菌的名称、实验者姓名和日期。

2. 无菌操作，(图 13.3) 接入一环对应的菌种到每个试管中。

3. 将试管 35℃培养 24 ~ 48h。

尿素平板或试管

1. 加入 0.5mL（或 20 滴）无菌水到 4 个为 Difco 平板准备的无菌试管，或者向 1mL 蒸馏水加入 KEY 药片。

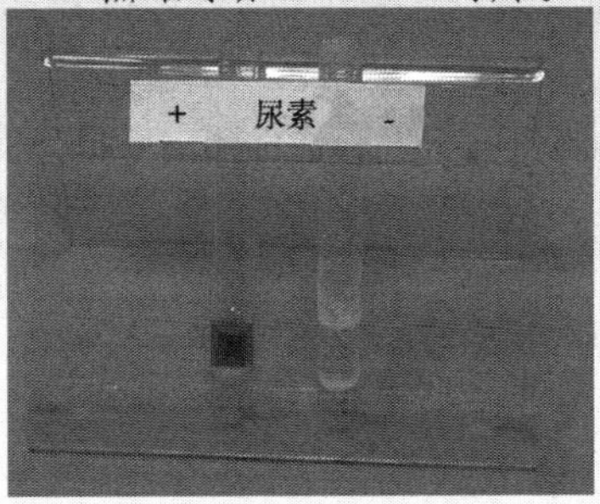

图 26.2　尿素的 KEY 检测。在培养后，出现粉红到红色，则是阳性（左边试管），如果持续呈现淡黄色，则为阴性（右边试管）。

2. 每管试管接入 1 ~ 2 环菌体，试管上标明实验者姓名和日期。

3. 使用无菌镊子，在每个试管中加入一小块尿素或者脲酶片。

4. 35℃培养 4h 后。每小时查看颜色变化。（如果必要，KEY test 可培养达 24h。）

第二阶段

1. 检查每管肉汤试管、尿素平板或者脲酶药片，确定其颜色（图 26.1 和图 26.2）。

2. 根据观察结果，在实验报告上记录每种细菌能否水解尿素。

提示与警告

一些细菌具有延迟的脲酶反应，因而其培养时间需要超过 48h。

复习题

1. 解释脲酶反应的生物化学机制。
2. 尿素肉汤培养基中加入酚红的目的是什么？
3. 哪些情况下适合进行脲酶测定实验？
4. 为什么尿素圆盘会改变颜色？
5. 就检测尿酶而言，尿素盘比肉汤试管有何优点？
6. 尿素肉汤中含有哪些成分？
7. 樱桃色是什么颜色？

实验27 蛋白质、氨基酸和酶 XI：硝酸盐还原

安全注意事项

小心本生灯的火焰，由于萘胺可能致癌（亚硝酸盐试剂 B），所以应该戴上一次性手套，并且避免皮肤接触和吸入气溶胶。亚硝酸盐试剂 A 的酸具有腐蚀性。避免接触皮肤及吸入挥发的气体。使用锌时要小心，避免接触或吞入。不要用嘴吸移液管。所有培养试管都直立放置在试管架上或罐中。

实验材料

大豆胰蛋白胨肉汤培养基上培养 24 ~ 48h 的大肠杆菌（ATCC 11229）、荧光假单胞菌（ATCC 13525）以及表皮葡萄球菌（ATCC 14990）

花园土

本生灯

接种环

带有移液操纵器的 1mL 移液器

硝酸盐培养试管或者硝酸盐琼脂斜面

亚硝酸盐测试试剂 A 或 Difco's 斑点测试硝酸盐试剂 A

亚硝酸盐测试试剂 B 或 Difco's 斑点测试硝酸盐试剂 B

锌粉或 Difco's 斑点测试硝酸盐试剂 C

试管架

35℃的培养箱

5 个灭菌试管

蜡笔

一次性手套

学习目标

1. 理解细菌硝酸盐还原的生化过程
2. 描述如何测定细菌的硝酸盐还原
3. 掌握硝酸盐还原实验技能

为什么本实验采用下列细菌?

本实验将掌握如何利用硝酸盐还原鉴定细菌。本实验选用了3种不同的细菌。表皮葡萄球菌不能以硝酸盐作为终末电子受体，不能还原硝酸盐。大肠杆菌只能将硝酸盐还原成亚硝酸盐。荧光假单胞菌（M.L. *fluoresco,* 荧光；萤光假单胞菌的特征是能够分泌在紫外照射下发黄绿荧光的扩散性色素）能够将硝酸盐完全还原成分子氮。

医学应用

许多肠道细菌能够还原硝酸盐，如致病菌大肠杆菌（尿道感染的条件致病菌）。肺炎克雷伯氏菌(肺炎细菌)，摩氏摩根菌（*Morganella morganii*）以及奇异变形杆菌(医源性感染菌)。还原硝酸盐的非肠道致病菌如金黄色葡萄球菌（葡萄球菌食物中毒，菌血症，不同的脓肿），以及炭疽芽孢杆菌（炭疽）。

原理

化能无机自养菌（通过化学氧化获得能量，以无机物作为电子供体，CO_2作为主要能源）及许多化能有机自养菌（生长需要有机物。有机物作为碳源和能源）在厌氧呼吸时，以硝酸盐（NO_3^-）作为终末电子受体如图27.1所示。这个过程中，**硝酸盐还原酶**（nitrate reductase）将硝酸盐还原为亚硝酸（NO_2^-）。有些细菌具有能够将硝酸盐还原成铵离子或分子氮的酶类。

细菌还原硝酸盐的性质能够用来分离和鉴定细菌。例如，大肠杆菌只能将硝酸盐还原为亚硝酸盐，荧光假单胞菌能够将硝酸盐彻底还原为分子氮，表皮葡萄球菌不能以硝酸盐作为终末电子受体。

硝酸盐还原测试 (nitrate reduction test) 将细菌培养在含有0.5%硝酸钾（KNO_3）的硝酸营养培养基试管中。培养后，检测培养基中是否产生气体和亚硝酸根离子。气体（CO_2和N_2混合物）来自柠檬酸循环（CO_2）和硝酸盐还原(NO_3^-)（图27.1）。加入对氨基苯磺酸和*N, N*-二甲基-1-萘胺可以检测培养基中的亚硝酸根离子。培养基中任何亚硝酸都将会和这些试剂反应，形成粉红或红色。

如果培养基无颜色变化，其可能性为：①细菌具有硝酸盐还原酶，也将亚硝酸进一步还原为铵或分子氮；②它们具有其他酶类，还原亚硝酸为铵；或③硝酸盐没有被细菌还原。判断硝酸盐是否经亚硝酸盐还原，可以加入少量锌粉或5～10滴的斑点测试硝酸盐试剂C到含有试剂的培养基中。锌能还原硝酸盐为亚硝酸盐。如果加入锌后，出现了粉色或红色，则证明硝酸盐未被细菌还原为亚硝酸盐。如果无红色出现，培养基中的硝酸盐就已经从亚硝酸盐被还原成铵或分子氮。

实验步骤

第一阶段

1.标记3支含有硝酸盐培养基的试管或斜面，分别培养不同的细菌（大肠杆菌、荧

菌体内的生化反应

$$\underset{\text{硝酸盐}}{NO_3^-} + \underset{\text{质子}}{2H^+} + \underset{\text{电子}}{2e^-} \xrightarrow[\text{还原酶}]{\text{硝酸盐}} \underset{\text{亚硝酸盐}}{NO_2^-} + \underset{\text{水}}{H_2O}$$

$$\underset{\text{亚硝酸盐}}{NO_2^-} \xrightarrow[\text{酶}]{\text{其他}} \underset{\text{氨离子}}{NH_3^+} \longrightarrow \underset{\text{氮气}}{{}^1/_2N_2}$$

试管内的生化反应

对氨基苯磺酸 +N,N- 二甲基 - 萘胺 + 亚硝酸盐
（无色）　　（无色）

⟶ 水 + 偶氮化合物
（红色）

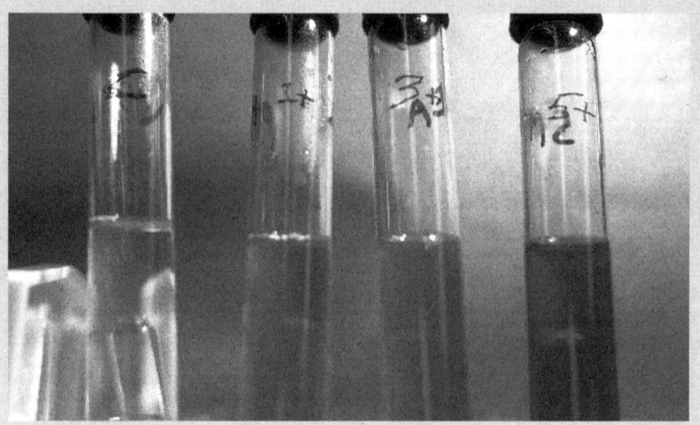

(C)　(1+)　(3+)　(5+)

图 27.1　硝酸盐还原反应。培养 24 ~ 48h 后，加硝酸盐试剂到培养管中。左边的试管（C）是阴性对照。第二管（1+）呈弱阳性。第三管（3+）阳性强些，右边第五管（5+）为强阳性，深红色说明还原硝酸盐为亚硝酸盐的能力强。

光假单胞菌、表皮葡萄球菌）. 标记第四管为“花园土壤”，第五试管为“对照”。每支试管写上实验者姓名和日期。对照管有两个目的：①检验培养基是否灭菌；②判断气

体是来自培养基的氧气还是细菌所产生。

2.无菌操作（图 13.3），接种相应的细菌到 3 支试管，第四管则接种大约 1g 土壤。

3.35℃培养 24 ~ 48h。

第二阶段

1.观察接种管的生长，以及对照管的不生长。

2.戴上一次性手套，用移液管将 0.5mL 的硝酸盐试剂 A 及 0.5mL 的硝酸盐试剂 B 加入到每个试管中并混匀（替代方案，约 5 ~ 10 滴的试剂也可）。如果未接种的对照培养基是阴性，出现明显的粉红色或红色，就表明为阳性。

3.阴性结果则需要进一步确证，方法是向试管中加入几粒锌粉或 5 ~ 10 滴 Difco's 硝酸盐试剂 C，然后轻轻摇晃试管。如果硝酸盐还在培养基中，5 ~ 10min 内就会出现红色。否则，就不会有颜色的改变。

4.在实验报告中记录结果。

提示与警告

（1）虽然加入硝酸盐试剂 A 和 B 时戴了一次性手套，但一旦这些溶液沾在手上，要立刻用肥皂清洗并用水冲洗至少 15min。

（2）非发酵细菌如果出现气泡，则为阳性。发酵型细菌则可能利用碳水化合物产生气体。

（3）非发酵细菌出现少量气泡或者气体，都表明是阳性。

复习题

1. 根据你的结果，哪种细菌是硝酸盐还原的阴性？哪种是阳性？
2. 如何解释土壤样品的结果？
3. 锌加入时出现红色，为何是阴性结果？
4. 细菌与硝酸盐还原酶作用的终产物是什么？
5. 本实验中对照管的作用是什么？
6. 如何用一个完整的实验证明是否存在硝酸盐还原反应？

第五部分

快速多参数检测系统

人是会使用工具的动物……离开了工具，人一无所长，有了工具，人就几乎无所不能。

Thomas Carlyle（苏格兰评论家、历史学家，1795—1881）

染色、形态观察、运动能力测定、培养生长情况、酶活性以及生化活性都能用来鉴定微生物。这些正是本书第二部分至第四部分的内容。确定这些特征需要大量的培养基、试管、培养板，以及大量时间。为了简化上述程序，人们开发了不少能够在相对较短的时间内鉴定医学重要微生物的多参数测定系统。为了利于快速鉴定，部分系统采用了可以计算机处理的统一编码流程。

这个部分介绍了两个鉴定系统：API20E 和 Enterotube II。两个系统主要都是为了鉴定革兰氏阴性菌、氧化酶阴性的肠杆菌（*enterobacteriaceae*）。

完成其中任何一个实验后，至少应具有使用适当的微生物鉴定系统以及准确记录显微镜视野观察结果的能力。这也是美国微生物学会核心课程实验操作技能第 4 条的要求（见 iii 页）。

下框列出了一些很常见的快速免疫测试试剂盒。它们能够快速鉴定临床标本中的病毒、细菌、真菌以及原生生物。

细菌抗原（bactigen, Wampole 实验室，Cranburg，NJ）

细菌试剂盒鉴定肺炎链球菌，b 型流感嗜血菌（*Haemophilus influenzae* type b）以及脑脊液、血清和尿液的脑膜炎奈瑟氏菌（*Neisseria meningitid¿s*）A、B、C 及 Y 组。

培养组 A 族链球菌 ID 试剂盒（Marion Scientific,Kansas City.MO）

这个试剂盒用于检测喉拈拭子中的 A 族链球菌。

检测抗原（Hynson, Wescott, 以及 Dunning, Baltimore,MD）

直接抗原脑膜炎检测试剂盒检测 b 型流感嗜血菌、肺炎假单胞菌以及 A 和 C 型脑膜炎菌。

直接抗原检测 A 族链球菌试剂盒用于直接检测喉拈拭子中 A 族链球菌。

直接抗原 RSV（Becton Dickinson Microbiology Systems, Cockeysville, MD）

用鼻咽部擦拭物，15min 之内可以鉴定呼吸道合胞体病毒。

Gono Gen（Micro-Media Systems, San Jose, CA）

Gono Gen 试剂盒检测淋病奈瑟氏菌。

Ora Quick（OraSure 技术，Bethleham，PA）（per others）

可在 10min 内检出唾液中的 HIV。

Quick Vue *H.pylori* 试剂盒（Quidel, San Diego, CA）

7min 检测出人体血液或体液中针对幽门螺旋杆菌的 IgG 抗体。

Remel, Inc.

Remel Xpect 隐胞菌试剂盒用于从粪便样品中迅速检测出隐胞子虫菌抗原。

Remel Xpect 甲第虫菌试剂盒能够检测出不断脱落的甲第虫抗原。

Remel 酵母C/N 筛选能够检测出新型隐球酵母。

Remel 抗酵母平板能够鉴定酵母。

Remel 微生物 ID 李斯特系统能够鉴定李斯特菌。

Staphaurex（Wellcome Diagnostics，Triangle Park 研究，NC）

Staphaurex 能够在 30s 内筛选及确证金黄色葡萄球菌。

SUDS HIV-1Test（Murex 公司，Norcross,GA）

10min 内鉴定出抗 HIV-1 抗原的抗体。

Sure Cell Herps (HSV) Test(Kodak, Rochester,NY)

几分钟之内鉴定出疱疹病毒。

实验28

API 20E 系统

安全注意事项

小心本生灯的火焰。不要用嘴吸移液管。由于亚硝酸盐实验试剂 B 可能致癌，实验中戴上手套，避免皮肤接触和吸入。亚硝酸盐实验试剂 A 中的酸具有腐蚀性。三氯化铁溶液具有刺激性。避免皮肤接触和吸入其蒸汽。不要吸入锌粉。

实验材料

API 20E 系统条、培养盘及盖子。（bioMérieux Vitek）

生长有肠杆菌科未知细菌的胰蛋白胨大豆琼脂斜面或平板。

装有 5 mL 灭菌的 0.85% 生理盐水的有盖试管。

50 mL 装有自来水的塑料洗瓶。

带有移液操纵器的 5mL 移液管。

氧化酶检测试剂或者平板、试纸

培养皿

胰蛋白胨大豆琼脂平板

2 号滤纸

10% 氯化铁

Barritt's 试剂 A 和 B

灭菌矿物油

装有 McFarland NO.3($BaSO_4$) 标准菌株的试管。

铂金接种环（不要使用镍铬合金的金属环）或者木质的涂布棒

本生灯

Kovacs' 试剂

亚硝酸盐实验试剂 A 溶液和 B 溶液

锌粉或者 20 目的颗粒锌

1.5% 过氧化氢

35℃ ~ 37℃的培养箱

API 20E 快速检索册

试管架

蜡笔

一次性手套

学习目标

1. 理解使用 API 20E 系统为何要先检测氧化酶。
2. 正确接种 API 20E 系统。
3. 读取并记录培养 18 ~ 24h 后的生物化学反应。
4. 确定七位数字的编码号。
5. 查找 API 20E 系统快速检索小册子，确定未知菌种的名称。

医学上的应用

API 20E 和 Entertube Ⅱ系统在临床实验中被用于鉴定肠细菌。包括大肠杆菌（机会性尿路感染），奇异变形杆菌（机会尿路感染），痢疾志贺氏菌（细菌性痢疾），伤寒沙门氏菌（伤寒）和鼠疫耶尔森氏菌（鼠疫）。

原理

API 20E 系统是传统生物化学鉴定肠杆菌科和其他革兰氏阴性细菌的标准化、小型化的发展。该系统可以鉴定 127 个分类单元。它是一个容易使用、小型的系统，可以对来自适当初步培养的纯培养进行 22 种标准的生物化学分析。

（a）所有结果：阳性

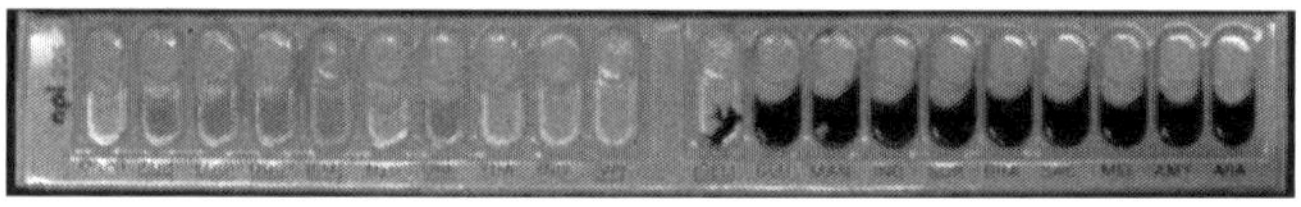

（b）所有结果：阴性

图 28.1　API 20E 手动微生物菌种生物化学鉴定系统。（a）阳性结果；（b）阴性结果。（Analytab Products, Inc., Plainview, NY）

这个系统是一含有 20 个小室的条状物（图 28.1）。每个小室有一个小管和一个称为杯状凹的**凹陷** (cupule)。试管中含有脱水底物。加入的细菌盐悬浊液可以再水化底物。部分小管加入无菌矿物油，形成厌氧环境。小管条置于 35℃ ~ 37℃培养 18 ~ 24h，以便细菌作用于小管中的底物。在代谢物或者加入的试剂与不同的指示剂系统作用后，读取条带上明显的颜色变化（图 28.1）。鉴定未知菌种包括确定一个七位数的**轮廓索引** (profile index number)，然后，检索 **API 20E 轮廓识别系统** (API 20E

Profile Recognition System) 或 **API 20E 轮廓索引小册子** (API 20E Profile Index Booklet)。图表也可以用来鉴定未知菌种（参看附录 G）。

实验步骤

第一阶段

1. 用涂布棒或接种环无菌操作（见图 13.3），从未知的划线平板或纯培养基斜面上选取一个完全分离的菌落。在滤纸的小的区域内涂布少量菌落。加几滴氧化酶试剂。注意颜色变化(参见实验25, 图25.1)。你也可以使用实验25描述的氧化酶测试条或者圆盘。

2. 转移另 1 环细菌到含有 5mL 无菌生理盐水的实验试管中（如果用涂布棒，则用棒尖蘸取菌落），盖上试管，振荡试管。浑浊度应该达到 McFarland No.3（$BaSO_4$）的标准。如果必要，可再加点菌体。

3. 在培养托盘的延伸侧翼处标记实验者姓名和日期。从洗瓶中加 5mL 水到托盘底部，这样可以提供潮湿的培养环境。

4. 从密封袋中取出塑料 API 条，把它放到培养托盘里。重新密封上袋子，这样可以保护余下的检测条。

5. 振荡 5mL 的细菌悬浊液。去掉盖子，用 5mL 吸管吸取菌液。（倾斜检测条以免产生气泡）按如下方法孵育检测条：

a. 倾斜 API 20E 培养托盘并把吸管尖抵住每个杯状凹的边缘。填满 ONPG、TDA、IND、GLU、MAN、INO、SOR、RHA、SAC、MEL、AMY 和 ARA 小管。

b. 轻轻地填满 ADH、LDC、ODC、H_2S 和 URE 小管。注意这些小管衬在检测条里。

c. 填满 | GIT |，| VP | 和 | GEL | 小管和杯状凹部分。注意这些小管在检测条上有支架。

d. 接种后，用矿物油填满 ADH、LDC、ODC、H_2S、URE 小管的杯状凹部分，形成厌氧环境。

6. 培养托盘加盖，35℃培养 18 ~ 24h。如果 24h 后检测条还没有明确的结果，将其放到 2℃ ~ 8℃冰箱，直到有明确的结果。

7. 取部分菌悬液在胰蛋白大豆琼脂平板上做分离划线，以确保菌悬液的纯度。

第二阶段

1. 培养 18h 后，24h 前，记录不需要添加反应试剂的反应（不读取 TDA、VP 和 IND 的结果）。表 28.1 总结了这些反应。在实验 28 的实验记录本中的 24h 表格中，记录这些结果，“+”表示阳性反应，“–”表示阴性反应。同时记录颜色。

2. 如果 GLU 小管反应阴性（蓝色或绿色），不要加入反应试剂。

表 28.1 结果总结——18 ~ 24h 实验步骤

	对反应的判读		
试管	阳性	阴性	评论
ONPG	黄色	无色	（1）任何黄色的颜色表明阳性反应 （2）加入反应试剂前，VP 试管可作阴性对照
ADH	培养 18~24h 红色或橙色 36~48h 红色	 黄色 黄色或橙色	36~48h 内发生橙色反应表明反应阴性
LDC	18~24h 红色或橙色 36~48h 红色	黄色 黄色或橙色	18~24h 内出现任何橙色表明反应阳性。36~48h 的橙色脱羧酶反应阴性
ODC	18~24h 红色或橙色 36~48h 红色	黄色 黄色或橙色	在 36~48h 内发生橙色反应表明反应阴性
CIT	绿松石色或深蓝	浅绿或黄色	（1）试管和杯状凹要填满 （2）好氧区域（杯状凹）的反应为红色
H_2S	黑色沉淀	没有黑色沉淀	（1）H_2S 产物会在试管底部形成从深黑色到浅黑色的沉淀。判定结果前需仔细地检查试管底部 （2）培养液变成“棕色”表明阴性反应，否则会出现黑色沉淀。TDA 阳性微生物呈棕色
URE	18~24h 红色或橙色 36~48h 红色	黄色 黄色或橙色	选择了一种低灵敏性的方法 克雷伯氏菌属（*Klebsiella*），变形杆菌属，耶尔森氏菌属（*Yersinia*）通常呈阳性反应
TDA	加入 1 滴 10% 三氯化铁	黄色	（1）立即反应 （2）吲哚阳性生物由于产生吲哚，可以形成一种金橙色。这是阴性反应
IND	加入 1 滴 Kovacs’ 试剂	黄色	（1）反应结果应该在加入 Kovacs’ 试剂后 2min 内读取并记录 （2）数分钟后，Kovacs’ 试剂中出现的 HCl 可以与杯状凹的塑料反应，颜色从阴性的黄色变成棕红。这是阴性反应
VP	加入 1 滴 40% 氢氧化钾，然后加 1 滴 6% α - 萘酚 红色	无色	（1）在判定反应阴性之前要等 10min （2）10min 后出现淡粉红色表明阴性反应。加入反应试剂后立即出现淡粉红色，然而在 10min 后变成深粉红色或红色，表明反应阳性。悬滴法或者湿法制片可以观察细菌是否具有运动能力
GEL	可扩散色表	不扩散	（1）固体的明胶颗粒接种后会在试管中扩散。除非出现扩散，否则反应为阴性 （2）任何程度的扩散表明反应阳性
GLU MAN INO SOR RHA SAC MEL AMY ARA	黄色或灰色 黄色	蓝色或蓝绿色 蓝色或蓝绿色	适用所有碳水化合物利用的评述 **发酵**（肠杆菌科，气单胞菌属（*Aeromonas*），弧菌属） （1）碳水化合物发酵发生在试管的最厌氧部位。因此，反应要从试管的底部到顶部观察 （2）试管底部出现的黄色只表示微弱或者延迟的阳性反应 **氧化作用**（其他革兰氏阴性菌） （1）碳水化合物的氧化利用发生在试管氧最丰富（顶部）的部位。因此，反应要从试管的底部到顶部观察 （2）在试管的上半部分出现黄颜色，试管的底部出现蓝色则表明糖被氧化利用。用于判定这个反应非革兰氏阴性肠杆菌属细菌时，为阳性。对于发酵微生物如肠杆菌属菌而言，反应为阴性
GLU 硝酸盐还原	在读 GLU 反应后，加入 2 滴 0.8% 对氨基苯磺酸和 2 滴 0.5%*N,N*- 二甲基 - α - 萘胺 二氧化氮 氮气 / 红色 气泡：加入反应试剂锌后呈黄色	黄色 加入反应试剂和锌后呈橙色	（1）在加入反应试剂前，观察试管（阳性或阴性）有无气泡。气泡意味着硝酸盐被还原到含氮（氮气）状态 （2）阳性反应在 2~3min 内出现红色 （3）加入锌粉或者 20 目锌粒以确定阴性反应。10min 后出现粉红 - 橙色确定反应阴性。黄色表明硝酸盐被还原为含氮（氮气）的状态
MAN INO SOR 过氧化氢酶	在读取碳水化合物反应后，加入 1 滴 1.5%H_2O_2 气泡	没气泡	（1）出现气泡需要 1~2min。 （2）没有发酵产气的试管可以获得最好的实验结果。

续表

试管	化学 / 物理原理	组分	
		反应成分	数量
ONPG	无色的 ONPG 被 β - 半乳糖苷酶水解，释放黄色的邻 - 硝基苯酚。IPTG（异丙基 - β -D- 硫代半乳糖苷）作为诱导剂	ONPG ITPG	0.2mg 8.0μg
ADH	精氨酸双水解酶把精氨酸转变成鸟氨酸、氨水和二氧化碳。这会导致酸缓冲系统的 pH 升高，使指示剂从黄色变成红色	精氨酸	2.0mg
LDC	赖氨酸脱羧酶把赖氨酸转化成碱性的伯胺、尸毒碱。这会导致酸缓冲系统的 pH 升高，使指示剂从黄色变成红色	赖氨酸	2.0mg
ODC	鸟氨酸脱羧酶把鸟氨酸转化成碱性的伯胺、四甲烯二胺，这会导致酸缓冲系统的 pH 升高，使指示剂从黄色变成红色	鸟氨酸	2.0mg
CIT	柠檬酸盐作为唯一的碳源。利用柠檬酸盐会引起 pH 升高，使指示剂从绿色变成蓝色	柠檬酸钠	0.8mg
H_2S	硫化氢由硫代硫酸盐产生。硫化氢与铁盐的反应产生黑色的沉淀	硫代硫酸钠	80.0μg
URE	脲酶从尿素中释放氨水，氨水引起 pH 升高，使指示剂从黄色变成红色	尿素	0.8mg
TDA	色氨酸脱氨酶把色氨酸变成吲哚丙酮酸。吲哚丙酮酸在三氯化铁存在的情况下，生成棕红色	色氨酸	0.4mg
IND	色氨酸的代谢产生吲哚。Kovacs’试剂与吲哚生成颜色复合体（粉红到红色）	色氨酸	0.2mg
VP	丙酮酸钠可以生成乙酰甲基甲醇，一种葡萄糖代谢的中间产物，这个过程可以与颜色复合体指示。传统的 VP 实验要花 4 天时间。如果使用丙酮酸钠，API 可以缩短实验时间。当反应为阳性时肌酸可以加强颜色反应	丙酮酸钠 肌酸	2.0mg 0.9mg
GEL	蛋白水解酶造成的明胶液化会导致整个试管部分有黑色的色素	Kobn 活性炭明胶	0.6mg
GLU MAN INO SOR RHA SAC MEL AMY ARA	利用碳水化合物导致酸形成与 pH 下降。指示剂从蓝色变成黄色	葡萄糖 甘露醇 肌醇 山梨醇 鼠李糖 蔗糖 蜜二糖 苦杏仁苷 （L+）阿拉伯糖	2.0mg 2.0mg 2.0mg 2.0mg 2.0mg 2.0mg 2.0mg 2.0mg 2.0mg
GLU 硝酸盐还原	亚硝酸盐与对氨基苯磺酸，*N*，*N*- 二甲基 - α - 萘酚形成红色复合物。在阴性反应中，加入锌粉可以将硝酸盐还原为亚硝酸盐（粉红 – 橙色）若颜色变化，则有未原来的硝酸盐。如果加入锌粉后不出现颜色变化，则意味着硝酸盐已经被完全还原，从硝酸盐生成氮气或非气体的胺	硝酸钾	80.0μg
MAN INO SOR 过氧化氢酶	过氧化氢酶催化过氧化氢生成氧气		

来源：© bioMerieux Vitek,Inc., Hazelwood, MO. 经过允许后重印。

如下简写被使用：ONPG(β - 半乳糖苷酶), ADH(精氨酸双水解酶), LDC(赖氨酸脱羧酶), ODC(鸟氨酸脱羧酶), CIT（柠檬酸），H_2S（硫化氢），URE(脲酶), TDA(色氨酸脱氨酶), IND（吲哚），VP(Voges-Proskauer), GEL(明胶), GLU（葡萄糖），MAN（甘露醇），INO(肌醇), SOR(山梨醇), RHA(鼠李糖), SAC(蔗糖), MEL(蜜二糖), AMY(苦杏仁苷), ARA(阿拉伯糖)。

葡萄糖测定实验阴性表明未知菌种不属于肠道杆菌属。实验不能再像本实验列出的那样继续推进了。

3. 如果 GLU 试管反应阳性（黄色，不论有无气泡），按照列表给出的顺序添加反应试剂。加入反应试剂等待适当的时间后，立即读取结果。收集所有数据后再盖上试管盖子。在实验记录本上记录按照步骤获得的结果。

a. 向 TDA 微型试管中加入 1 滴 10% 三氯化铁。出现棕红色说明反应呈阳性，黄色说明反应阴性。

b. 向 VP 微型试管中加入 Barritt's A（α-萘酚）和 B（40% KOH）溶液各 1 滴，应先加入 KOH。发生反应需要 10min。阳性反应为粉红色到红色。无颜色变化说明反应阴性。

c. 向 IND(吲哚) 微型试管中加入 1 滴 Kovacs' 反应试剂。2min 内出现红色环说明反应阳性，如果是黄色环则说明反应阴性。

d. 检验 GLU(葡萄糖) 是否出现气泡，判断反应性质。出现气泡意味着亚硝酸盐被还原并生成了产物氮气（参见实验 27）。在实验 28 的实验报告记录有无气泡。

e. 向 GLU 微型试管中加入亚硝酸盐反应试剂各 2 滴。如果硝酸盐被还原，红色会在 2 ~ 3min 内出现（伴有或无气泡出现）。这是阳性反应，而黄色说明反应阴性。

f. 如果实验是阴性的，加入少许锌粉。10min 内出现粉红 - 橘红色提示未发生硝酸盐还原。黄色表明生成氮气。

g. 向 MAN, INO, SOR 的杯状凹中加入 1 滴过氧化氢。如果细菌产生过氧化氢酶（参见实验 24），2min 内将出现气泡，反应为阳性。无气泡则说明实验阴性。

4. 在将所有的反应结果记录到报告纸上后，按照如下说明，确定七位数的“谱号”：

a. 在每个实验部分内，添加只呈阳性的反应数目。

b. 在标有“谱号”的格子中填写各部分阳性结果的总数。这个七位数代表未知肠道菌的谱号。

c. 在 API 20E 快速检索小册子中查对谱号，鉴定菌种（参见附录 G）。

5. API 20E 系统用毕，整个单元必须高压灭菌、焚烧，或者用杀菌剂浸泡后才能被抛弃。

提示与警告

（1）确保培养基充分混匀，对照 McFarland 标准，确保接种量一致。

（2）排除杯状凹中的气泡。

（3）加入了反应试剂后，观察完所有反应之前，不要盖上盖子。

复习题

1. 在 PAI 20E 系统中，无菌矿物油的作用是什么？
2. 在临床实验中，API 20E 系统被用于鉴定哪类病原？
3. 为什么 API 20E 系统推荐的培养时间是 18 ~ 24h？
4. 能否用 API 20E 系统鉴定革兰氏阴性，氧化酶阳性细菌？说明你的理由。
5. 杯状凹是什么？
6. 谱索引号是什么？
7. 用 API 20E 轮廓索引小册子能发现什么？

第六部分
未知微生物的鉴定

名字重要吗？把玫瑰花叫做别的名称，它还是照样芳香。……William Shakespeare

（英国诗人、戏剧家，1564—1616）

实验 6 ～ 11 和 19 ～ 28 旨在让学生了解不同微生物的形态、染色、培养和生物化学数据特征。这些检测方法广泛应用于所有微生物实验室的细菌鉴定。这需要尽可能多收集微生物相关的信息，一旦信息俱全，即可用于鉴定该种微生物。

《伯杰氏系统细菌学手册》（*Bergey's Manual of Systematic Bacteriology*）第一版有四卷，用于微生物鉴别。（本实验手册将继续使用第一版。）例如，在《伯杰氏手册》中，细菌按照革兰氏染色反应、细胞形态、细胞排列、需氧量、运动性、营养和代谢特征进行分类。

1994 年，第九版《伯杰氏鉴定细菌学手册》（*Bergey's Manual of Determinative Bacteriology*）出版。它是在内容不完整的旧版本基础上的一个新尝试，试图合并系统和鉴定信息。在《伯杰氏系统细菌学手册》中仍保留了系统性信息，而鉴定手册在鉴定未知细菌时可以作为一个参考助手。第九版计划成为鉴定已被描述和培养细菌的唯一标准。但它们仅代表了自然存在微生物的一小部分，数量稀少。很多工作还有待完成，将来的伯杰氏手册将变得更加全面。

本手册的第六部分（第 29 章和 30 章）首先给学生介绍正确使用《伯杰氏系统细菌学手册》的方法，并应用于常见的未知革兰氏阳性和革兰氏阴性细菌混合物的鉴定中。

完成第六部分的两个实验后，下列实验思考技能至少应当提高，包括：

（a）按照实验说明操作；

（b）系统地收集和整理数据；

（c）评价数据的有效性（包括完整性和重要性）；

（d）依据结果得出适当结论。

这将达到美国微生物学会核心课程实验操作技能第 1 条和思考技能的第 2 条的要求（见 v ～ vi 页）。

David Hendricks Bergey
(1860—1937)(国家医学图书馆)

Bergey 是美国细菌学家，他首次提出了细菌分类系统。在这个系统中，细菌根据革兰氏反应、代谢和形态特征进行分类，每一类又被进一步划分为目、科、属、种。

第一版《伯杰氏鉴定（系统）细菌学手册》出版于 1923 年出版。经过多年，伯杰氏手册已成为国际上细菌分类学广泛使用的参考工具。最初，Bergey 博士是《伯杰氏手册》的名义所有权人。1936 年，他签约将该书所有出版收入只用于准备、编辑和出版《伯杰氏手册》的修订版和后续版本，以及为此所必需或任何有价值的研究。现在，《伯杰氏手册》已经是全球合作的结晶，涉及 13 名编辑委员会成员和来自 19 个国家的 200 多专家的贡献。

实验29 使用《伯杰氏系统细菌学手册》鉴定细菌

实验材料

Krieg. N. R., ed. 1984《伯杰氏系统细菌学手册》, 主编是 J. G. Holt, vol. 1. Baltimore, Maryland：Williams & Wilkins。

Sneath, P. H. A., Mair, N. S. 以及 Sharpe, M. E. 1986《伯杰氏系统细菌学手册》, 主编是 J. G. Holt, vol. 2. Baltimore, Maryland： Williams & Wilkins。

学习目标

1. 使用《伯杰氏手册》鉴定未知的细菌菌株。
2. 使用《伯杰氏手册》了解一类细菌的更多信息。

原理

《伯杰氏系统细菌学手册》旨在帮助鉴定未知的细菌，同时提供每组细菌的生物学信息。第一版分为四卷三十三节。每一节都包括一些共有的容易确定的特征，以这些特征或其中描述的细菌来作节名。用于分节的特征通常是形状或形态学、革兰氏染色特性、好氧与否、运动性、是否存在内生孢子、产生能量的模式。每一卷集中描述一类细菌。

卷一：一般性、具有重要医学或工业意义的革兰氏阴性菌。

卷二：非放线菌的革兰氏阳性菌。

卷三：具有明显特征的革兰氏阴性菌、蓝细菌及古菌。

卷四：放线菌（革兰氏阳性丝状细菌）。

每卷开始都有几篇介绍细菌分类学不同方面的有价值的概述性文章。它们包括诸如如何使用手册、细菌分类以及命名法、细菌的鉴定、细菌参考菌株的收藏以及更高的细菌分类单元。卷与卷之间连续编排页码。例如，卷一末为 964 页，卷二的起始就是 965 页。

第一版《伯杰氏手册》各章节之间的内容差异很大。有些只包含一个主要的细菌分类单元。例如，第 1 节只有螺旋体目，其他章节有超过一个科的（第 5 节，兼性厌氧革兰氏阴性杆菌）或超过一个目的（第 9 节，立克次氏体和衣原体）。许多章节缺乏超过属水平的分类单元（第 13 节，内生孢子，革兰氏阳性杆菌及球菌）。有些部分含有归入“其他属”或“其他微生物”的细菌。这些细菌属于这些节，但尚未归入公认的科。

每一篇关于一个属的细菌文章都按照特定的顺序编写，以便尽可能有效地提供必需的信息。下面为部分重要内容：

1. **属名** 粗体表示公认的名称。

2. **概述** 为了方便，提供了属特征的简要描述。黑体标出最重要的特征。

3. **更多的描述性信息** 然后给出该属更多的生物学属性描述。描述并不是非常彻底，但提供了许多有用的信息，如形态、生长条件及营养、生理及代谢、遗传学、致病性以及生态学。

4. **富集及分离** 列举了培养细菌的特定方法。

5. **区分不同种属** 通常以表格的形式列出了区别不同种属的特别有用的特征。

6. **分类学建议** 这部分总结了将某属放到现在位置的理由，也讨论了将种归到该属的原因。

7. **区分属内的不同种** 通常用表格描述和列举了区分种的最有用的特征。

8. **同一属的各个种的清单** 描述了同一属的每一个种。多数必需信息总结在表格中。

描述细菌属时，采用了三种形式的表格来总结大量信息：①区分相关属的表格；②区分属内不同种种的表格；③关于特定种的额外信息的表格。表格中使用了不同符号。最重要的符号定义如下：

\+ 90% 或以上菌株都具有该特征；

– 90% 或更多的菌株不具备该特性；

d 11% ~ 89% 的菌株具有该特征；

v 菌株不稳定（不等于“d”）；

D 在不同的分类单元中有不同的反应（同一属的种或同一科的不同属）。

表格的脚注列出了其他符号，以及上述符号的例外。

可以遵循如下步骤，利用该手册鉴定未知菌种。第一步，依据革兰氏染色及一般形态，确定用哪一卷。例如，大多数革兰氏阴性菌都位于卷一，一般的革兰氏阳性菌（不包括放线菌）则在卷二。学生实验采用的未知菌种多数都可以在这两卷中找到。第二步，找到合适的卷的目录，仔细研究每一节的描述性标题。标题应当提供足够信息，确定未知菌株是否属于某一节。用每一节开始的关键词或表格确定未知菌所在的属。一旦确定了合适的属，用属和种描述的信息可以确定未知菌的位置。最终鉴定未知菌需要综合属和种的表格及相关描述性信息，因为属的描述性信息涉及的特征一般在种的描述性特征中不再重复出现。

两个具体的例子有助于理解上述利用《伯杰氏手册》鉴定未知菌的方法。首先，假设你正在设法鉴定一种革兰氏阴性、兼性厌氧杆菌，该菌氧化酶阴性，具有周生鞭毛。因为是革兰氏阴性菌，所以你首先会在卷一中寻找。查看第一卷的目录，兼性厌氧的革兰氏棒状杆菌在第 5 节。408 页的表格 5.1 区分了第 5 节中的 3 个科。未知菌是具有周生鞭毛、氧化酶阴性的一种杆菌，属于**肠杆菌科**。408 ~ 420 页详细描述了这个科的特征。414 ~ 417 页表 5.3 的生化特性可以用来暂时鉴定属。属的确定可以依据 420 页开始的描述。属的扼要描述中，黑体字部分的性质是重点。

现在假设未知菌是革兰氏阳性、兼性厌氧球菌、链状或成对生长，过氧化氢酶阴性，发酵葡萄糖产生乳酸。因为未知菌是革兰氏阳性，以及不是放线菌，所以就在第二卷查找。目录中，所有的 6 节中只有第 12 节包含革兰氏阳性球菌。第 999 ~ 1001 页的表 12.1 可以用来鉴定这个属。因为未知菌兼性厌氧，查找描述兼性厌氧菌的表格（第 1000 页），发现最吻合的是葡萄球菌。因为它链状或成对生长，产乳酸。通过第 1043 页描述的种属简要特征以及第 1046 页“链球菌属与其他分类单元的区分”可以验证上述鉴定结果。从第 1047 页开始的种的列表的描述性信息中可以鉴定到种。特别值得一提的是，第 1048 页及其他地方的简表在种的鉴定中很有用。

用目录指示手册中具体的章节时需十分谨慎。如果未知菌株的性质有多处与该章节的主要菌株不一致，可能是将未知菌放错了位置。问题一般出在革兰氏染色或其他基础的实验操作。出现这种情况时，最好重新核对用于选择卷与节的实验结果。

同时要注意，同一种的不同菌株之间往往也存在许多差异。细菌可能在某一测试指标方面不符合种的描述，但是其他所有测试都符合。有时，则只能选择总体上与数据最符合的。如果条件允许，还需要做其他实验排除其他可能。

如前所述《伯杰氏系统细菌学手册》还可以作为了解细菌生物学的极好信息源。可以利用每卷的目录找到感兴趣的细菌类型。不过，利用手册每卷最后的细菌学名索引更容易查找感兴趣的科属种。索引中列出了关于每个细菌分类单元的引证。黑体的页码是每个分类单元具体描述的起始页。每卷也含有按照字母顺序编排的该卷引用过的所有参考文献。通过这些参考文献，可以查询获得感兴趣种属更多的信息。

复习题

1. 第一版《伯杰氏系统细菌学手册》的第一节内容是什么？
2. 在细菌种属的描述中，什么类型的表格是用来概括数据的？
3. 怎样用《伯杰氏手册》来鉴定一种未知菌种？
4. 当使用《伯杰氏手册》的表格时，为什么要很仔细？
5.《伯杰氏手册》的目录的价值体现在哪里？
6.《伯杰氏手册》目前有多少卷？
7.《伯杰氏手册》中有哪三种类型的表格？

实验 30
一般的未知菌种

安全注意事项

小心本生灯火焰。不要用嘴吸移液管。Barritt’s 试剂含有萘酚，后者有毒并且可能引起皮肤脱落。因此，使用此试剂要戴上手套。Kovacs’ 试剂对皮肤和黏膜也有腐蚀性，因为其含有高浓度的盐酸和对 - 二甲氨苯甲醛。小心处理所有培养物，有些培养物可能是致病菌或潜在的致病菌。

实验材料

编号的，培养 24h 的大豆胰蛋白胨肉汤培养基，其中含有 139 页表中所列的任两种细菌的混合物（一种是革兰氏阳性，一种是革兰氏阴性）。

1 个甘露醇盐琼脂平板

1 个 EMB（伊红美蓝琼脂培养基）平板

1 个血琼脂平板

4 个胰蛋白大豆琼脂斜面，2 个带螺纹的试管塞，2 个常规的试管塞

所需的实验材料

2 个胰蛋白胨大豆琼脂平板

营养凝胶深试管或者凝胶实验纸条

2 个淀粉琼脂平板

2 个三丁酸甘油酯琼脂平板

2 SIM 琼脂深管

2 Simmons 柠檬酸盐斜面

2 个尿素肉汤试管或脲酶实验纸条 / 圆盘

2 个酚红右旋葡萄糖肉汤试管或右旋葡萄糖片

2 个酚红乳糖肉汤试管或乳糖片

2 个酚红蔗糖肉汤试管或蔗糖片

2 个胰蛋白硝酸盐肉汤试管

2 个石蕊牛奶试管

2 个 MR-VP 肉汤试管

一般的实验室材料

革兰氏染料和抗酸原料	3% 过氧化氢
Barritt's 试剂	Kovacs' 试剂
锌粉	四甲基 - 对 - 二甲氨基苯甲醛或氧化酶实验碟子 / 纸条
载玻片	蜡笔
35℃培养箱	本生灯
接种环和接种针	一次性手套
带有移液操纵器的巴斯德吸管	

学习目标

1. 掌握使用划线分离技术，分开两株未知菌种。
2. 鉴定未知的革兰氏阳性和阴性细菌。

网络学习链接

来自 MicrobeLibrary.org（MicrobeLibrary@asmua.org）

图片—实验室未知菌种的生物化学培养基 1 ~ 4 部分。

原理

未知菌种的鉴定是微生物学家主要职责之一。同前阶段的训练，学生应当掌握了染色、菌种分离、微生物营养、生物化学活性和微生物特征等技能和知识，能够独立进行未知菌种的鉴定。

本实验被称作一般未知菌种鉴定是因为未知的革兰氏阳性和阴性细菌都会用到。未知菌种中可能包括下列任何菌种。

革兰氏阳性	革兰氏阴性
Bacillus cereus 蜡样芽胞杆菌	*Acinetobacter calcouceticus* 不动杆菌
Bacillus megaterium 巨大芽胞杆菌	*Citrobacter freundii* 弗氏柠檬酸杆菌
Bacillus subtilis 枯草芽孢杆菌	*Enterobacter aerogenes* 产气肠杆菌
Enterococcus faecalis 粪肠球菌	*Escherichia coli* 大肠杆菌
Listeria monocytogenes 单核细胞增多性李司特氏菌	*Klebsiella pneumonide* 肺炎克雷伯氏菌
Micrococcus luteus 藤黄微球菌	*Proteus vulgaris* 普通变形杆菌
Staphylococcus aureus 金黄色葡萄球菌	*Pseudomonas aeruginosa* 铜绿假单胞菌
实验指导教师可能会加的其他菌	*Salmonella arizonae* 亚利桑那沙门氏菌
______	*Shigella sonnei* 宋内志贺氏菌
______	实验指导教师可能会加的其他菌
______	______
______	______

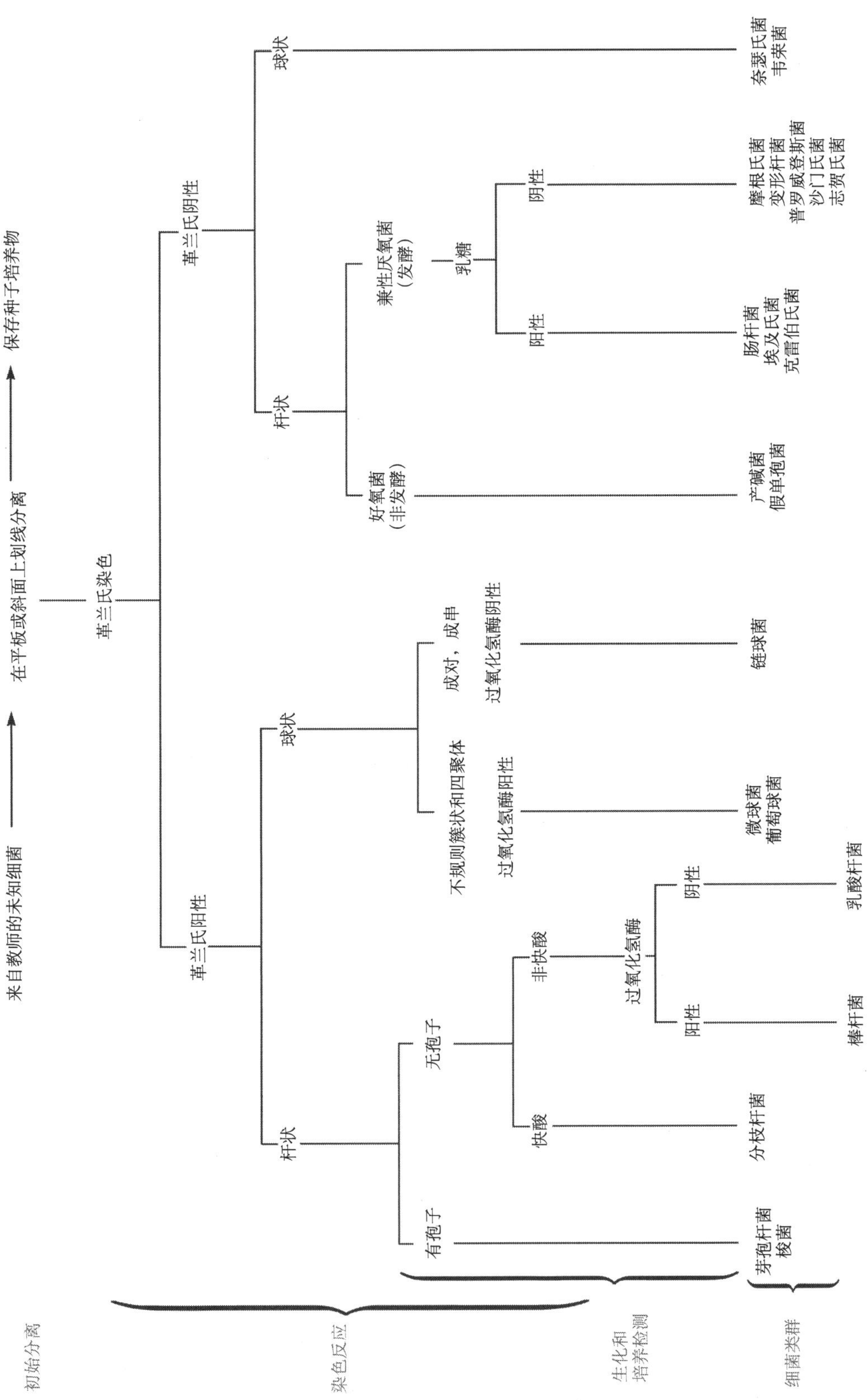

图 30.1 一些常见菌属的分离体系。

利用实验室的《伯杰氏系统细菌学手册》以及教材中的信息，每个学生需要制定出一个分离策略（二分检索表）的概要或者流程图，显示鉴定不同种属的重要实验。这些实验可以在第一阶段之前完成，这样可以最有效利用时间和必需的培养基。图30.1是分离策略（二分检索表）的例子。参照《伯杰氏手册》，每个学生列出上表革兰氏阳性和阴性细菌可能的重要特征。培养和革兰氏染色后，许多细菌类群都可以排除。一般的形态学特征常用来将细菌归到目和科。生化和生理特征有助于归到属和种。

成功鉴定未知菌种依赖于以下几个方面：①充分的计划；②仔细选择生化检测指标；③权衡不同检测指标的值；④实验和结果判读。

实验步骤

第一阶段

1. 从教师处获得未知混合菌种（一种是革兰氏阳性，一种是革兰氏阴性）后，立即在实验记录本上记下编号。

2. 在甘露醇盐、EMB和血琼脂平板上做划线分离（参见实验15）。

3. 在平板上标明姓名、日期和培养基名称。

4. 35℃下倒置培养24 ~ 48h。在培养过程中，注意观察生长特征并记录在实验记录本上。记录细菌菌落形态（参见实验14）。

5. 对分离好的菌落做革兰氏染色。务必在平板底部标明哪些菌落是革兰氏阳性，哪些菌落是革兰氏阴性。

第二阶段

1. 无菌操作，在2个胰蛋白大豆琼脂斜面上划线接种革兰氏阳性的未知菌种，2个胰蛋白大豆琼脂斜面上划线接种革兰氏阴性的未知菌种（每组两根试管，一根用螺丝试管塞，另一根用普通试管塞）。35℃培养24 ~ 48h。两组中各拿出一根试管斜面做保藏培养。另两根用来测定未知菌的培养特征。培养24h后，将保藏培养斜面放在冰箱，以备必要时之用。当工作培养基被污染或者菌株死掉时，从螺帽试管塞的保藏培养斜面接种到另一个斜面。

2. 对分离得好的新鲜菌落（18 ~ 24h）进行革兰氏染色，并在实验记录本上记录反应、形态和细胞排列。标记用于革兰氏染色的菌落位置。如果未知菌种呈现革兰氏阴性，则取培养时间更短（大约18h）的菌落染色，确保你的未知菌种是革兰氏阳性，只是由于菌龄较长，而呈现阴性。

第三阶段

1. 检查胰蛋白大豆琼脂斜面上呈现的一般培养特征。记录观察结果。

2. 根据你的分离策略，无菌操作，只在必要的培养基上接入革兰氏阳性和阴性菌种。

3. 使用悬滴法凹玻片法（见图30.2）确定运动性、形状和细胞排列方式。使用悬滴法凹玻片法或湿法仔细地测量未知菌种（参见实验1）。

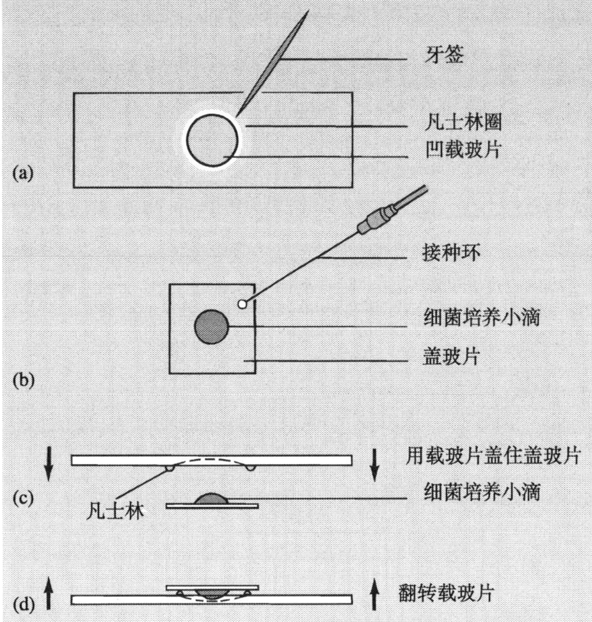

图 30.2 悬滴法凹玻片法。 完成上述程序后将凹玻片放到显微镜载物台上，并确保小滴在透光孔正上方。首先使小滴置于低倍镜下，观察小滴的边缘并对焦。然后调至高倍镜，进而在油镜下观察，物镜放大倍数为 90 ~ 100×。为了可以更好的看清细菌，可以把光圈调至尽可能高对比度的程度。

培养基	测试实验
酚红肉汤试管或者右旋葡萄糖 乳糖，蔗糖的胰蛋白培养基	碳水化合物发酵
淀粉琼脂平板	淀粉水解
胰蛋白大豆琼脂平板	氧化酶实验
营养凝胶深试管，凝胶实验纸条	凝胶液化能力
SIM 培养基	H_2S, 吲哚，运动性
三丁酸甘油酯琼脂平板	脂质水解
胰蛋白硝酸盐肉汤	硝酸盐还原
MR-VP 肉汤	甲基红酚酞实验，伏 - 波实验
胰蛋白大豆琼脂斜面	过氧化氢酶实验
Simmons 柠檬酸琼脂斜面	柠檬酸盐琼脂斜面
尿素肉汤，脲酶实验圆盘 / 纸条	脲酶活性

4. 如果你的未知菌种是阳性杆菌，在营养琼脂斜面上培养 2 ~ 4d 后进行芽孢染色（参见实验 9）。

第四阶段

1. 根据你的实验结果，使用图 30.1，你自己的提纲或流程图（图 30.3 是一个例子）和《伯杰氏系统细菌学手册》作为指导，鉴定未知菌到属和种。

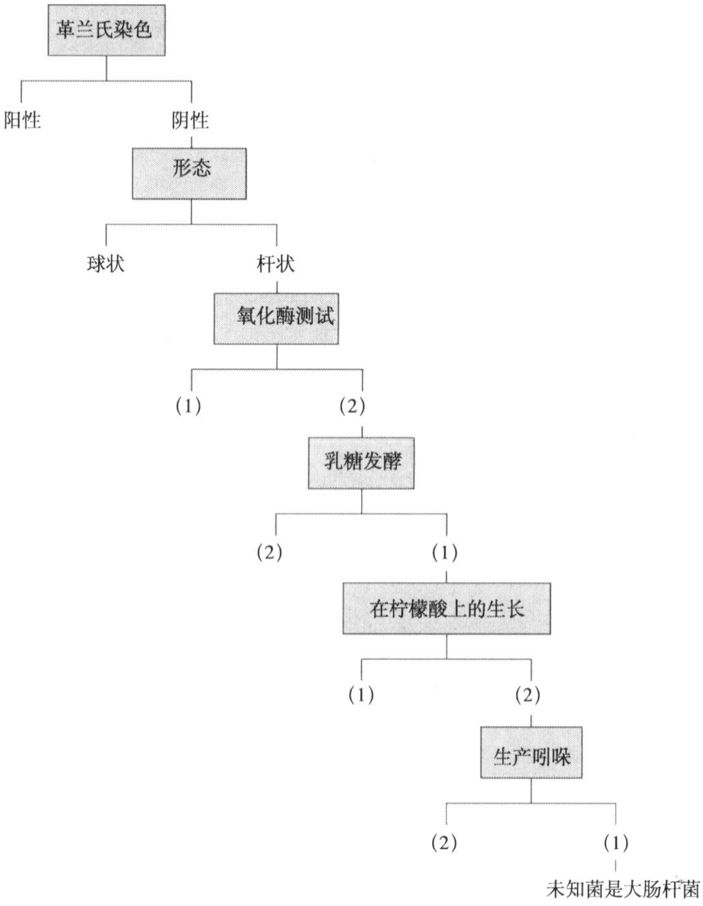

图 30.3　以大肠杆菌为例鉴定分枝线路图。

提示与警告

（1） 阅读实验 16 ～ 27 的提示及警告后，再继续未知菌种的鉴定。

（2） 使用《伯杰氏手册》时，务必要考虑菌株之间的变异，最重要的描述性特征要重点考察。如果实验数据有太多矛盾之处，找错手册卷数和具体章节的可能性就比较大。

复习题

1. 每种细菌在储存培养基保存时间的长短会影响生物化学实验的结果吗？请说明理由。

2. 本实验中还有哪些实验是你不能用来肯定你的鉴定结果的？如果有，列出这些实验并说明你的保留意见。

3. 概括你鉴定未知菌种的步骤。

4. 你还有其他策略来缩短你对未知菌种的鉴定吗？

5. 为什么完成一个细菌种鉴定必须参照其生理学特征，而不仅依靠形态学特征？

第七部分

影响微生物生长的环境因子

作为一个群体，细菌最大的进化成就是能够在许多环境下快速、高效生长。细菌能够以环境许可的速度生长和分裂。

John Lyman Ingraham（Davis，1924—　，加利福尼亚大学，微生物系名誉教授）

环境的化学和物理特性对微生物生长的影响很大。了解促进微生物生长的环境因素有助于认识微生物的生态分布。因此，本书这部分将概述这些因素。部分因素为温度、pH和渗透压。

同样是这些使微生物生长最快的环境因素，可以被人为控制，加速或者抑制不需要的微生物的生长。利用抗生素和消毒剂（化学品）控制微生物已成为微生物学的一个重要内容。本书的这部分将涉及控制微生物生长的实验。

完成本书第七部分的一些练习后（具体实验内容由指导教师确定），实验者的分析能力至少能够得到提升。

(a) 系统收集和组织数据；

(b) 用合适的方式展示数据（如曲线图、表、图、描述性段落等）；

(c) 评估数据的有效性（包括完整性和重要性）；

(d) 根据实验结果，得出恰当的结论。这些将达到美国微生物学会核心课程关于实验思考技能第 2 条的要求（见 vi 页）。

Barron Joseph Lister (1827—1912)

Lister 博士是英国外科医生。他遵循巴斯德“细菌引起感染”的理论，将消毒引入外科手术（版权 ©Bettman/Corbis）。

1865 年，Lister 博士用石碳酸作为消毒剂，并使用加热灭菌的手术，大大降低手术后死亡率。他在《柳叶刀》（*Lancet*）杂志的文章《治疗创伤骨折的新方法》（“On a New Method of Treating Compound Fractures……”）（*Lancet*, PP. 364—373, 1867）中写到：

在创伤骨折的治疗中应用巴斯德理论……似乎所有必需的就是用某些能够杀死细菌的物质包好伤口。前提是该物质杀菌的性能可靠，腐蚀性又不是太强。

1864 年，一则关于石碳酸对卡莱镇下水道污物的显著效果的报道启发了我。只要加入少量混合物，不但消除了经常用这些污水灌溉的土地的臭味，而且，如报道所述，还消灭了吃这些牧草的牲畜常患的体内寄生虫。

许多方面的证据都表明，石碳酸非常适合手术消毒。

实验 31

温度

安全注意事项

小心本生灯的火焰，不要用嘴吸移液管。热水浴要小心。所有培养试管直立放置在试管架上或罐中。

实验材料

培养 24 ~ 48 h 的大豆胰蛋白胨肉汤培养基培养的大肠杆菌（ATCC 11229），嗜热脂肪芽孢杆菌（*Bacillus stearothermophilus*，ATCC 7953），圆孢芽孢杆菌（*Bacillus globisporus*，ATCC 23301），铜绿假单胞菌 (ATCC 10145)，金黄色葡萄球菌（ATCC 25923），以及枯草芽孢杆菌 (ATCC 6051) 的孢子悬液。（为了产生孢子，枯草芽孢杆菌要在 35℃产孢培养基上培养约 48 h，培养琼脂要加入 0.002% $MnCl_2 \cdot 4H_2O$，孢子要在至少 7 mL 的灭菌水中稀释悬浮）。

12 支胰蛋白胨大豆琼脂培养斜面

本生灯

接种环

15 支大豆琼脂培养试管（每管 9.9mL）

试管架

18 支灭菌的带有移液操纵器的 1mL 移液管

3 支无菌的测试管

4℃冰箱

4℃，23℃ ~ 25℃（室温），60℃、85℃以及 100℃（培养温度可依据实验条件适当调节）的培养箱或水溶锅。

蜡笔

灭菌水

学习目标

1. 理解环境温度如何影响微生物
2. 掌握根据温度敏感性区分几种细菌的实验技能
3. 依据对温度的生长偏好，对细菌进行分类

4. 测定热对细菌的效应

为什么本实验采用下列细菌？

通过实验，学生掌握根据温度敏感性区分细菌的技能，以及根据细菌生长的温度偏好性进行分类。为此，选择了6种细菌：①圆孢芽孢杆菌（L. *globus*. 球形），具有内生孢子的棒状杆菌，最适温度20℃～25℃；②嗜热脂肪芽孢杆菌（Gr. *thermus*, 嗜热 +*philus*, 喜爱），最适温度60℃～65℃，具内生孢子的棒状杆菌，其孢子较其他生长温度中等的细菌的更耐热。③枯草芽孢杆菌（L. *subtilis*, 细长的）最适温度为30℃～40℃；④大肠杆菌是革兰氏阴性、兼性厌氧杆菌、不产生孢子，最适温度37℃；⑤金黄色葡萄球菌是革兰氏阳性的球菌，最适合温度30℃～37℃。

原理

每种微生物都有其适宜生长的温度范围。这主要取决于其特点酶、膜、核糖体以及其他成分的热敏感程度。因此，微生物生长具有相当特征性的**主要温度** (cardinal temperature)——最低温度、最高温度以及最适温度。**最低生长温度** (minimum growth temperature) 是微生物生长所需的最低温度；**最高生长温度** (optimum growth temperture) 是微生物所能适应的最高温度；最适生长温度是微生物繁殖最迅速的温度。最适生长温度与微生物的生存环境有关。例如，人体致病菌的最适温度大致是人体血液的温度（35℃～37℃）。

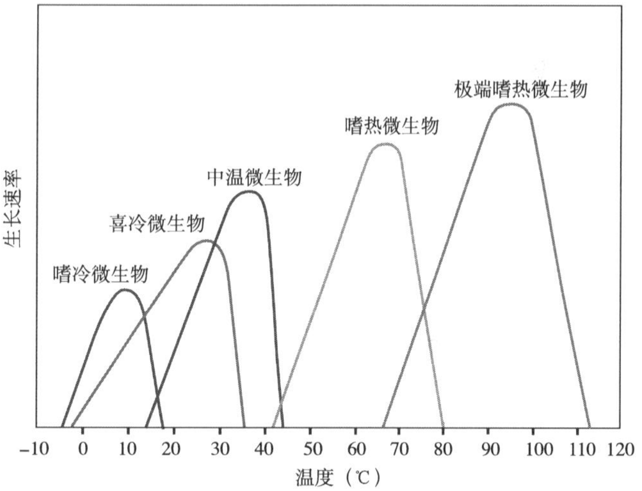

图 31.1 微生物长征所需温度。原核生物根据其对温度的敏感性可分为五类，这张图片显示各类微生物的典型温度范围。最适温度时，细菌生长速率最快。

基于生长温度高低的范围，微生物可以分为5大类（图31.1）：**嗜冷微生物** (psychrophile)，0℃生长得不错，其最适温度为15℃或更低。许多生长于0℃～7℃的微生物称为**冷营养型微生物** (psychrotroph) 或**兼性嗜冷微生物** (facultative psychrophile)。**中温微生物** (mesophile) 的最适生长是25℃～45℃，大多数细菌属于这个类型。有些则属于**嗜热微生物** (thermophile)。它们能够在55℃或更高的温度范围内生长。**极端嗜热微生物** (hyperthermophile) 则能够在90℃或更高的温度生长。

煮沸可能是去除有害细菌最简单的方法之一。不过，并非所有的微生物都对高温敏感。有些细菌在沸水中虽然不生长，但可以存活下来。这些细菌属于**耐热菌** (thermoduric)。因为内生孢子的抗热性，沸水中处理15 min不能杀灭许多产孢子（例如枯草芽孢杆菌）的细菌。因此，有些细菌标本的消毒取决于温度和细菌类型。使用加热灭菌时，了解加热的局限性非常重要。

实验步骤

第一阶段

1.3 ～ 4 人一组。每组研究一个温度：4℃、23℃～25℃，60℃，85℃，以及 100℃。

2.每个斜面做好标记，包括菌种名称（大肠杆菌、嗜热脂肪芽孢杆菌、圆孢芽孢杆菌）、实验者姓名以及接种日期。

3.无菌操作（图 13.3），在每个斜面划线接种相应的菌种。在指定的温度培养 24 ～ 48h。

4.3 个灭菌试管标记金黄色葡萄球菌、枯草芽孢杆菌孢子和铜绿假单胞菌。标上实验者姓名及相应日期。

5.用灭过菌的移液管，无菌操作吸取 1 mL 孢子悬液或细菌培养物至相应试管中。

6.将试管在你所研究的温度下放 15min（将其放于冰箱内或室温或水浴中）。

7.15min 后，冷却样品或者使样品恢复至室温。如下稀释每个细菌样品（见附录 A）

a. 移取 0.1mL 的菌液至 9.9mL 的培养基中（10^{-2} 梯度稀释），混匀。换新移液管，将 0.1mL 稀释后的溶液再移取到 9.9mL 的培养液中，混匀（10^{-4}），照此操作，制备 10^{-6}，10^{-8}，10^{-10} 梯度稀释的溶液。

8.35℃培养上述稀释培养物 24 ～ 48h。

第二阶段

1.培养到规定的时间后，观察斜面上是否有菌生长，记录自己和其他实验组的生长状况。“+”表示生长，“－”表明未生长。

2.根据浊度，观察哪个稀释度有细菌生长。其原理是：只要有一个活菌接入，该试管将有菌繁殖。如果特定样品中的细菌数量越多，该样品的稀释倍数越大，在转移的小份中仍然具有细菌。这样一来，如果细菌 A 对热的敏感性不如细菌 B，则细菌 A 需要更多的稀释倍数，才能够获得没有生长的灭活样品。

3.根据自己和其他实验组的数据，完成实验报告，确定有细菌生长的最低稀释倍数。

提示与警告

务必用无菌水稀释孢子悬液，确保孢子不会过早萌发。

复习题

1. 如何确定液体培养管中的混浊是由接种细菌引起的？
2. 怎样判断细菌是嗜热菌还是嗜温菌？
3. 通过煮沸来对材料进行灭菌的方法有何缺限？
4. 金黄色葡萄球菌是嗜温微生物吗？请说明理由。
5. 描述细菌生长中最主要的 3 个温度。
6. 具有最广的温度耐受范围和最窄耐受范围的细菌分别是哪一种？
7. 什么是嗜热微生物？

实验 32 化学物质对细菌的作用 I：杀菌剂和其他抗微生物产品

安全注意事项

注意本生灯的火焰。不要用嘴移液。处理培养物需要特别小心，因为可能有潜在的致病菌。保证所有装有培养物的试管正放在试管架上。酚有毒且具有腐蚀性，取用需要戴手套。

实验材料

用大豆胰蛋白胨肉汤培养基培养 20h 金黄色葡萄球菌（ATCC 25923）和铜绿假单胞菌 (ATCC 10145)

2 支灭菌螺盖试管

1 支灭菌的带有移液操纵器的 5mL 移液管

12 支灭菌的 1mL 的移液管

48 支装有大豆胰蛋白胨肉汤培养基的试管（每个试管 10mL），可一起放入一个锥形瓶中

12 支用来稀释的灭菌试管

来苏尔（Lysol）

市售消毒剂，如 3% 的过氧化氢、70% 异丙醇、漂白剂、来苏尔。许多其他消毒剂见表 32.1 和表 32.2，也可以尝试自己带来的消毒剂。如果使用市售消毒剂，注意使用时需要的稀释倍数及其有效成分。可以采用一般自来水进行稀释，且可以不用灭菌。注意确定消毒剂中是否含有三氯生（triclosan）。为什么这点十分重要?

苯酚（又名石碳酸）

蜡笔

35℃ 培养箱

试管架

本生灯

接种环

学习目标

1. 确定一些医院和家庭使用的消毒剂的杀菌效果。

2. 计算酚系数

为什么本实验采用下列细菌？

本实验将教给学生确定常用消毒剂有效性并计算酚系数的技能。因此选取两种常用的细菌来作为测试。根据所用的消毒剂，这两个细菌可以获得很好的阳性或者阴性结果。金黄色葡萄球菌是实验室用确定酚系数的常用测试菌。

原理

消毒剂和防腐剂的效果受多种因素影响。一个化合物的**杀菌**(microbicidal)或**抑菌**(microbiostatic)效果往往取决于其延缓微生物生长的情况。本实验的第一部分将检测部分化学物质的杀菌或抑菌效果。

具体而言，一个化合物的杀菌效果通常以酚为参照，即所谓的**酚系数**（也称石碳酸系数，phenol coefficient, PC）。首先稀释目标化学物质，找出孵育10min后而不是孵育5min后，杀灭全部供试菌的稀释倍数，除以具有同样杀菌效果的酚的最高稀释倍数，其值就是酚系数。酚系数大于1的化学物质的杀菌效果优于酚，酚系数小于1的化学物质的杀菌效果不如酚。但是，这种比较只适合类似酚的化学物质，且不具有抑菌作用，稀释后不会消除其杀菌作用。本实验的第二部分将教会学生计算几种化学物质的酚系数。表32.1显示常用防腐剂和消毒剂及其应用范围。

实验步骤

第一阶段

生长抑制

1. 每组学生选择一种消毒剂或者其他的杀菌产品。如果必要，按照标签上的说明进行稀释。

2. 将5mL的消毒剂或者杀菌产品放入两个灭过菌的试管里。分别加入0.05mL的铜绿假单胞菌和金黄色葡萄球菌。

3. 用蜡笔在相应的试管上标上实验者姓名和细菌名称。摇动，混匀每根试管。

4. 分别间隔1、2、5、10、15min，各转移0.1mL包含菌体和消毒剂或杀菌产品的混合物到含有胰蛋白酶大豆肉汤培养基的试管中。两个细菌的操作相同。分别接种0.1mL两种菌到2根装有肉汤培养基的试管中，作为对照。

5. 将所有试管在35℃培养48h。

表 32.1

一些抑制微生物生长的化学物质

常用的控制微生物生长的化学物质		
5% 次氯酸钠	消毒剂	外表面，比如桌面
碘（1% 溶于 70% 乙醇）	消毒剂	外表面，比如桌面
强力碘 (70 ppm, I_2)	消毒剂	外表面，比如桌面
5% 来苏尔，一种酚类化学物质或者是四价铵	消毒剂	外表面，比如桌面
5% 苯酚	消毒剂	外表面，比如桌面
双三氯酚	消毒剂	外科手术前洗手
4% 甲醛	消毒剂	口腔和直肠体温计
强力碘 (70 ppm, I_2)	消毒剂	口腔和直肠体温计
zephrin	消毒剂	口腔和直肠体温计
70% 乙醇	防腐剂	皮肤
碘酊	防腐剂	皮肤
强力碘	防腐剂	皮肤
有机汞化学物质（硫柳汞、红溴汞）	防腐剂	皮肤
3% 过氧化氢	防腐剂	浅表皮肤感染
高锰酸钾	防腐剂	尿道，浅表真菌感染
1% 硝化银	防腐剂	新生儿眼部感染
氧化锌糊	防腐剂	尿布湿疹
锌盐脂肪酸	防腐剂	运动员足部处理
50% 甘油	防腐剂	阻止粪便和外科手术样本中细菌的生长
环氧乙烷	杀菌	亚麻布、耳咽管
甲醛（20% 溶于 70% 乙醇）	杀菌	金属仪器
戊二醛（pH>7.5）	杀菌	金属仪器

来源：经许可节选自 *Microbiology Experiments: a health science perspective*. Kleyn, Bicknell, Gilstrap. 1999. McGraw-Hill.

酚系数（注意安全事项）

1. 用灭过菌的双蒸水 1/80、1/90、1/100 稀释酚；1/400、1/450、1/500 稀释来苏尔。这样，每管的终体积都为 5 mL。

2. 将 18 支大豆胰蛋白胨肉汤培养基试管标记上消毒剂的名称和稀释度、处理间隔时间（例如：5min，酚 1/80）和实验者姓名。每个稀释度应当在分别孵育 5min、10min、15min 后检测。

3. 按顺序将试管置于试管架上。每个时间间隔点，各取一支试管分别对应于来苏尔或者酚的一个稀释度。

4. 将 0.5mL 金黄色葡萄球菌加入每管消毒剂中，并注明时间。混合每支试管，得到均一悬液，让消毒剂接触细菌。

5. 无菌操作，分别间隔 5min、10min、15min 时，从每支含消毒剂的试管中接一环菌到标注的大豆胰蛋白胨肉汤培养基试管中。

6. 35℃培养 48h。

7. 这个实验可用铜绿假单胞菌进行重复。

第二阶段

生长抑制

1. 摇动并观察每支试管的生长情况。“+”表示有生长，“−”表示无生长。将结果列成表，记录到实验报告中。

酚系数

1. 摇动并观察所有的大豆胰蛋白胨肉汤培养基，确定有无生长。(“+”代表有生长，“−”代表无生长)

2. 记录观察结果。

3. 根据实验结果，计算来苏尔的酚系数。例如，假设 1/20 稀释度 (20 单位的液体中有 1 单位的酚) 的酚在 10min 内杀死了金黄色葡萄球菌，1/300 稀释度（300 单位液体中含 1 单位的来苏尔）的来苏尔在 10min 内也杀死了金黄色葡萄球菌。

$$PC = \frac{300}{20} \text{ 或者 } \frac{1/20}{1/300}$$

$$PC=15$$

因此，来苏尔杀灭金黄色葡萄球菌的效力是酚的 15 倍。

表 32.2

不同市售杀菌产品的活性成分

产品	特异的化学试剂	抗微生物类型
来苏儿消毒擦拭纸	双甲基苄基氯化氨 (dimethyl benzyl ammonium chloride)	去垢剂
次氯酸钠消毒擦拭纸	双甲基苄基氯化氨 (dimethyl benzyl ammonium chloride)	去垢剂
Tilex 牌霉菌去除剂	次氯酸钠 (sodium hypochlorites)	卤素
来苏儿霉菌去除剂	次氯酸钠 (sodium hypochlorites)	卤素
Ajax 牌抗菌洗手皂	二氯苯氧氯酚 (三氯森，triclosan)	酚
Dawn 牌抗菌洗手皂	二氯苯氧氯酚 (三氯森，triclosan)	酚
Dial 牌抗菌洗手皂	二氯苯氧氯酚 (三氯森，triclosan)	酚
来苏儿消毒喷雾器	烷基双甲基苄基 (alkyl dimethyl benzyl ammonium saccharinate) / 乙醇 (ethanol)	去垢剂 / 乙醇
ReNu 牌隐形眼镜洗液	聚氨丙基双胍 (Polyaminopropyl biguanide)	洗必太 (chlorthexidine)
Wet Ones 牌抗菌湿纸巾	氯化苄乙氧铵 (Benzethonium chloride)	去垢剂
Noxzema 牌三重清洁液	二氯苯氧氯酚 (三氯森 , triclosan)	酚
Scope 牌漱口液	乙醇	乙醇
Purell 牌紧急手部消毒剂	乙醇	乙醇
Pine-Sol 牌清洁剂	酚类化合物及表面活性剂 (Phenolics and surfactant)	混合型
Allergan 牌眼药水	亚氯酸钠 (Sodium chorite)	卤素

来源：经许可来自 *Microbiology: a systems approach*. Cowan and Talaro, 2006. McGraw-Hill Higeher Education.

复习题

1. 你使用的测定消毒剂效果的实验其缺陷在什么地方?

2. 列出好的消毒剂的标准。

3. 什么是酚系数?

4. 一种消毒剂在稀释500倍后与细菌共孵育5min后不影响其生长，但共孵育10min后能杀死细菌。而酚在稀释100倍后能在同样处理条件下杀死细菌。则这种消毒剂的酚系数是多少?

5. 杀菌效果（microbicidal）和抑菌效果（microbiostatic）的区别在哪里?

6. 哪些物理因素能够影响消毒剂的活性?

7. 为什么不同的微生物对消毒剂反应不一样?

实验 33 化学物质对细菌的影响 II：抗生素（Kirby-Bauer 方法）和 Etest®

安全注意事项

小心本生灯火焰。处理培养物一直要小心，因为它们可能是潜在的病原菌。用于镊子消毒的乙醇是易燃品。

实验材料

4 个 150 × 15mm Mueller-Hinton 琼脂平板

抗生素盘分液器（BBL 或 Difco）或类似的含有抗生素盘的小瓶

AB BIODISK 测定 MICs（REMEL）的 Etest® 梯度条

4 个灭菌的棉签

在大豆胰蛋白胨肉汤培养基中孵育 4 ~ 6h 的金黄色葡萄球菌（ATCC 25903）、大肠杆菌（ATCC 11229）、铜绿假单胞菌（ATCC 10145）和肺炎克雷伯氏菌（ATCC e13883）

35℃培养箱

镊子

米尺

蜡笔

70% 无水乙醇和烧杯

本生灯

学习目标

1. 了解部分抗生素的抗菌谱

2. 掌握 Kirby-Bauer 方法检测抗生素敏感性

3. 能正确解释 Kirby-Bauer 平板

4. 观察 Etest® 法的演示

为什么本实验采用下列细菌？

学生在本实验中将利用 Kirby-Bauer 方法检测部分抗生素的抗菌活性并观察 Etest® 法

的演示。为此，选择了 4 株菌。它们是之前的实验中已经用过的人体致病菌，包括大肠杆菌、肺炎克雷伯菌、铜绿假单胞菌、金黄色葡萄球菌 .

医学应用

以下引文是 A. E. Cliffe 博士（一位生物化学家）所描述的与抗生素相关的内容，具有医学史学意义：

"1908 年访问中欧期间，我发现几乎每个农家都有在其厨房的梁上保存发霉的面包的习俗。问及其中缘由时，他们告诉我：如果家中有人受伤，例如割伤或瘀青，他们就会切下面包的外面部分，用水调成糊状，涂到伤口处，用绷带扎紧。这样处理后，伤口不会发生任何感染。"

现在可用的抗生素种类（和其他的抗菌药）远比以前多。同时，不断在发现和开发出新的抗生素。固而，也更需要临床实验室研究病原菌对这些抗生素的敏感性和抗性。在大多数临床实验室，分子技术已经代替了抗菌谱。

原理

检测抗生素敏感性的一种方法是 **Kirby-Bauer** 的药敏片法（1966 年，以 W.Kirby 和 A.W.Bauer 命名）。使用该方法时，抗生素浸泡纸片，然后用机械分装器或无菌镊子将纸片放在接种后的 Mueller-Hinton 琼脂平板上。培养平板 16 ~ 18h，随后测量**抑菌圈**（Zone of inhibition）的直径。抑菌圈直径大小可以表示细菌对抗生素的敏感或抗性（图 33.1）。抗生素的敏感性模式称为**抗菌谱** (antibiogram)。通过与已知敏感菌的抑菌圈大小比较，可以确定抗菌谱（表 33.1）。例如，某一直径的抑菌圈表示为药物敏感，则抑菌圈直径较小或者根本没有抑菌圈就表示细菌对该抗生素有抗性。如果菌株对抗生素有抗性，经常就会在抑菌圈内发现菌落。

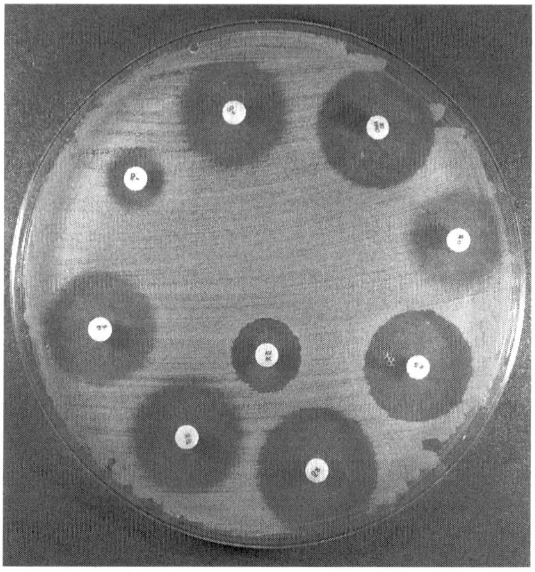

图 33.1 一个 Kirby-Bauer 平板。一个接种金黄色葡萄球菌、含有不同抗生素的 Mueller-Hinton 琼脂平板。注意不同抑菌圈的直径大小。抑菌圈大小部分反应细菌对抗生素的敏感性。因为抑菌圈的大小受药物不同性质影响（如相对分子质量），找到抑菌圈大小与药物敏感性的对应关系需要查诸如 33.1 的表格。

许多因素会影响药敏片的测试，所以需要很小心抑制它们。影响因素包括接种量大小、接种物的分布、培养时间、琼脂深度、抗生素扩散速率、抗生素在纸片上的浓度以及细菌生长速率。如果仔细控制了所有这些因素，这种方法能够获得很好的细菌对抗生素敏感性的结果。

Kirby-Bauer 法不仅适合于抗生素，也适合检测任何微生物对不同抗菌物质的敏感性，例如磺胺类药物和合成的化学药物。图 33.1 和图 33.2 显示 Kirby-Bauer 方法。

另一个检测抗生素活性的方法是 **Etest®**。这个方法特别适合于厌氧致病菌的检测。使用该方法检测时，在含有合适琼脂的培养皿的 3 个不同方向划线接种待测试的细菌，将特殊的塑料 Etest® 条放在培养基表面，从中心放射性向外延伸（图 33.3），每一条代表不同抗生素。每一条上含有梯度分布的抗生素，标记了最小抑菌浓度的数值。平板中心是最小抗生素浓度。培养 24 ～ 48h 后，出现椭圆形抑菌圈。如图所示，MIC 值就是抑菌圈与 MIC 值条交叉处的数字。

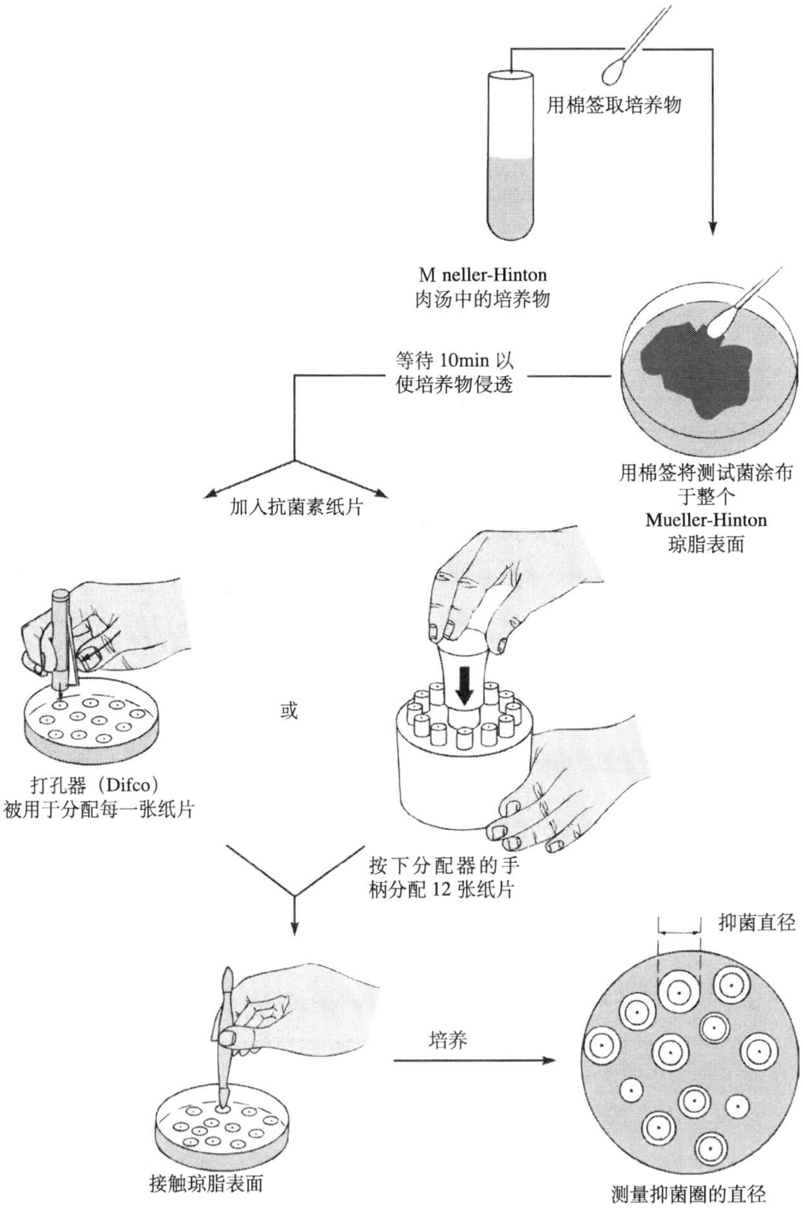

图 33.2　抗生素敏感性测试。

实验步骤

第一阶段

1. 用蜡笔在每一个 Mueller-Hinton 琼脂平板的盖子上标记实验者姓名、日期和拟接种细菌的名称。每一组学生应分别接种 4 株菌：金黄色葡萄球菌、大肠杆菌、铜绿假单胞菌、肺炎克雷伯菌。每株菌分别使用单独的、灭过菌的棉签。棉签浸入培养管中，挤压测试管内侧，挤掉过多的培养物。如果有足够的设备，还可以分析自己喉咙中的微生物对抗生素的敏感性。

2. 让棉签在 Mueller-Hinton 平板中进行 3 次划线，每划一次 60° 旋转平板。最后，围绕琼脂平板周围滚动棉签，确保整个表面都接种。将培养物室温干燥 5 ~ 10min，顶部向上。

3. 利用多次抗生素分配器或单一分配器将抗生素分布在平板上。通过用蘸乙醇并过火灭菌的镊子轻轻挤压纸片，确保抗生素纸片和培养物之间完全接触。不要将纸片挤压进入琼脂，纸片一旦在琼脂上放好，就不要再移动它。

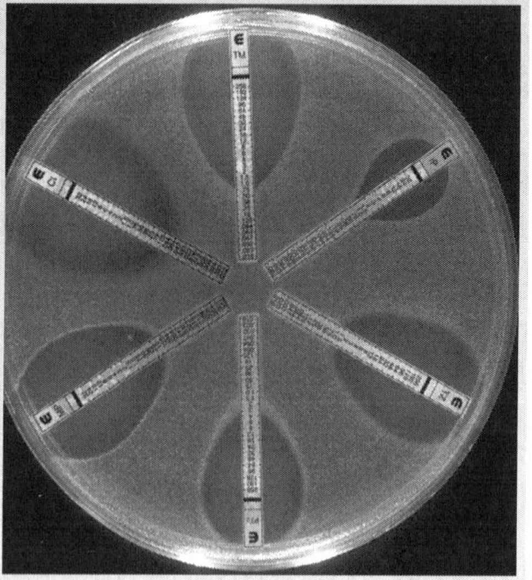

图 33.3 Etest® 法。图示放射状排列的 6 张 Etest 条。中心处，纸条的抗生素浓度最低。MIC 值为椭圆形抑制圈与纸条交叉处的值，如图中红色箭头所示。来源：（Etest® 和 Etest 条是 AB BIODISK 注册商标，其中的技术已经获得专利）

4. 在 35℃孵育平板 16 ~ 18h。不要倒置平板。

第二阶段

1. 测试每一种抗生素的抑菌圈（mm）。记录结果。参照表 33.1，确定细菌对每一种抗生素是敏感还是抗性。

2. 观察演示 Etest® 方法。

提示与警告

（1）如果培养皿的接种方式正确，将会在均匀长满菌苔的培养基上出现对称的椭圆形抑菌圈。如果生长很弱或不均衡，需要再做一次实验。

（2）椭圆形抑菌圈内长出的菌落代表抗性的菌落。厂家提供了针对不同结果的判读指南。

表 33.1

测试培养物抑菌圈的解释

			抑菌圈直径（mm）		
圆片象征	抗生素	圆片含量	抗性	中性	敏感
AM	当测试革兰氏阴性菌和肠球菌时，使用氨苄青霉素	10μg	16 或更少		17 或更多
AM	当测试葡萄球菌和青霉素 G- 敏感的微生物时，使用氨苄青霉素	10μg	28 或更少		29 或更多
B	杆菌肽	10 单位	8 或更少	9~12	13 或更多
CB	当测试变形杆菌和大肠杆菌时，使用羧苄青霉素	50μg	19 或更少	18~22	23 或更多
CB	当测试绿脓杆菌时，使用羧苄青霉素	50μg	13 或更少	14~16	17 或更多
C	氯霉素	30μg	12 或更少	13~17	18 或更多
CC	当报道对氯林可霉素敏感时，使用氯林可霉素[c]	2μg	14 或更少	15~20	21 或更多
CC	当报道对林可霉素敏感时，使用氯林可霉素[c]	2μg	16 或更少	17~20	21 或更多
CL	黏菌素[d]	10μg	8 或更少	9~10	11 或更多
E	红霉素	15μg	13 或更少	14~22	23 或更多
GM	庆大霉素	10μg	12 或更少	13~14	15 或更多
K	卡那霉素	30μg	13 或更少	14~17	18 或更多
ME	甲氧苯青霉素[e]	5μg	9 或更少	10~13	14 或更多
N	新霉素	30μg	12 或更少	13~16	17 或更多
NB	新生霉素[f]	30μg	17 或更少	18~21	22 或更多
OL	竹桃霉素[g]	15μg	11 或更少	12~16	17 或更多
P	当测试葡萄球菌[h]时，使用青霉素 G	10 单位	28 或更少		29 或更多
P	当测试其他微生物[h, i]时，使用青霉素 G	10 单位	14 或更少		22 或更多
PB	多黏菌素 B[d]	300 单位	8 或更少	9~11	15 或更多
R	仅当测试敏感脑膜炎奈瑟菌时，使用利福平	5μg	16 或更少	17~19	20 或更多
S	链霉素	10μg	6 或更少	7~9	10 或更多
S	磺胺类药物	300μg	12 或更少	13~16	17 或更多
T（TE）	四环素	30μg	4 或更少	15~18	19 或更多
VA	万古霉素	30μg	14 或更少	15~16	17 或更多

参考来源：数据基于国际委员会临床实验室标准（NCCLS）。

a 氨苄青霉素圆片用来测试氨苄青霉素和 betacillin 的敏感性。

b 葡萄球菌对抗青霉素酶青霉素的抗性应该被认为是对头孢菌素类抗生素的抗性。30mcg 头孢菌素圆片不能去检测新青霉素抗性的葡萄球菌对头孢菌素类抗生素的抗性。

c 氯林可霉素圆片用来检测对氯林可霉素和林可霉素的敏感性。

d 黏菌素和多黏菌素 B 分散在琼脂中很差，并且这这种分散方法的精确性比其他抗生素的更低。抗性总是很明显，但是当用系统感染处理敏感菌株时候也要考虑，所以有必要采用稀释方法来确定分散测试的结果。

e 甲氧苯霉素圆片用来测试所有青霉素酶抗性青霉素的敏感性，即甲氧苯青霉素、氯青霉素二氯青霉素、苯唑青霉素、乙氧萘青霉素。

f 不适合分析培养基中含血液的情况。

g 竹桃霉素圆片被用来测试对竹桃霉素和三竹桃霉素的敏感性。

h 青霉素 G 圆片被用来测试对所有青霉素酶敏感的青霉素（除氨苄青霉素和羧苄青霉素外）的敏感性，即青霉素 G、苯氧甲基青霉素、和苯氧乙基青霉素。

i 这个类群包括一些微生物，例如肠球菌和革兰氏阴性菌，这些菌引起的系统感染可用高剂量的青霉素 G 治疗。这样的生物仅仅应被报道是对青霉素 G 敏感的，而对苯氧甲基青霉素或苯氧乙基青霉素不敏感。

j 四环素圆片被用来测试对所有四环素的敏感性；包括氯四环素、去甲基金霉素、强力霉素、甲烯土霉素、土霉素、二甲胺四环素和四环素。

复习题

1. 如何确定抗生素的抑菌范围能杀死或抑制细菌？

2. 在 Kirby-Bauer 方法中哪些因素需要小心控制？

3. 细菌在生长的哪个时期对抗生素最敏感？

4. 如果临床实验室报道细菌对某种抗生素敏感，但在患者身上没有类似反应，那么问题主要出现在哪些地方？

5. 革兰氏阳性菌和阴性菌以及肠道菌和非肠道菌在平板上反应的相似性和差异性分别是什么？

6. 抗生素（antibiotic）和抗菌药（antimicrobic）的差异是什么？

7. 细菌对抗生素的抗性变强的原因有哪些？

实验 34 手的清洁、环境样品采集和微生物监测

安全注意事项

做这个实验前不要洗手。实验前取下手上戴的饰物并存放在一个安全的地方。请不要直接盯着紫外灯光，这会伤害眼睛。本实验中紫外灯光仅用于间接观察手。

实验材料

两个含有磷脂酰胆碱和聚山梨酯 80（polysorbate 80）的 TSA 平皿

两个含有含有磷脂酰胆碱和聚山梨酯 80（polysorbate 80）的 TSA 的 RODAC 平皿，用于环境样品采集

HY 检测系统，用于消毒控制（Difco，9039-36-4）

Millipore 公司的滤膜采样器和棉签检测试剂盒 (Coli-count Sampler[MCOO] 或 Swab[MCSK],Yeast and Mold Sampler[MYOO] 或 Swab[MYSK],Total Count Sampler[MTOO] 或 Swab[MTSK])

多种化学消毒剂，如 Staphene(Vestal Labs)、来苏尔 (Lysol)、苯甲烃铵 (Zephiran，Winthrop Labs)、乙醇（70%）等

多种的洗手皂，如 Ivory、Dial、Dove、Zest、Palmolive、Lifebuoy、Phisohex（Winthrop Labs）、Betadine（Purdue Federick Co.）、Septisoft（Vestal Labs）等。注意这些洗手皂是否含二氯苯氧氯酚（triclosan）！

Glo-Germ™ 液体和粉剂（Carolina 或 Wards）

带有移液操纵器的 1mL 和 10mL 移液管，供稀释之用

纸巾

蜡笔

35℃培养箱

一次性无菌外科刮刷

装用过的外科刷子的容器

紫外灯（365nm 波长）

学习目标

1. 理解正确洗手的重要意义
2. 理解有效消毒操作的重要性

3. 判断洗手和消毒的有效性
4. 掌握常规的微生物学检测

原理

许多市售洗手产品含有抗菌的化学物质，这些产品广泛用于家庭和工作场所（表32.2）。主要分为以下两类：含有酚类杀菌剂二氯苯氧氯酚的洗手皂和含乙醇的净手凝胶。净手凝胶可以不加水而直接使用，而洗手皂需要加水。

正确洗手是临床工作者控制感染，特别是**院内感染**（nosocomial infection）的最有效方法。手表面的油脂层和表面结构使得简单洗手不能去除其上的微生物。洗手皂或净手凝胶有助于去除油脂，刷子刷洗 7 ~ 8min 可以最大限度地去除**暂时性**（transient）（被污染的）和**土著微生物**(resident microorganism)。本实验中，每个学生会拿到一种洗手皂或净手凝胶。指导教师将示范正确的洗手方法。洗手方法和洗手皂或净手凝胶的效果将以培养皿和 Glo-Germ™ 液中是否有微生物生长来评判。

在实验中也会用临床常用的化学物质对各种环境表面进行消毒。**消毒** (disinfection) 指杀灭生长状态的致病菌或病毒。**消毒剂** (disinfectant) 是用来消毒的试剂（通常为化学试剂），通常用于消毒无生命物质。本实验的主要目的是让学生了解利用化学和物理消毒去除潜在的有害微生物的重要性，同时体验常规的生物监测方法。实验将用到 **RODAC**(*r*eplicate *o*rganism *d*etection *a*nd *c*ounting, 生物复制检测和计数）板。该板设计特点之一是具有可以加入培养基的凸起表面，以便与拟采样的表面充分接触。另外，培养皿底部的 10mm 网格有助于计数和定位菌落。这些平板用来检测和计数必须保持表面清洁。

进行环境样品采集的其他选择还有消毒控制的 Difco's HY 检测系统，进行微生物监测的 Millipore 取样器和棉签测试套装，以及 Glo-Germ™ 粉剂。

实验步骤

第一阶段

手的清洁

1. 洗手之前，一只手的每个手指依次轻压 TSA 培养皿的琼脂，形成一个五指印。蜡笔标明实验者姓名、日期和“洗手前”。

2. 选取一种实验室提供的洗手皂，按照厂家或老师的指导洗手。洗手时间长短由老师指定。采样适当的间隔如 10s、30s、3min 或其他选定的时间。这样可以研究不同洗手皂和揉洗时间长短的效果。洗手技巧包括：

a. 使用连续流动的热水
b. 足够的洗手皂
c. 用力让洗手皂与手的各处充分接触
d. 用外科手术刷洗手
e. 始终将手放低，手上的液体进入水槽，而不是流回手臂
f. 避免水飞溅，彻底冲干净

g. 用纸巾将手擦干

h. 将用过的纸巾放入专用袋子

i. 手拿一张纸巾将水龙头关闭

3. 洗手后，按第“1”步的方法用同一只手在另一个TSA培养皿上轻轻按上五指印，标上实验者姓名、日期和“洗手时间”。

4. 将2个培养皿在35℃培养24～48h。

5. 在TSA培养皿上按完手印后，涂抹少量的Glo-Germ™液在一只手上，将手放到紫外光下，观察是否存在细菌。只要存在细菌，就会发光（图34.1）。

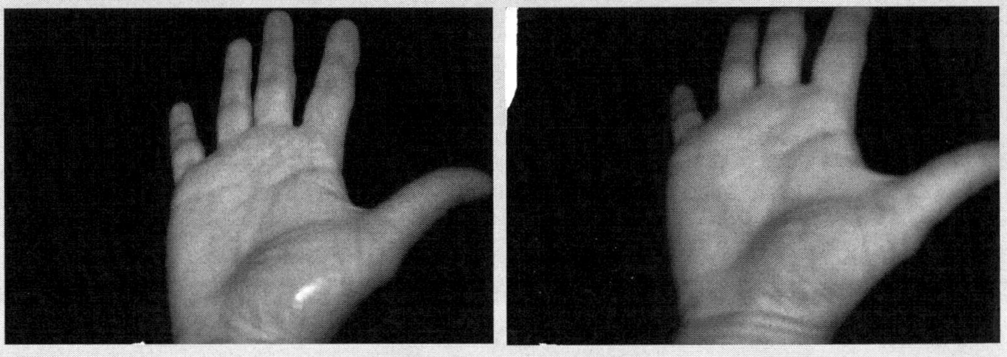

(a) (b)

图34.1 Glo-Germ™。（a）未洗过的手，所有呈现红色的区域都表示有细菌存在；（b）清洗过的手，注意洁净的地方表示大部分细菌被清除。

环境样品采集

1. 选择任一环境表面，如地板、墙、桌子或饮水喷头等，如图34.2所示，将RODAC培养皿放在其表面，确保完全接触。在培养皿上标注实验者姓名、日期和“消毒前”。

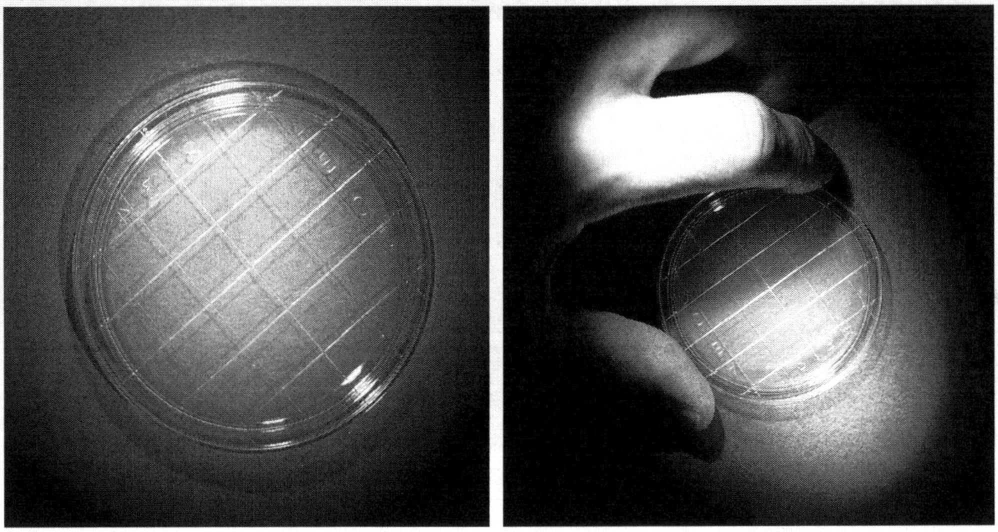

(a) (b)

图34.2 RODAC平板。（a）RODAC平板；（b）RODAC平板监测环境表面是否存在微生物。

2. 选取提供的一种消毒剂并按照操作手册的说明适当稀释。向前一步骤 RODAC 培养皿取过样的地方倒上 5 ~ 10mL 的化学物质，充分接触（指导教师会提示接触时间间隔）。用纸巾擦揩该区域，吸掉过量的液体。也可以用毛巾使劲擦洗。

3. 用另一个 RODAC 培养皿像步骤“1”一样接触这个区域。在培养皿上标注实验者姓名、日期和“消毒后”。

4. 将 2 个培养皿在 35℃培养 24 ~ 48h。

5. HYcheck 消毒效果监测的接触玻片 (Difco 公司产品) 也是检测消毒剂效率的一个好方法。装有内铰链的搅棒的一面是胰蛋白胨大豆琼脂，另一面用来测试消毒剂的 D\E 中性琼脂。这个搅棒的表面划分成 1cm^2 的正方形格子，便于菌落计数。按照下面步骤 (指导老师会示范这些步骤) 可以快速检测物体表面是否具有细菌。

a. 用搅棒末端的尖接触需要检测的表面，并调整搅棒铰链到方便的角度。

b. 拿住玻片的盖子，轻轻将 TSA 平板压在需要采样的物体表面，充分接触并维持几秒钟。然后将搅棒复原状并放回容器。

c. 像步骤“2”一样将表面消毒。

d. 拿走玻片并将紫色的 D\E 中性琼脂接触消过毒的表面，持续几分钟。

e. 将玻片放回容器，封紧并贴上标签。35℃ ~ 37℃条件培养 24 ~ 48h 后，统计两面的菌落数。

6. Milipore 的采样器和 Swab 测试试剂盒同样可以用来进行特殊环境中的日常微生物采样和检测。其优点在于不用混合培养基，不用准备琼脂平板，也没有任何东西需要

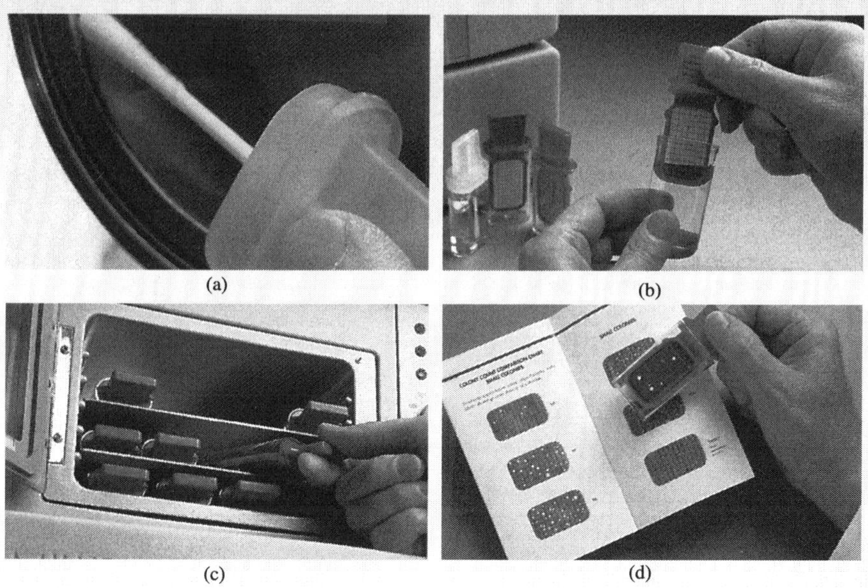

图 34.3 整装的膜过滤测试（Millipore）。(a) 表面采样：用棉签擦拭表面，将棉签放进含有无菌缓冲液的塑料盒，摇动棉签 30 次，丢弃棉签；(b) 液体采样：用待测试的液体灌满盒子，将采样器插入盒子中，并是膜面向下将盒子水平放置 30s，取出采样器并倒掉待测液；(c) 将采样器插回盒子，膜面向下放入容器中培养；(d) 统计菌落数或利用套装中提供的对照表进行快速比较 (图 34.4) 。(该图片由 Millipore 公司提供)

灭菌和处理。检测很简单，只是采样、培养和计数（图 34.3 和图 34.4），具体的温度和培养时间见表 34.1。

7. Glo-Germ™ 粉末也可用来检测是否存在细菌，将粉末撒在待检测表面，并在该区域进行涂抹，接着用消毒剂对表面进行常规清洁，然后在紫外光下观察是否有细菌存在。

第二阶段

手的清洁

1. 观察 TSA 平板上手指印区域，比较“洗手前”和“洗手后”的平板，记在实验报告上。

2. 为了回答一些评价性问题，需要和其他同学交换实验获得的数据。

第三阶段

环境样品采集

1. 观察 RODAC 平板，HYcheck 载玻片和（或）微孔测试试剂盒 / 采样器。统计每个平板，载玻片和（或）试剂盒 / 采样器上的菌落数，在实验报告中记录数据。

2. 有必要与其他同学交换数据，以便回答部分复习题。

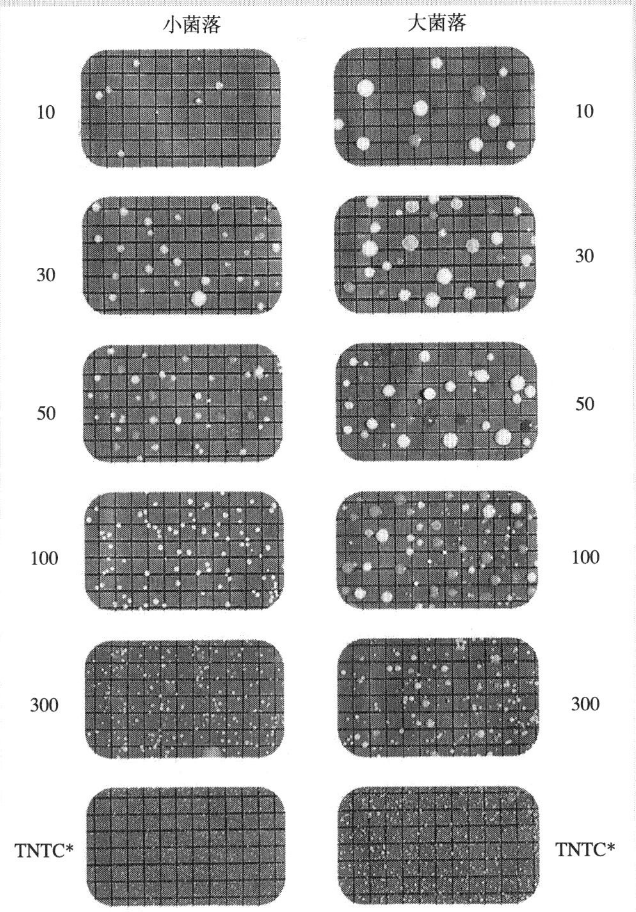

图 34.4 小菌落和大菌落计数。只需要将采样器和具有类似菌落密度的图片比较，然后记录相应的数量。（该图片由 Millipore 公司提供）

提示与警告

（1） 如果稀释浓缩的消毒剂，需戴上手套并在化学通风橱里进行。

（2） 只有预期的菌落数大于 10 时，才采用 Milipore 的采样器。

（3） 以下几种情况不要使用采样器：监测饮用水；微生物数量较少而需要 100mL 样品时；海水，海水的盐浓度可能改变营养成分。

（4） 二氯苯氧氯酚 (triclosan) 主要对革兰氏阳性菌有效。

表 34.1

各种 Milipore 试剂盒的温度和培养时间

	培养的生物	测试试剂盒	温 度	采样时间	颜色
SWAB 试剂盒					
食品					
原料	大肠菌群	Coli-Count	35℃ ±1℃	22~24h	蓝色
锯	细菌	HPC	25℃~35℃	48~72h	红色
研磨器	细菌	HPC	25℃~35℃	48~72h	红色
饮料					
设备表面	细菌	HPC	25℃~35℃	48~72h	红色
	酵母 霉菌	Yeast & Mold	28℃~32℃	48~72h	黄色
公共卫生检查	大肠菌群	Coli-Count	35℃ ±1℃	22~24h	蓝色
	细菌	HPC	25℃~35℃	48~72h	红色
采样器					
食品					
处理过的水	细菌	HPC	25℃~35℃	48~72h	红色
原料	细菌	HPC	25℃~35℃	48~72h	红色
含小悬浮颗粒的液体原料	酵母，霉菌	Yeast & Mold	28℃~32℃	22~24h	黄色
	大肠菌群	Coli-Count	35℃ ±1℃	22~24h	蓝色
精制液体产品	细菌	HPC	25℃-35℃	48~72h	红色
饮料					
处理过的水	细菌	HPC	25℃-35℃	48~72h	红色
	大肠菌群	Coli-Count	35℃ ±1℃	48~72h	蓝色
精制糖浆	细菌	HPC	25℃~35℃	48~72h	红色
包装产品	细菌	HPC	25℃~35℃	48~72h	红色
	酵母，霉菌	Yeast & Mold	28℃~32℃	48~72h	黄色
电子高纯度水	细菌	HPC	28℃ ±2℃	48~96h	红色
冷却塔水	细菌	HPC	28℃~35℃	48~72h	红色
	细菌	Total Count	28℃~35℃	48~72h	白色
	酵母，霉菌	Yeast & Mold	28℃~32℃	48~72h	黄色
工业用水	细菌	HPC	25℃~35℃	48~72h	红色
	大肠菌群	Coli-Count	35℃ ±1℃	48~72h	蓝色
	细菌	Total Count	25℃~35℃	48~72h	白色
透析水					
化妆用水	细菌	HPC	35℃ ±2℃	48~72h	红色
精制透析液	细菌	Total Count	35℃ ±2℃	48~72h	白色
公共卫生检查	大肠菌群	Coli-Count	35℃ ±1℃	22~24h	蓝色
	细菌	HPC	25℃~35℃	48~72h	红色
环境水域	大肠菌群	Coli-Count	35℃ ±1℃	22~24h	蓝色
	细菌	HPC	28℃~35℃	48~72h	红色
	细菌	Total Count	25℃~35℃	48~72h	白色
实验室用高纯度水	细菌	HPC	28℃~35℃	48~72h	红色
化妆品和药品制造	细菌	HPC	25℃~35℃	48~72h	红色

注：除了 Coli-Count Sampler 和 Swab Test Kits，上述给出的培养时间和温度是可适用的一个范围，具体值视情况而定。为了比较时的标准统一，常规测试应该应用相同的培养时间和温度。大肠菌群测试时的培养时间和温度比较特殊，需要遵照认可的范围。来源：Copyright ©Millipore Corporation，Bedford，MA，Reprinted by permission。

复习题

1. 为什么在消毒过程中直接接触很重要?

2. 哪一种消毒剂最有效? 哪种的效果最差? 说明原因。

3. 哪种洗手皂最有效? 哪种效果最差? 它们是否含有二氯苯氧氯酚? 说明理由并阐明二氯苯氧氯酚的重要性。

4. 很多正常菌群对身体无害,但在外科擦洗中为什么要将其去除?

5. 列举一些洗手皂不能去除所有微生物的原因。讨论并分析不同刷手时间的效果(或不同洗手皂的效果)。

6. 为什么在外科擦洗中,液体洗手液比固体肥皂的效果好?

7. 从微生物方面来考虑,为什么洗手间里使用纸巾比连续反复使用的毛巾要好?

实验 35　测定细菌生长曲线：经典法和两小时法

安全注意事项

注意本生灯火焰。不能用嘴移液。

实验材料（经典方法）

大豆胰蛋白胨肉汤培养基培养 10 ~ 12h 的大肠杆菌（ATCC 11229）。将培养物放在冰水浴中可以维持细菌的对数状态。

置于 250mL 锥形瓶中的 100mL 脑心浸液

21 个 99mL 的生理盐水作为空白

3 瓶 100mL 的大豆胰蛋白胨肉汤培养基或者 20 管 15mL 的 TSA 培养基

37℃带有振荡和温度控制的水浴锅

分光光度计

13 × 100 mm 的比色皿

Nephelo 培养瓶

菌落计数器

28 个培养皿

带有移液操纵器的 1mL 和 10mL 灭菌移液管

本生灯

蜡笔

1000mL 烧杯

尺子

实验材料（两小时法）

培养 6h 的产钠弧菌（*Vibrio natriegens*, ATCC 14048）起始培养物

300mL 的产钠弧菌培养基 [3.7%(37g/L) 脑心浸液 +2%(20g/L)NaCl, 最终 pH 7.7]，置于 500 mL 烧瓶中

带有移液操纵器的 1mL 和 10mL 灭菌移液管

37℃水浴或者培养箱

学习目标

1. 理解细菌的生长动力学
2. 确定细菌生长曲线的典型阶段
3. 使用分光光度计
4. 测定细菌生长和浊度
5. 绘制生长曲线并确定大肠杆菌或者产钠弧菌的代时

为什么本实验采用下列细菌？

本实验中，学生将学习如何测定细菌生长，绘制细菌生长曲线，确定细菌的代时。为此，选用了常见的大肠杆菌，其代时在40℃大约为21min，而产钠弧菌在37℃时的代时为短于10min。

网络学习链接

来自 MicrobeLibrary.org(MicrobeLibrary@asmusa.org)

动画视频—细菌的生长：生长曲线

原理

经典生长曲线

通过测定培养基的**浊度**(turbidity)可以确定细菌群体生长的四个时期[**延滞期**(lag)、**对数期**(logarithmic)、**稳定期**(stationary)、**衰亡期**(death or decline)]。浊度并非直接测定细菌数量，而是间接测定细菌生物量。对数生长期时，细菌的生物量与细胞密度有相关性。裸眼能够观察到的浊度变化至少需要1mL培养基中大约含有10^7个细菌。为增加灵敏度，获得定量的数据，可以采用分光光度计。

绘制一个完整的**细菌生长曲线**(bacterial growth curve，细胞数量随时间变化而增加和减少)需要在较长时间内，在不同的时间间隔分别取摇瓶中的培养物，测定数量。因为这个过程需要几个小时，不适合常规的实验。因此，本实验的第一部分设计成只显示细菌生长曲线的延滞期和对数期。通过直接和间接法测定生长情况，在制图纸上绘制细菌数量。绘好的生长曲线可以用来确定生长周期的阶段，也可以用**代时**(generation time，细菌群体数量倍增的时间)确定特定细菌在标准条件下的生长

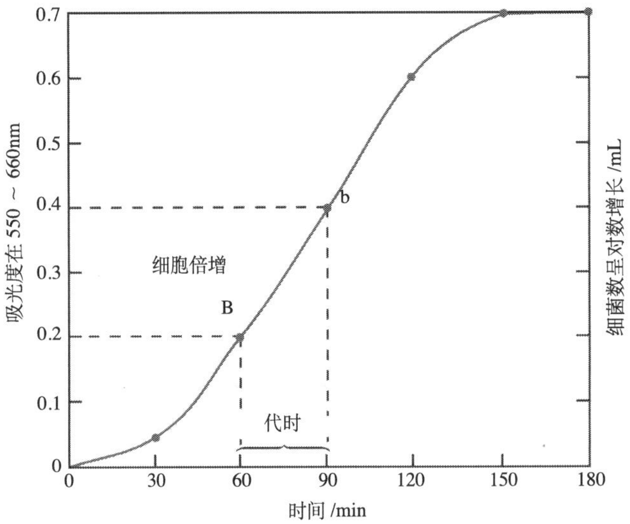

图35.1　间接法确定代时。

速率。

间接测定法采用分光光度计定期测定细菌培养物的浊度。这些定期取出的样品代表不断增加的生物量。图 35.1 展示了外推对数生长期确定代时的方法。例如，选取吸光值坐标上的两个点（0.2 和 0.4）代表浊度的倍增，用尺子连接纵坐标上的吸光值和对数或者指数期的生长曲线，进行外推。从生长曲线上的这两个点画垂线到横坐标的时间间隔。根据这些数据，如下进行代时的计算：

$$\text{代时} = t(A=0.4) - t(A=0.2)$$
$$=90\ \text{min} - 60\ \text{min}$$
$$=30\ \text{min}$$

同样的代时确定法也可以通过群体计数法得到。

生长常数也可以通过上述数据来确定。用细胞数量或者吸光值的 $\log_{10}$ 对数值作为纵坐标，时间作为横坐标，会得到一条直线。该直线的斜率可以确定 g 值和 k 值。k 值是时间的倒数，或者每小时的值。不论测定的是细胞生物量还是细胞数量，生长常数在指数生长期是恒定的。在标准生长和环境条件下，生长常数是比较不同微生物种类之间的生长速率的工具。

如果已知生长率常数，**平均代时** [mean generation time, **倍增时间** (doubling time)] 可以通过下面的公式得到：

$$g=\frac{1}{k}$$

这个公式也可以用代时计算生长率常数。

如前所述，代时可以从细菌的生长曲线直接读出，然后确定生长率常数。如果需要利用这些数据计算代时（g），可以用下面的公式：

$$\text{代时} = \frac{0.301t}{\log_{10}N_t - \log_{10}N_0}$$

其中：N_O 代表 B 点或者对数生长期开始后其他时间点的细菌数量

Nt 代表 b 点或者邻近对数生长期结束的其他阶段的细菌数量

t 代表 B 和 b 两点间的间接的分钟数（图 35.1）

从以上公式，也可以计算非限制条件下生长的培养物的**平均生长率常数**（k, mean growth rate constant）。该时间内，细胞数量增长率与任何特定时间内的细胞数量成正比。生长速率可以表示为：

$$k=\frac{n}{t}$$

其中：n 代表单位时间的代数；符号 k 代表平均生长率常数。可以把方程式转换为对数形式：

$$k=\frac{\log N_t-\log N_0}{0.301t}$$

两小时法

产钠弧菌是一种具有单极鞭毛的兼性厌氧杆菌，1958 年从佐治亚州 Sapelo 盐湖的沼泽地首次分离。产钠弧菌生长快，代时不到 10min，是确定细菌完整生长曲线的理想菌株，大约 2h 内就可以完成从延滞期到稳定期的生长周期的测定。

实验步骤（经典方法）

第一阶段

1. 将 21 瓶灭菌生理盐水（每瓶 99mL）分成 7 组，每组 3 瓶。用蜡笔标记每组的培养时间 (t=0, t=30, t=60, t=90, t=120, t=150, t=180) 及每瓶的稀释度 (10^{-2}, 10^{-4}, 10^{-6})（见图 35.2）。

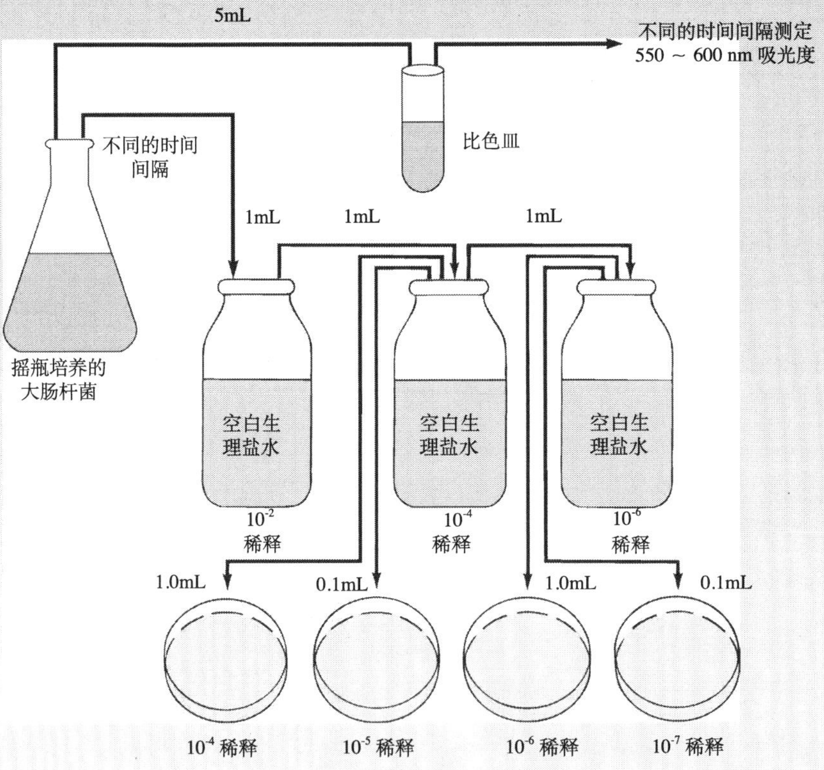

图 35.2 稀释涂布和分光光度测定确定细菌生长曲线。

2. 用蜡笔在 7 组（每组 4 个）培养皿上标记实验者姓名、培养时间、稀释度 (10^{-4}, 10^{-5}, 10^{-6}, 10^{-7})。

3. 在水浴中融化 3 瓶 100mL 或者 20 支 15mL 的大豆胰蛋白胨肉汤培养基，冷却，

45℃保温，备用（见第 7 步）。

4. 用灭菌的移液管移取 5mL 对数期的大肠杆菌菌液到含有 100mL 的脑心浸液的摇瓶中。标上实验者姓名、时间、日期。这种肉汤培养基在 550 ~ 600nm 处的吸光值（A）约 0.1（参见实验 18，图 35.3，正确使用分光光度计）。

5. 初始吸光值确定后，摇动培养物，在无菌条件下移动 1mL 的菌液到 99mL 生理盐水空白中，标记为 10^{-2}，之后连续稀释到 10^{-6}（参见附录 F 和图 35.2）。

6. 将培养瓶置于带水浴摇床或者培养箱中，培养条件为 37℃，120r/min。如果没有水浴摇床，则需要经常摇动培养瓶。

7. 将时间为 0 的稀释菌液倒入恰当标注的培养皿，倒入量如图 35.2 所示。每个培养皿倒入 15mL 融化的琼脂，在平台表面轻轻旋转，使琼脂和菌液混匀。

8. 每隔 30min，取 5mL 肉汤培养物到比色皿中，测定培养物在 550 ~ 600nm 处的吸光值。确保每次取样前充分悬浮细菌。

9. 在相同的时间间隔时，转移 1mL 到已恰当标记时间（步骤 1）的 10^{-2} 空白中。按照图 35.2 连续稀释，铺到标记好的培养皿里，如步骤 7 一样加入融化的琼脂。

10. 培养皿中的培养基凝固后，35℃倒置培养 24h。

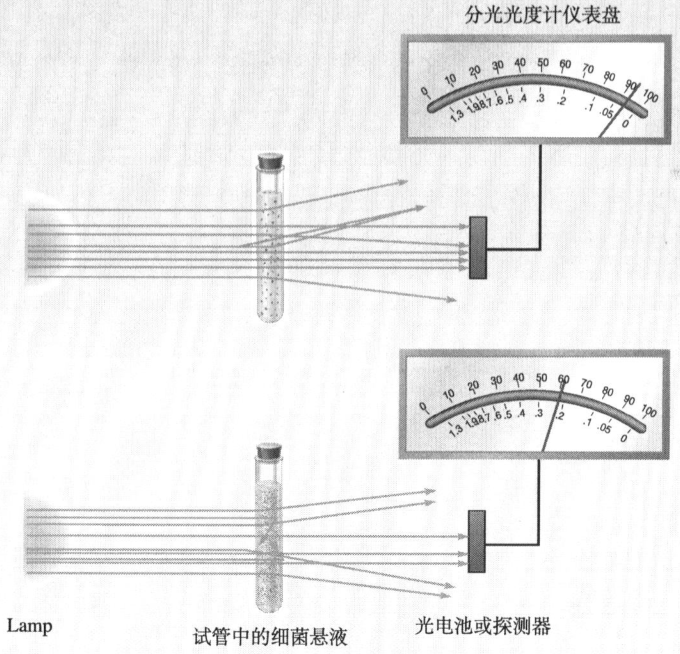

图 35.3 浊度与微生物质量测定。通过测量光的吸收度来测定微生物的质量。通过种群与浊度的增加，更多的光被散射并且在分光光度计上可以看到吸光度的增加。在分光光度计的仪表盘上有两排刻度。下排刻度用来显示吸光度，而上排刻度为透光百分率。吸光度增加同时透光百分率下降。

第二阶段

1. 按照实验 18 对所有平板上的菌落进行计数。

2. 记录所有的测量数据和对应的细菌数量。

3. 在提供的纸上，绘制如下曲线：

a. 将吸光值的对数值作为纵坐标，培养时间作为横坐标。图 35.1 可以作为例子。

b. 将细菌数的 $\log_{10}$ 值作为纵坐标，培养时间作为横坐标，将各点用尺子连接起来。

c. 将以上数据用半对数图的方法作图。采用作图法和生长方程式法计算代时和生长率常数。

实验步骤（两小时法）

1. 用产钠弧菌培养基将分光光度计在吸光度 550 ~ 600nm 处归零。

2. 将装有脑心浸液的烧瓶放在 37℃的水浴中 15min。

3. 在水浴中缓缓搅拌烧瓶，将 10mL 培养 6h 的产钠弧菌接种入其中。

4. 记录起始培养物的透光率（%T），每 10min 测定一次 %T，此后照此操作，一直测到 2h。确保每次取样时彻底悬浮细菌。采用附录 B，将透光率 %T 转化为吸光值。如果你的分光光度计有数字显示器，可以直接读取吸光值，不用从透光率 %T 进行转换。

提示与警告

（1）转移过程中，保持良好的无菌操作。如果在转移过程中有任何的溢出，请向老师报告。实验结束时，仔细清洁并消除工作区域可能的污染。

（2）用 Nephlo 培养瓶可以很容易测到细菌的生长曲线。该瓶子的侧臂恰好可以放入分光光度计的比色皿室，这样就无需取样而测定。

复习题

1. 解释代时的定义。
2. 为什么要采用吸光值而不是透光度的百分比来作图？
3. 代时能否在生长曲线的任何阶段计算？解释你的理由。
4. 细菌处于延滞期时发生了什么，在生长期呢？
5. K 值的意义？
6. 培养物的浊度是什么意思？
7. 如何确定细菌培养物的平均代时？

第八部分

环境和食品微生物

就像跨越忧愁河的金桥，我将为你赴汤蹈火。

Paul Simon(歌手、词曲作家 1942—　)

这部分内容包括环境和食品微生物学操作。

饮用水 (potable water) 质量是人人关心的主要问题之一。城乡自来水有可能传播一些人类疾病，如霍乱、伤寒、志贺氏菌痢、沙门氏菌病、肠胃炎。这些致病菌的数量一般很少，其分离和鉴定过程既耗时又困难。因此，检测粪便污染程度一般通过**指示菌** (indicator)。这种指示菌几乎都来自人类粪便，数量多，且在水中存活时间足够长，计数结果比较可靠。大肠杆菌符合这个条件，它属于**大肠菌群** (coliform group)。虽然并非所有大肠菌群都来自粪便，但计算**大肠菌群总数** (total coliform count) 可以作为水污染的指标。水质量控制中，有 4 种方式可以确定大肠菌群的数量：

（1）**最大概率数法**（MPN）。利用乳糖或月桂胰蛋白胨肉汤为培养基的发酵试管，确定大肠菌群数量。

（2）**有 - 无检测法**（P-A）测定存在大肠菌群和粪大肠菌群与否的方法。这是 MPN 法的改进，将大样本水样（100mL）在一个培养瓶里培养。

（3）**膜过滤法**（ME）。采用滤膜捕获细菌，在适当的培养基培养停留在滤膜上的细菌，根据菌落特征，可以快速检测总大肠菌群、粪大肠菌群、粪链球菌。

（4）**KONFIRM 法**。可以同时检测肠菌群和大肠杆菌。这 4 个方法都遵循美国公共健康协会在《水和污水检测标准方法》[*Standard Methods for the Examination of Water and*

Louis Pasteur (1822—1895)

路易斯•巴斯德是巴氏灭菌法的发明者。1866 年出版了《酒的研究》（*Studies on Wine*）的第一版。巴斯德认为葡萄酒变酸是酿酒酵母被产酸微生物污染所致。他也发现，其他一些不需要的、导致酒失去味道的次级发酵也来自污染的微生物。他认为葡萄酒是正确微生物菌种和恰当成熟方法综合的产物。因此，巴斯德指出，加热是消除不需要的微生物的一种可行方法。他在书中写道：

“人们不应该混淆……（两种类型的加热），一种是帮助氧改变酒颜色的缓慢加热，另一种是我所提及的杀灭酒中寄生微生物的加热。”

Wastewater (19th ed)] 一书中的建议。这些标准也是这部分前 2 个实验的基础。

病毒是极小的传染性物质。一个完整的病毒颗粒，或者**病毒粒子**（virion）的结构比细胞简单得多。它基本上由遗传物质（DNA 或者 RNA）和蛋白质样包被构成。蛋白质外壳将其与环境隔离，发挥保护作用，并帮助病毒在不同宿主间传播。病毒的蛋白质外壳称为**衣壳**（capsid）。衣壳一般具有以下 3 种形状：二十面体对称，如脊髓灰质炎病毒和腺病毒；螺旋对称，如烟草花叶病毒；复合对称，如痘苗病毒。复合型病毒的典型例子是细菌噬菌体或称为噬菌体。噬菌体在细菌细胞中复制，并在此过程中破坏寄生的细胞。之所以称为复合型，是因为在围绕其核酸的衣壳上还黏附了其他的结构。本实验指南的第三部分涉及在常见细菌大肠杆菌中复制的噬菌体。**T4 噬菌体**（T4 bacteriophage）是研究最深入的噬菌体之一。它由一个包含双链 DNA 基因组的头部和一个复杂尾部构成。病毒通过其尾部的基底板黏附到宿主细胞，接着鞘收缩，将病毒 DNA 注入宿主细胞。

土壤环境很复杂，微生物在其中发挥主要作用。例如，土壤微生物区系是营养源，与营养循环和降解都有关。降解过程受微生物与其他微生物、大生物和营养等之间复杂相互作用的影响。在土壤的形成和维持过程中，微生物之间以及与植物之间相互作用。遗憾的是，土壤中大多数微生物尚未能培养和研究。不过，如果没有土壤微生物及其许多重要的相互作用，地球上的生命将不能持续。本书这部分的实验旨在让学生了解土壤微生物的特征和活性，以及土壤微生物区系的数量。

我们吃的许多食物都含有微生物。多数情况下，这些微生物来自环境或者食物加工过程。有时，有些食品生产过程中还特意加入某些特定的微生物（比如乳酪、泡菜、酪乳、德国泡菜、保加利亚酸乳、腊肠）。一旦进入食物，且温度适宜，微生物就会以食物作为能源，代谢食物并排出代谢废物。一些代谢废物可能使食物变得难吃，结果食物就被糟蹋了。其他情况下，微生物产生的废物可能导致消费者**食物中毒**（food poisoning or food intoxication）。但还有其他一些情况，微生物代谢废物可能是所需要的，有助于产生特定食物。这种情况下称为有益的变质。最后，某些微生物的存在与否可以显示食品卫生质量的高低。这些**指示微生物**（indicator microorganism）主要是细菌。这部分实验旨在介绍一些涉及食物变质、食物中毒、食品制造及食品卫生分析相关的微生物。美国公共健康协会编写的《食品微生物检验方法汇编》（*Compendium of Methods for the Microbiological Examination of Foods*）中有后者的具体方法。

只要温度适宜，牛奶是许多致病菌如沙门氏菌、布氏菌、里斯特菌、结核菌的理想培养基。虽然这些疾病还可以通过被污染的牛奶（奶制品）传播，但**巴斯德（氏）灭菌法**（pasteurization）的使用大大降低了上述传染病的发病率。牛奶巴氏灭菌是用足够高的温度和时间处理牛奶，杀灭所有致病菌。这个过程不会改变牛奶的营养质量和味道。因此，今天爆发的许多疾病往往源于饮用未灭菌或未煮过的牛奶。防止疾病爆发的必要措施是对牛奶进行例行细菌数量分析；如果牛奶含有的细菌数量高，说明牛奶的收集、处理、储存过程有误，或者被采集牛奶的奶牛患病。如同水质分析一样，乳制品行业也采用大肠菌群数量和细菌总数作为衡量牛奶卫生质量的指标。许多方法可以分析牛奶和乳制品质量，这些方法见美国公共健康协会出版的《乳制品检验标准方法》（*Standard Methords for the Examination of Dariy Products*）一书。这部分的最后一个实验展示其中的几种方法。

在完成这部分实验后，你至少能增强以下分析技能，包括：(a) 系统地收集和组织数据；(b) 以适当的方式（图、表或描述性段落）展示数据；(c) 获得微生物样品；(d) 评价数据的有效性（完整性和重要性）；(e) 根据实验结果得出恰当的结论。这将满足美国微生物学会核心课程实验思考技能第 2 条要求。实验操作技能的第 3、4 和 5 条也将得到提高。

这些实验技能包括：(a) 使用生化测试培养基及准确描述显微镜视野下的观察结果；(b) 无菌操作技能；(c) 分离菌落或者噬菌斑；(d) 准确涂布恰当的稀释物；(e) 估算样品中的微生物数目并使用连续稀释法稀释；(f) 从平板计数的结果推测起始样本中准确的 CCU 或 PAU(见 v ~ vi 页)。

实验36 标准的大肠菌群最大概率数（MPN）测试和 Colilert®-18* 大肠菌群测试

安全注意事项

这个实验中，学生会使用未知样本并大量培养，任何一个样本都可能含有人体致病菌，因此，处理这些产物时要十分小心。小心本生灯火焰。正确处理所有水样本。不要用嘴吸移液管。所有试管垂直放置在试管架或者试管筒中。如果直接对着紫外灯，眼睛会被伤害。紫外灯只用来间接观察 Colilert®-18 检测的有效性。为安全起见，需要一直戴着护目镜。

实验材料

10 个含有 10mL 单一强度乳糖肉汤（SSLB）的 Durham 发酵试管（十二烷醇肉汤，或肉汤存在 / 不存在也可以使用）

5 个含有 10mL 双强度乳糖肉汤（DSLB）的 Durham 发酵试管

100 ～ 125mL 室温的水样本（每组学生应自带来自可能被污染的供水系统的水样本。提前收集的水样本在分析之前应一直冷冻保存。）

Difco's 有 - 无肉汤水测试培养基

灭菌生理盐水

长波长紫外灯

革兰氏染色试剂

含有 Levine EMB 琼脂的培养皿（或 LES Endo 琼脂）

1 个胰蛋白胨琼脂斜面

3 个亮绿乳糖胆汁肉汤（Difco's Bacto 亮绿胆汁肉汤 2%）试管或 2 个含有 Durham 试管的十二烷醇胰蛋白肉汤试管

1 个已灭菌的带有移液操纵器的 10mL 移液管

2 个已灭菌的 1mL 移液管

蜡笔

试管架

35℃培养箱

接种环和接种针

* Colilert®-18 是 IDEXX 实验室（IDEXX Laboratories, Inc.）的注册商标。

护目镜

35℃水浴

3 个 150mL 的已灭菌的非荧光样本瓶

3 个 Colilert®-18 试剂盒

Colilert®-18

本生灯

1 个 P-A 培养瓶（250mL 牛奶稀释瓶）含有 50mL 3 倍强度有 - 无或 P-A 肉汤

学习目标

1. 检测水样本中是否存在大肠菌群
2. 得到关于所测水样本中大肠菌群数量的一些指标，如可能的数量
3. 列出并解释检测水中大肠菌群的多试管技术的每一步骤（预测、验证及完成）
4. Colilert®-18 肠杆菌测试操作技能

网络学习链接

来自 MicrobeLibrary.org(MicrobeLibrary@asmusa.org)

图片—EMB 乳糖非发酵菌

原理

水样本的总大肠菌群 [肠杆菌属，克雷伯氏菌属，柠檬酸杆菌属 (*Citrobacter*), 埃希氏菌属 (*Escherichia*)] 数量可以通过统计分析而确定，即**最大概率数（MPN）实验** (most probable number test)（图 36.1）。这个方法需要多个 Durham 发酵管，并分成 3 部分：**预测**（presumptive）、**验证**（confirmed）和**完成**（completed）实验。

预测实验中，稀释的水样本分别加入到乳糖或十二烷基胰蛋白肉汤发酵管中，35℃培养 24 ～ 48h，根据是否发酵乳糖产生气体，推测细菌的发酵能力，假定是大肠菌群（十二烷基胰蛋白肉汤由于含有十二烷基硫酸盐即月桂烷硫酸酯，对革兰氏阴性菌有选择性）。

验证实验中，将生长和产生气体的乳糖肉汤试管中最高稀释度的培养物转移到亮绿乳糖胆汁肉汤培养基中。该培养基对大肠菌群具有选择性和区分能力。试管 35℃培养 (48 ± 3) h。如果 Durham 试管中产生气体，则证明微生物为总大肠菌群。

完成实验中，将阳性绿色乳糖胆汁肉汤中的样本划线接种到 Levine 氏 EMB 或 LES Endo 琼脂培养基中，35℃培养 18 ～ 24h。大肠菌群在 EMB 琼脂培养基上形成带有黑色中心的小菌落。大肠菌群在 LES Endo 琼脂培养基上形成红色菌落。样本然后在亮绿的乳糖胆汁肉汤培养基和营养琼脂斜面上培养。这些试管 35℃培养 24h。如果乳糖肉汤中有气体产生（图 36.2），且分离的细菌为革兰氏阴性不产孢子的杆菌，**完成实验**结果为**阳性**。

假设实验过程中可以估算肠杆菌数量。这个过程中，用 15 支乳糖肉汤试管培养水样本。其中 5 支试管分别装 10mL 水，5 支试管分别装 1mL 的水，5 支试管装 0.1mL 的水。

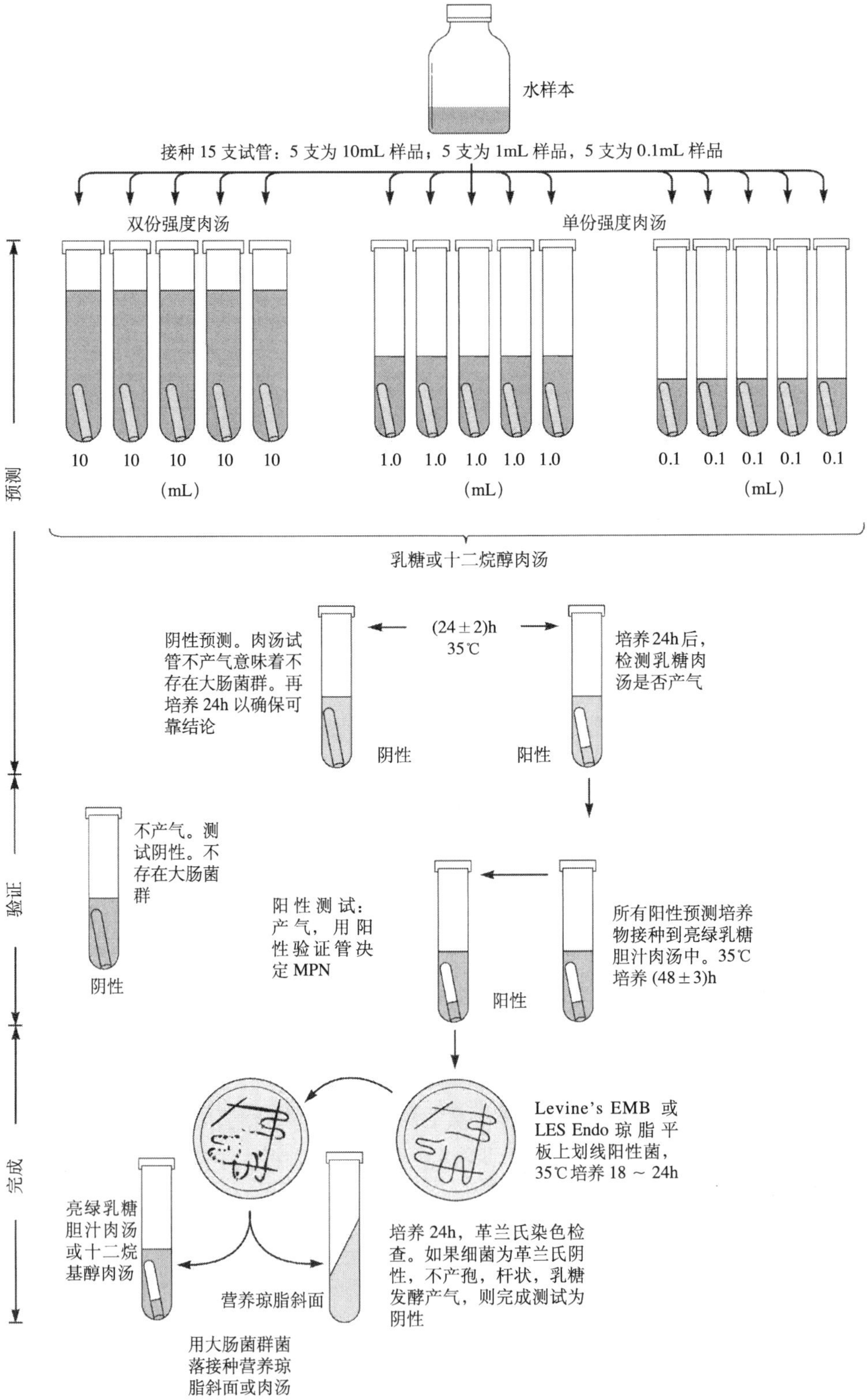

图 36.1 预测、验证和完成水样本中肠杆菌数量的最可能数量（MPN）法。

记录产生气体的试管的数量，并与由美国公共健康协会制定的表 36.1 比较。MPN 代表每 100mL 水样本中的大肠菌群数。（注意：如果检测的是污水，MPN 值来自于假设实验极端。如果测试其他类型的样本，MPN 值来自验证或完成实验。）

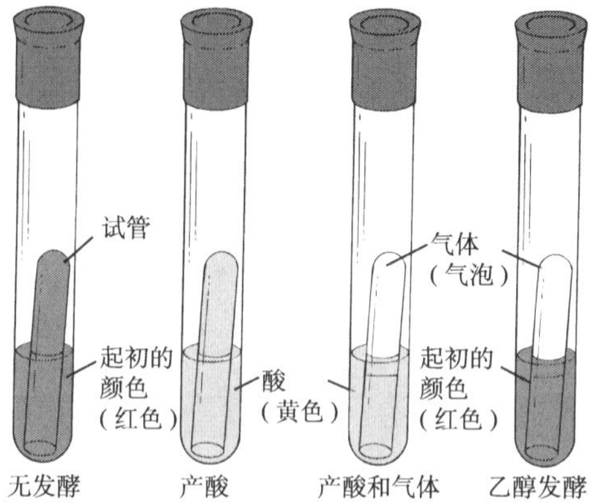

(a)

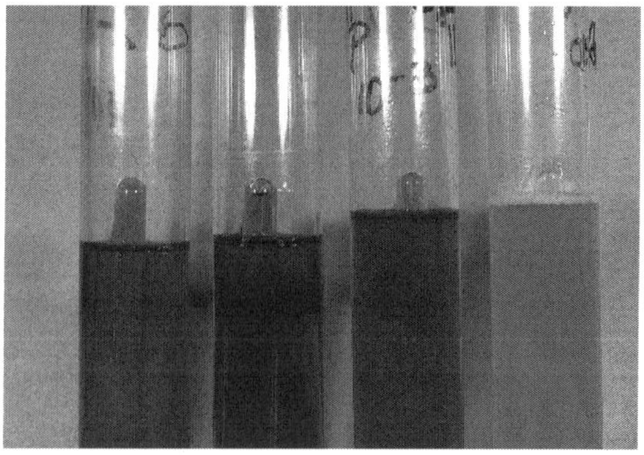

(b)

图 36.2 糖类发酵。（a）微生物糖类发酵可能的类型，加入苯酚红作为 pH 指示剂。（b）最左边的试管为对照。第二个试管为乙醇发酵，显示有气泡在顶部。从左数第三个试管显示没有糖类发酵（阴性）。最右边的试管显示产生酸和气体。

最近开发了简单、非常敏感的取代经典 MPN 方法的技术：IDEXX 实验室研发的 Colilert®-18 试剂可以检测饮用水，在 18h 内检测所有一般的大肠菌群和具体的大肠杆菌是否存在。该试剂含有利于大肠菌群生长，但抑制非大肠菌群生长的营养和盐类。其中含有指示剂成分即 *o*- 硝基苯基 - β -D- 半乳糖皮葸 (ONPG) 和 4- 乙酸甲基伞形酯 - β -D-gluconitrate（MUG）。3 个 100mL 水样本分别培养在加入试剂的 3 个水瓶中。阳性 Colilert® 呈黄色（图 36.3）。与对照比较，如果测试瓶呈黄色或程度更深的黄色，这个测试就是阳性，报告为“总大肠菌群存在”。

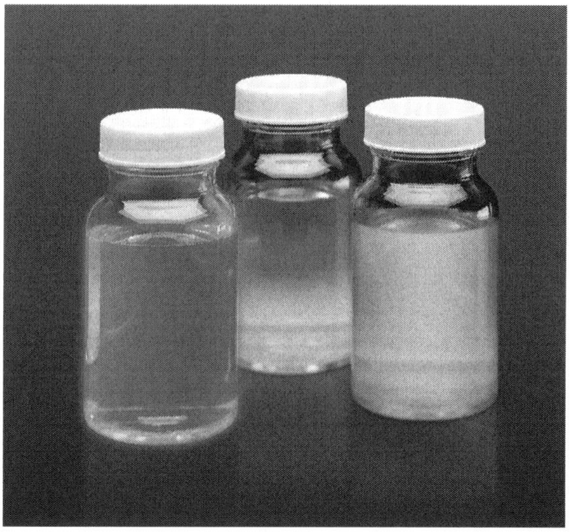

图 36.3 Colilert® ONPG/MUG 底物测试。大肠菌群水解 ONPG 产生黄色化合物（右瓶）。大肠杆菌水解 MUG 产生蓝色荧光物质(左瓶)。未接种对照位于中间。

紫外灯下，阳性 MUG 产生荧光。如果测试瓶的荧光和对照组的荧光强度一致或者更强，就可以确定存在大肠杆菌。报告为：“存在大肠杆菌”。如果水样本没有黄色或荧光，则为阴性，报告为：“不存在总大肠菌群”和“无大肠杆菌”。

MPN 的实验步骤

第一阶段

预测实验

1. 混合待测水样本25次。10mL水样本分别接种至5支双强度乳糖(十二烷基胰蛋白)肉汤试管；1mL 水样本分别接种 5 支单强度试管；0.1mL 水样本分别接种 5 支单强度试管。小心混匀每一试管中的成分，不要将培养基洒出，可以在手掌中滚动试管。用蜡笔在每一试管上标出姓名、日期和所加的水样本数量。

2. 3 组试管在 35℃培养 24 ～ 48h。

3. 培养 (24±2) 和 (48±3)h 后观察。24h 后，任何出现气体的试管都为预测实验阳性。接下来的 24h 内出现气体，则比较可疑。48h 后仍无气体出现则为阴性。

4. 确定每 100mL 水样本中大肠菌群的数量（参考原理部分并用表 36.1）。例如，如果在所有 5 支 10mL 试管中都有气体产生，仅 1 支 1mL 试管产生气体，0.1mL 组没有 1 支试管产生气体，则实验结果应该为：5-1-0。查阅表 36.1 得到本实验的 MPN 结果是：每 100mL 水样本中有 33 株大肠菌群。

表 36.1

使用 5 支 10mL、5 支 1mL 和 5 支 0.1mL 样本，不同阳性和阴性结果组合的最可能数量（MPN）

阳性反应管数				阳性反应管数			
5 支 10mL 管中的阳性管数	5 支 1mL 管中的阳性管数	5 支 0.1mL 管中的阳性管数	每 100mL 管中的阳性管数	5 支 10mL 管中的阳性管数	5 支 1mL 管中的阳性管数	5 支 0.1mL 管中的阳性管数	每 100mL 管中的阳性管数
0	0	0	<2	4	2	1	26
0	0	1	2	4	3	0	27
0	1	0	2	4	4	1	33
0	2	0	4	4	4	0	34
1	0	0	2	5	0	0	23
1	0	1	4	5	0	1	31
1	1	0	4	5	0	2	43
1	1	1	6	5	1	0	33
1	2	0	6	5	1	1	46
2	0	0	5	5	1	2	63
2	0	1	7	5	2	0	49
2	1	0	7	5	2	1	70
2	1	1	9	5	2	2	94
2	2	0	9	5	3	0	79
2	3	0	12	5	3	1	110
3	0	0	8	5	3	2	140
3	0	1	11	5	3	3	180
3	1	0	11	5	4	0	130
3	1	1	14	5	4	1	170
3	2	0	14	5	4	2	220
3	2	1	17	5	4	3	280
3	3	0	17	5	4	4	350
4	0	0	13	5	5	0	240
4	0	1	17	5	5	1	350
4	1	0	17	5	5	2	540
4	1	1	21	5	5	3	920
4	1	2	26	5	5	4	1600
4	2	0	22	5	5	5	≥ 2400

第二阶段

确定实验

1. 记录实验中的预测结果。

2. 用接种环从产气并且稀释度最高的水样本培养管中接种一环培养物到亮绿色乳糖胆汁肉汤试管中。35℃培养48±3h。在48h内的任何时间产生气体者都可确定为**实验阳性**。

第三阶段

完成实验

1. 记录确定实验的结果。

2. 从亮绿色乳糖胆汁肉汤阳性试管划线接种在LES Endo或Levine的EMB平板上。

3. 35℃倒置培养平板24h。

4. 如果存在大肠菌群，选择分离很好的菌落，并接种于单一的亮绿色乳糖胆汁肉汤试管中，并划线于营养琼脂斜面。

5. 对斜面上出现的任何细菌进行革兰氏染色。

6. 如果出现乳糖肉汤产生气体，琼脂培养呈现革兰氏阴性，不产孢子、棒状的细菌，则是一个圆满的完成实验，说明存在大肠菌群，水样本被污染。完成实验呈阳性。

Colilert-18® 实验步骤

第一阶段

1. 将100mL水样本分别放入2个样本瓶中，并分别加入一小包Colilert®-18试剂。第3个作为对照的瓶中加入灭过菌的生理盐水和一包试剂。拧紧盖子。颠倒瓶子5次，确保试剂与样本充分混匀。

2. 35℃水浴20min。

3. 20min后，35℃培养18h。

第二阶段

在黑暗处，将每一个瓶子置于紫外灯下。读出结果：

- 无色 = 阴性
- 黄色 = 总大肠菌群
- 黄色 / 荧光 = 大肠杆菌

提示与警告

（1）不要混淆干净Durham试管中的空气气泡和真正的产气。如果是发酵产生的气体，肉汤培养基将会变得浑浊。如果出现下列现象，则说明发酵正在活跃进行：轻摇发酵管，内管外侧的整个培养基连续出现小气泡。

（2）采集水样本时，大多数水体的上部38cm处活菌量最大。

（3）使用灭过菌的容器收集水样本。

复习题

1. 为什么大肠菌群选择被作为水饮用标准的指示菌?

2. 预测实验的阳性结果说明水是可以饮用的吗?

3. 为什么 MPN 实验是定性实验而非定量实验?

4. 在 MPN 实验中以下物质的作用是什么?

 a. 乳糖肉汤培养基

 b. Levine's EMB 或 LES Endo 琼脂

 c. 营养琼脂斜面

 d. 革兰氏染色

5. 在 EMB 平板中的金属绿色光泽是什么? 在 LES Endo 琼脂上的带有金属表面光泽的粉红到深红色菌落是什么?

6. 何种细菌引起的疾病会被污染的水传播?

7. 阳性 Colilert-18® 实验说明了什么? 阴性又说明了什么?

实验 37　膜过滤法检测大肠菌群和粪链球菌；KONFIRM 检测粪大肠菌群

安全注意事项

学生在本实验中将用到未知样品并大量培养，任何一个样品都可能含有致病菌，因此使用和最后处理这些样品都应极其小心。注意不要被本生灯火焰灼伤。95% 的乙醇易燃，请勿在明火周围使用。请勿用口移液。正确处理水样品。紫外光会损伤眼睛，请勿直视。紫外光只用于间接观察 KONFIRM 检测结果。为了安全，护目镜需要一直戴着。

实验材料

真空泵或水龙头抽吸器
灭菌的薄膜过滤装置
9 个灭菌的 50mm 直径的培养皿：Millipore（NO.PD1004700 或 Gelman 平板）
灭菌的膜滤盘：Millipore（NO.HAWG 047 AO）或 Gelman
灭菌的吸水碟形垫片（多层滤膜）
带有移液操纵器的 5mL 移液管
M-Endo Broth MF
M-FC 肉汤
KF 链球菌琼脂培养基
LES Endo 琼脂培养基
HACH m-ColiBlue 24 肉汤
防水胶带
Whirlpak 袋
(44.5±2)℃水浴锅
各组同学从不同地方采取的 300mL 水样本
用于给镊子消毒的 95% 乙醇
消过毒的镊子
本生灯
灭过菌的蒸馏水
35℃培养箱

蜡笔

KONFIRM 检测药片（针对 100mL 样品）

1 个比测仪，2mL 的显色液（KEYScientific 产品）

1 个灭菌的棉签

1 个非荧光的容器（150mL）

长波长紫外灯，KS1699 或相同性能的紫外灯

护目镜

学习目标

1. 理解膜过滤检测法的原理
2. 利用膜过滤检测法或 KONFIRM 检测法确定水样质量
3. 利用膜滤检测法测定水样中大肠菌群数量
4. 掌握粪大肠菌群的 KONFIRM 水检测技术

医学应用

从古至今，水污染一直是严重的公共卫生问题。在美国，每天都要对公共饮用水进行检测和处理，以保证其适合饮用，确保公共饮水者的安全。膜过滤检测法常和其他检测法联用，检测是否存在粪大肠菌群。粪便污染饮用水导致很多细菌传染病，如伤寒沙门氏菌（伤寒症）、副伤寒沙门氏菌（*Salmonella paratyphi*，副伤寒）、痢疾志贺氏菌（杆菌性痢疾）、霍乱弧菌（*Vibrio cholerae*，霍乱），以及病毒（脊髓灰质炎和肝炎）和寄生虫（隐孢子虫）等。

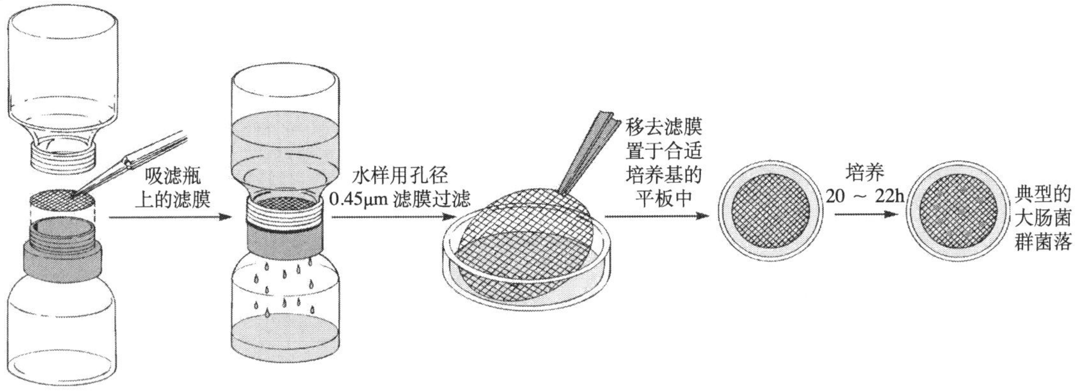

图 37.1　利用膜过滤检测法直接回收水样品中的肠杆菌。

膜过滤法原理

膜过滤法（membrane filter technigue）是检测水中大肠菌群数量的第二种标准方法（图 37.1）。该方法包括用特殊的无菌滤膜过滤已知体积的水样（100mL 饮用水）。滤膜由醋酸或聚碳酸脂的硝化纤维制成，厚度 150μm，孔径 0.45μm。为了便于计算菌落数量，滤

膜上印有网格。细菌的直径大于0.45μm。水样经滤膜过滤时，细菌被捕捉在滤膜表面。然后，小心将滤膜转移到一个无菌的培养皿中。培养皿含有浸泡液体培养基的垫或固体琼脂培养基。培养皿在35℃培养20 ～ 22h。基于捕捉在滤膜上的每个细菌都会长成一个独立的菌落的假设，统计菌落数便可以直接确定被滤过的水样中的细菌数。

用于检测大肠菌群总数的肉汤培养基为M-Endo MF肉汤。其他培养基，如M-FC肉汤和KF链球菌琼脂分别用来检测粪大肠菌群和粪链球菌。粪链球菌是常出现在人和温血哺乳动物的粪便中的兰斯菲尔德D型链球菌。总大肠菌群菌落为粉红色到深红色，呈现黄绿色的金属光泽（图37.2a，b）。粪大肠菌群菌落表现出蓝色（图37.2b），粪链球菌菌落为淡粉红色、浅或深红色。

检测总大肠菌群时，过滤的水样的量应以滤膜上长出20 ～ 80个菌落、且各种类型的菌落数一般不超过200个为宜。一般未污染的水样需要50 ～ 200mL。污染水样的大肠菌群很多，通常需将1mL，甚至更少的样品在50mL无菌水中稀释。这样可以获得容易统计的大肠菌群数量，且提供足够的体积，让细菌均匀分散在滤膜上。

大肠菌群密度指每100mL水所含的肠杆菌数量，可以通过下面的公式计算：

$$\text{肠杆菌数}/100\text{mL}=\frac{\text{肠杆菌菌落数}\times 100}{\text{过滤水样的体积(mL)}}$$

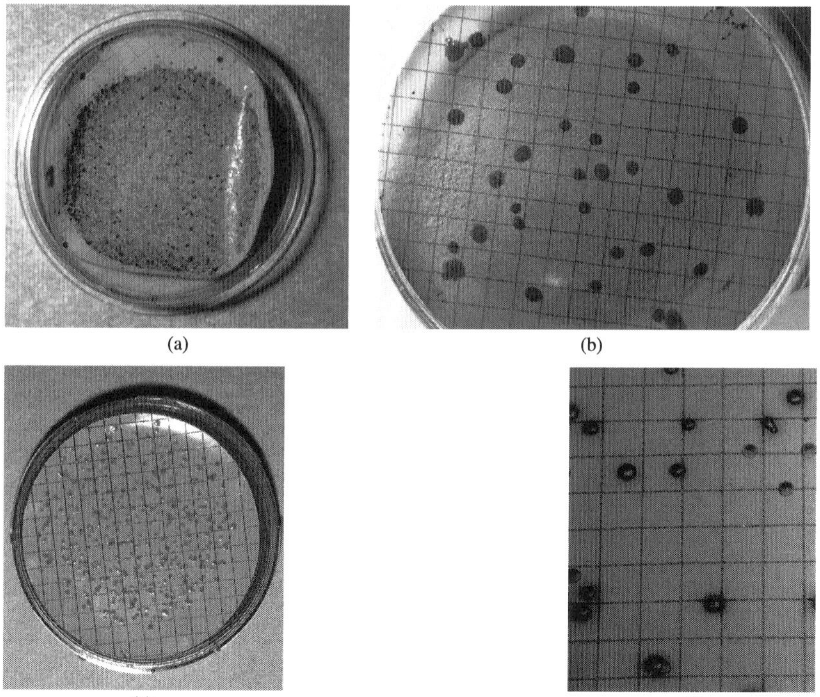

(a) (b) (c) (d)

图37.2 膜过滤检测法。（a）总大肠菌群检测：一张滤膜（M-Endo MF肉汤培养基）上的肠杆菌总数，注意具有金属光泽的深红色到紫色菌落；（b）粪大肠菌群检测：一张滤膜（M-FC肉汤培养基）上的粪大肠菌群，注意蓝色菌落；（c）粪链球菌检测：KF链球菌琼脂上的粪链球菌，注意浅粉红色菌落；（d）HACH m-ColiBlue 24肉汤：红色和蓝色菌落之和表示总大肠菌群，蓝色特指大肠杆菌。

每 100mL 水样的肠杆菌数应该用两位有效数字表示。

饮用水的标准是 100mL 不多于 1 个大肠菌群，行动上限为 100mL 含 4 个大肠菌群。**行动上限**（action limit）指当水中含有的肠杆菌数达到或超过 4 个时，供水公司或其他供应商必须立即行动，采取补救措施。

如果检测出粪大肠菌群和粪链球菌，可以肯定污染源为粪便。但要进一步确定是人或动物粪便，公共卫生部门则需要下列比率：

$$\text{FC/FS 比率} = \frac{\text{粪大肠菌群数量}}{\text{粪链球菌数量}}$$

粪大肠菌群的数量较粪链球菌多，水体则可能含有人体废物。**FC/FS 比率**一般大于 2。当这个比值等于或大于 4 时，则可以肯定污染源为人粪便。

如果粪链球菌的数量较粪大肠菌群多，则污染很可能来自动物粪便。当比值在 2 到 4 之间时，必须评估更接近人还是动物的粪便。下表是一些典型的 FC/FS 比值：

种类	粪肠杆菌（百万）	粪链球菌（百万）	FC/FS 比值
人	13.00	3.00	4.40
牛	0.23	1.30	0.20
羊	16.00	38.00	0.40
猪	3.30	84.00	0.04
火鸡	0.29	2.80	0.10

KONFIRM 检测粪大肠菌群的原理

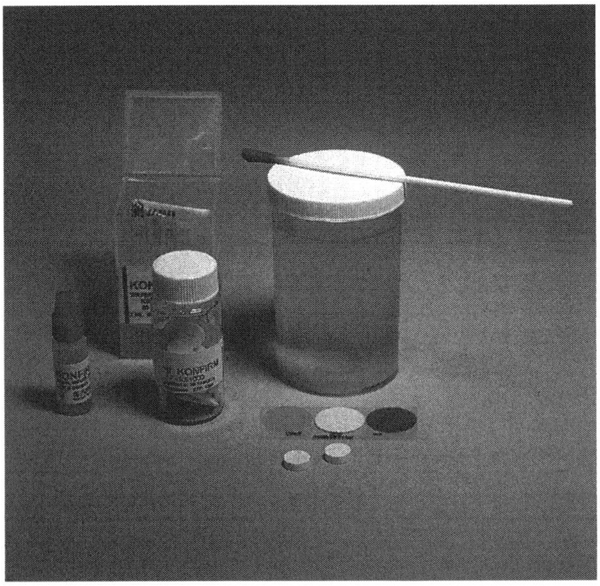

图 37.3 **KONFIRM 水检测法。**（KEY Scientific Product；149C Texas Avenue，Round Rock，Texas 78664）。除了紫外灯，图中包含了利用这种方法进行水检测所需要的所有材料。（获 Key Scientific Product 许可）

KONFIRM 是一种 ONPG-MUG 测试法，同样也可用于 100mL 水样中总大肠菌群和大肠杆菌存在与否（图 37.3）。KONFIRM 的有效成分包括一个含有生长因子的药片和用于显示和判定是否存在排泄物污染的指示剂。非大肠菌群的生长被抑制，因此不会干扰检测。

ONPG 和 MUG 是结合特异指示剂的酶底物。半乳糖苷酶水解无色的 ONPG（O- 硝基苯 -β-D- 吡喃半乳糖苷）为吡喃型半乳糖和黄色的 O- 硝基苯（图 37.4a）。

一些肠杆菌能降解色氨酸为吲哚。通过添加显影剂可以说明吲哚是否存在。出现绿色则吲哚检测阳性（图 37.4a）。

葡萄糖苷酶能将 MUG（4- 甲基伞形基 - β -D- 葡糖苷酸）降解为其结构单元，其中 4- 甲基伞形酮具有荧光（图 37.4b）。

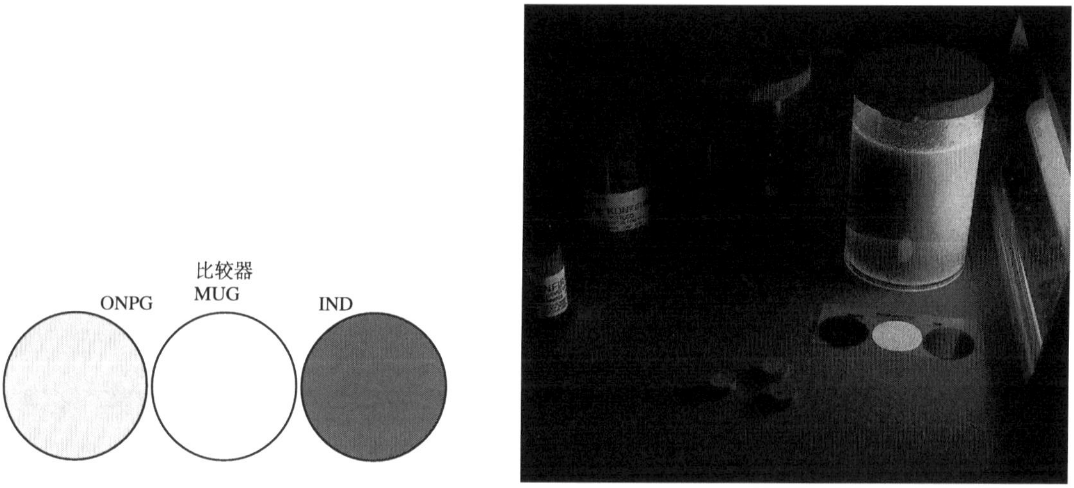

（a）　　　　（b）

图 37.4　KONFIRM 比较器的使用。（a）比较器展示阳性黄色 ONPG、绿色吲哚和白色 MUG 的大致颜色。将比较器放在瓶子后面，一半高于液面，一半低于液面，透过瓶子观察，ONPG 和 MUG 的颜色对比会更明显。为了观察到预期的 ONPG 检测阳性，需要应用黄色的点。初始为黄色或棕色的水样将变成类似的颜色或更深的颜色；（b）若要观察荧光，需将 Wood's 等置于白色的点上。MUG 阳性（左）仅比这个颜色稍暗。吲哚阳性在 1 ～ 5min 内会比这个颜色略强。（b：获 Key Scientific Product 许可）

因此，如果水样中含有大肠菌群，35℃培养 24h 后，由于 ONPG 的降解，培养基变成黄色。如果需要检测大肠杆菌，可将培养基置于长波紫外灯下观察有无荧光。

如果存在大肠杆菌，MUG 将被水解为产荧光的物质。如果水中含有吲哚，加入显色剂时，会产生绿色。吲哚阳性、ONPG 阳性和 MUG 阳性才可证实存在大肠杆菌。因为使这 3 种物质的测试呈阳性的只有大肠杆菌。

如果上述水样粪大肠菌群检测为阴性，则可以供人饮用。如果大肠菌群或大肠杆菌检测结果为阳性，则不能供人饮用。

实验步骤

薄膜过滤装置的一般步骤如图 37.1：

1. 使用经乙醇消毒的镊子取一张无菌的吸水垫放入无菌培养皿；
2. 用 5mL 的移液器转移 2mL 无菌 M-Endo 肉汤到吸水垫上，盖上培养皿盖；
3. 无菌操作将一个无菌滤膜放在吸滤瓶上；
4. 用无菌镊子将一张滤膜放在膜滤器座上，使有网格面朝上；
5. 将过滤漏斗放于薄膜过滤器上并与基座固定；
6. 将装配好的膜滤器装置与真空泵相连；

7. 将测量过体积的待测水样加入漏斗。如果样品少于 20mL，先加 25 ～ 50mL 无菌水到漏斗中。加水样后混匀。真空抽滤，让样品从滤膜滤过；

8. 用 20mL 灭过菌的双蒸水润洗漏斗，并将润洗液滤过滤膜；

9. 移走漏斗。用无菌镊子将滤膜小心地转移到浸有 M-Endo 培养基的吸水垫或含 LES Endo 琼脂培养基的平板中，确保网格面朝上。滤膜在琼脂培养基或滤膜垫上充分展开，不让膜与培养基之间有气泡。然后放 35℃培养，不要倒置；

10. 24h 后，从培养皿取出滤膜，将滤膜放于一张吸水纸上，室温干燥 30min ～ 1h；

11. 统计菌落数并将结果记录在实验报告中。

总大肠菌群检测

1. 用无菌镊子分别将无菌吸水垫放入 3 个无菌培养皿，用蜡笔写上自己的姓名、日期和 TCT（肠杆菌总数检测）；

2. 向每个吸水垫表面加 2mL 无菌 M-Endo Broth MF（或 m-ColiBlue 24 肉汤）；

3. 过滤 1mL、5mL 和 15mL 水样，分别将滤膜放到 3 个培养皿中；

4. 35℃培养 22 ～ 24h；

5. 只统计那些呈现粉红色到深红色金属光泽（图 37.2a）的菌落的数量。选择含有 20 ～ 80 个菌落，但各种菌落总数不超过 200 个的平板。如果用 m-ColiBlue 24 肉汤，蓝色到紫色的菌落为大肠杆菌。总大肠菌群数为红色和蓝色菌落之和（图 37.2d）；

6. 在实验报告中记录结果。

粪大肠菌群检测

1. 使用灭过菌的镊子，取 3 个无菌吸水垫分别放入 3 个锁扣盖平板，蜡笔标上实验者姓名、日期和 FCT（粪大肠菌群检测）；

2. 向每个吸水垫表面加 2mL 无菌 M- FC 肉汤培养基；

3. 过滤 1mL、5mL 和 15mL 水样，并将滤膜分别放到 3 个吸水垫表面；

4. 盖上平板盖子，用防水带密封边缘，将其放入 Whirlpak 袋中；

5. 将平板 44.5±0.2℃水浴培养 22 ～ 26h，确保袋子浸入水中；

6. 统计一个大约 20 ～ 60 个粪大肠菌群菌落的平板上的蓝色菌落数量；

7. 记录实验结果。

粪链球菌检测

1. 无菌操作，将 3 个无菌吸水垫分别放入 3 个平板，蜡笔标上实验者的姓名、日期和 FST（粪链球菌检测）；

2. 加入 2mL KF 链球菌琼脂培养基，让其冷凝；

3. 如前实验操作，滤过 1mL、5mL 和 15mL 水样，并将滤膜分别放入作好标记的平板；

4. 35℃培养 48h；

5. 选择菌落在 20 ~ 100 的平板，只统计其中的淡粉红色菌落和平的或光滑的、深色和红色、边缘无论是否为粉红色的菌落（图 37.2c）；

6. 记录菌落数量。

粪大肠菌群 KONFIRM 水检测法的一般操作步骤

第一阶段

1. 用灭过菌的镊子取一粒 KONFIRM 药片放入灭过菌的不发荧光的容器中（体积≥ 150mL）；

2. 加入 100mL 水样；

3. 盖上瓶盖并轻微振荡。激活的药片表面会出现小气泡（通常，药片不会完全溶解，但底部的残渣不会影响检测）。注意：药片溶解后水应该无色。药片溶解后出现黄色或棕色，则表明样品中氯含量很高，不适宜进行检测。那些本身就呈棕色或黄色的水样，如果含有太多的氯，药片溶解后会呈现颜色更深的棕色或黄色；

4. 35℃培养 24h。

第二阶段

1. 培养 24h 后，检查是否出现黄色（图 37.4）。溶解药片或未溶解药片周围无黄色，则为阴性。出现任何黄色则表明总大肠菌群检测为阳性（阳性 ONPG）；

2. 如果水样黄色，在暗室中将其置于离紫外灯 2 ~ 4 英尺处，检测有无荧光。观察有无亮蓝色荧光，特别是水表面。蓝色荧光伴随黄色则推定含有大肠杆菌；

3. 如果 ONPG 阳性，进行吲哚检测。将一个无菌的棉签伸入检测容器中，取出，在其尖端滴加 1 ~ 2 滴显色剂（或者摇动瓶子，打开瓶盖，滴加 1 ~ 2 滴显色剂到附在瓶盖内侧的底物上）。如果出现绿色，则为阳性。吲哚检测、ONPG 检测和 MUG 检测均为阳性，则可以确定为大肠杆菌。因为只有大肠杆菌才能使这 3 种底物均呈阳性。

如果是 ONPG 和吲哚检测为阳性，MUG 检测阴性，则有无大肠杆菌还需要进一步测试。如果吲哚检测和 MUG 检测都为阴性，则不太可能含有大肠杆菌。

提示与警告

（1） 液体培养基应该在使用当天配制。

（2） 非常浑浊或含大量藻类的水样不宜进行测试。大肠菌群密度都指 100mL 水样中含有的细菌数量。如果水样经过稀释，需要换算为 100mL 中的含菌量。同样，如果过滤的水样不足 100mL，大肠菌群密度仍然需要换算为 100mL 中的数量。

（3） 如果水样不立即进行检测，应放入冰箱，防止滋生其他的细菌。

（4） 如果采用膜过滤法，《水和污水检测标准方法》（*Standard Methods for the Examination of Water and Wastewater*）第 21 版建议使用如下体积检测总大肠菌群：

饮用水	100mL
游泳池水	100mL

井水	10 ~ 100mL
湖水	10 ~ 100mL
海水浴场水	0.1 ~ 10mL
河水	0.001 ~ 1.0mL
未经处理污水	0.0001 ~ 0.1mL

复习题

1. 用膜过滤法进行水样检测有哪些优点和不足?
2. 大肠菌群的菌落是什么颜色?
3. 你认为你检测的水样可以饮用吗? 说明理由。
4. 在使用膜过滤法检测水样时,如果水样中有大量悬浮物后,结果可能出现哪些问题?
5. 如果使用 0.10μm 的滤膜来过滤水样,结果会怎样?
6. 除了水质检测,膜过滤检测法在微生物学方面还有哪些应用?
7. 饮用水的细菌学标准是怎样的?

实验38 污水中大肠杆菌噬菌体的分离及效价测定

安全注意事项

本实验将处理未知样品，并培养到高浓度。其中可能含有致病菌，因此，操作和处理最终样品要非常小心。请勿用嘴移液。小心本生灯火焰。处理原始污水时注意安全。氯仿易燃，不要在明火附近使用，应在通风橱中操作。所有培养试管均应竖放在试管架上或盒子中。

实验材料

烧瓶装的原始污水
离心机
0.22μm 和 0.45μm 的滤膜
滤器
铝箔
500mL 烧瓶
有刻度的量筒
1 管 T 肉汤
浓缩 T 肉汤 (2×)
用大豆胰蛋白胨肉汤培养基培养 24h 的大肠杆菌品系 B(ATCC 11229)
带有移液操纵器、顶部用棉花塞住的 1mL 移液管
顶部用棉花塞住的巴斯德吸管
35℃培养箱
本生灯
1mL 氯仿
5 支灭菌的螺帽管
2 支灭菌的 9.9mL 的空白生理盐水 (0.85% NaCl)
4 支灭菌的 4.5mL 的空白生理盐水 (0.85% NaCl)
5 个灭过菌的培养皿
5 支含 12mL 下层琼脂 (营养琼脂) 的灭菌试管

5 支含 4.5mL 上层琼脂（营养肉汤加入 0.75% 的琼脂）的试管
48℃～50℃的水浴锅
温度计
蜡笔

学习目标

1. 描述一种噬菌体
2. 掌握培养噬菌体的技术
3. 测定噬菌体效价

为什么本实验采用下列细菌和污水?

本实验的目的是学习如何从污水中分离大肠杆菌噬菌体并测定噬菌体效价。原始污水是分离大肠杆菌噬菌体的理想来源。

原理

多种环境都可以分离到噬菌体。由于它们在细菌菌体内生长繁殖，所以只要预计细菌较多的地方就可以分离到噬菌体。例如，温血动物的肠道内生长了大量的大肠杆菌。因此，动物粪便和未处理的污水是大肠杆菌噬菌体的极好来源。

针对每种特定宿主菌的噬菌体浓度相对较低，分离噬菌体的第一步是富集。将样品与适当的宿主共培养时，该细菌特异性的噬菌体的数量将大大增加。因为数量增加，分离噬菌体就容易多了。

膜过滤的目的是去除细胞碎片和大多数细菌。氯仿处理可以杀死并裂解残留在富集培养中的细菌。含有噬菌体的滤过液可以在冰箱中保存几个月。

图 38.1　病毒的噬菌斑。噬菌体在大肠杆菌菌苔上形成的噬菌斑。

将少量滤液与含有宿主菌的新鲜培养物混合，然后将混合物涂布在营养琼脂平板的表面，可以分离滤液中特定的病毒，这种方法称为**双层平板法**(double-layered culture technique)。实际操作时，病毒和宿主在浓度较低的琼脂培养基中混合［**上层琼脂**(top aqar)］，然后将混合物在底层较硬培养基［**底层琼脂**(bottom 或 base agar)］表面铺一薄层。上层琼脂凝结后，病毒和细菌被固定。只要琼脂中存在病毒，它就会感染邻近的细菌细胞，在其中繁殖并**裂解**(lyse) 宿主细胞。病毒颗粒产生数以百万计的病毒，在菌苔上将形成清晰的细菌裂解区。这些透明的细菌裂解区称为**噬菌斑**（plague）（图 38.1）。理想情况下，每个病毒都形成一个含有大量子代的噬菌斑。每个噬菌斑均可以单独挑出，培养获得大量的单一病毒，供进一步研究。每个噬菌斑来自单一噬菌体。因此，计算噬菌斑的个数可以得到未稀释初始样品中病毒的浓度。

实验步骤

第一阶段

1. 准备约 25mL 未处理的污水。台式离心机略低于最高转速离心 10min(图 38.2a)。

2. 经 0.22μm 的滤膜过滤，去除细菌杂质 (图 38.2b)。

3. 加 20mL 滤过上清液到铝箔盖的 500mL 烧瓶，烧瓶中含有 20mL 灭菌、2 倍浓缩的 T 肉汤 (肉汤终浓度将恢复正常)。

4. 接种 1mL TSB 过夜培养的大肠杆菌 (10^9 个细胞 /mL) 至烧瓶 (图 38.2c)。35℃培养 24h(图 38.2d)。

5. 将 5 支含有 12mL 灭菌底层琼脂的试管加热后置于 48℃ ~50℃的水浴锅中冷却，然后将琼脂分别倒入 5 个灭菌培养皿中，制成底层琼脂平板 (图 38.2i)。凝固后，将平板放入 35℃培养箱过夜干燥。

6. 接种 1mL 大肠杆菌到 T 肉汤试管中， 35℃培养箱培养过夜或 24h(图 38.2f)。这一管作为备用培养物。

第二阶段

1. 将储存培养物用 0.45μm 滤膜过滤 (图 38.2e)，然后取 8mL 滤液加入已灭菌的螺帽管中 (图 38.2h)。

2. 用无菌移液管分别向每个螺帽管中 (图 38.2g) 加入 0.2mL 氯仿，混匀。

3. 病毒储存物可以立即使用，或者放入冰箱中保存，任何时候都可以取出来进行研究。

4. 如图 38.2i 所示，制备连续稀释的富集噬菌体样品。利用移液管转移样品时，移液管口稍稍没入液面即可，防止吸出额外的培养基，然后换样品。转移一小份样品到下一管中，用移液管上下吹吸液体进行混合。丢弃用过的移液管，换一根新的移液管。照上述步骤对样品进行稀释。每转移一次，均要换一支新的塞有棉花的移液管。

5. 制备好所有各种浓度的稀释液后，加 2 滴过夜培养的大肠杆菌培养液到稀释 10^{-4} ~ 10^{-8} 的每个含有融化、冷却的上层琼脂的试管中 (图 38.2i)。应使用含有棉花塞的新移液管。进行上述操作时，使含有上层琼脂的试管尽可能的保持在 48℃ ~50℃。

6. 上层琼脂管接种后，每个稀释度尽快按下列方式铺平板。取一支新的 1mL 无菌移液管，吸取 0.5mL 稀释度为 10^{-4} 的噬菌体样品至 45℃含有上层琼脂的试管中，迅速充分混匀，无菌操作，迅速将混合物倒入准备好的下层琼脂平板中 (第一阶段，第 5 步)。倾斜平板，使上层琼脂均匀覆盖于下层琼脂上。将平板放到一边，待其凝固。其他几个稀释度的噬菌体亦按上述步骤操作。用蜡笔将实验者姓名、日期和稀释度标记在平板上。

7. 平板 35℃倒置培养 8~24h。孵育后，平板可以保存在冰箱中，分析可以稍后进行。

第三阶段

1. 仔细观察平板，用魁北克菌落计数器 (Quebec colony counter) 记录每个平板上噬

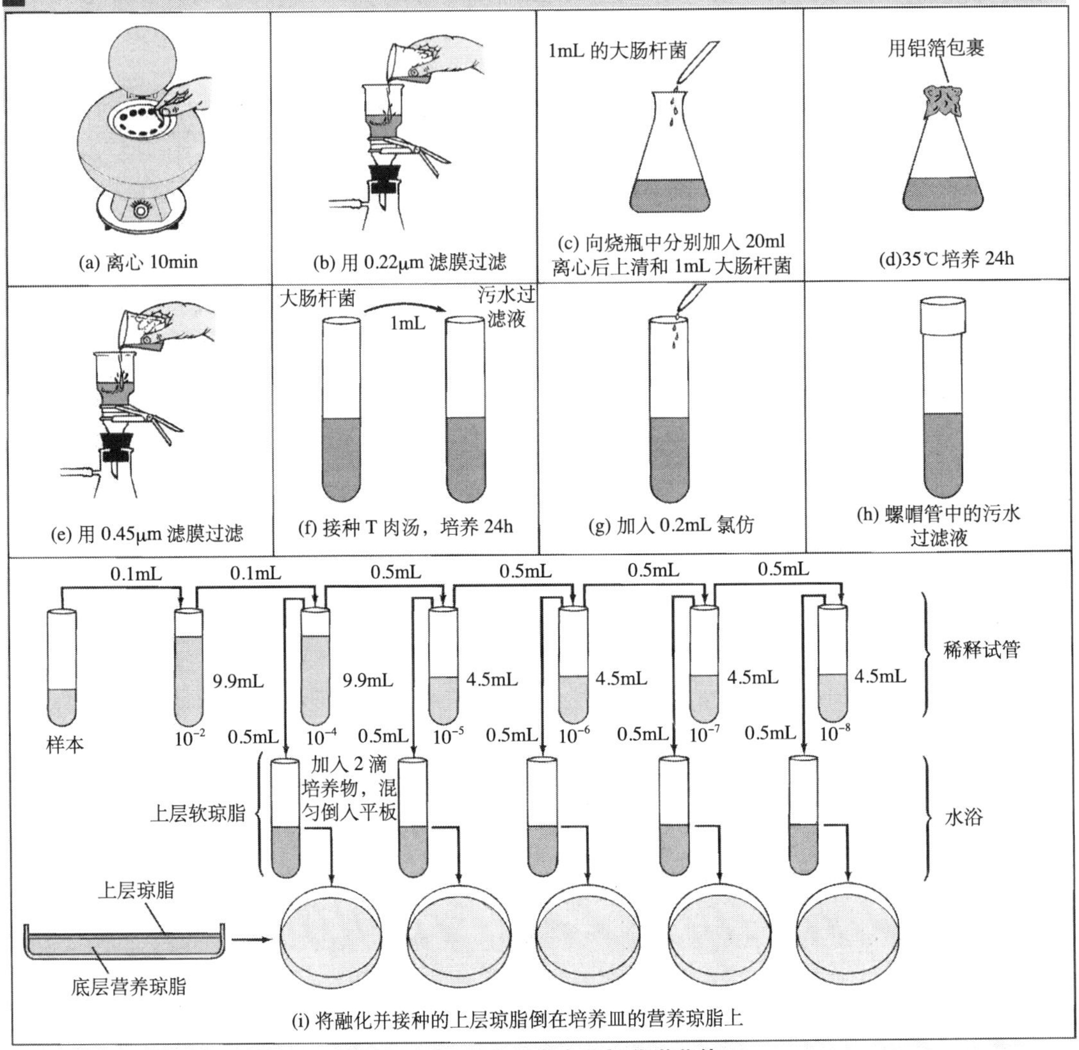

图 38.2 从污水分离大肠杆菌噬菌体。

菌斑的个数。完成实验报告，仔细记录噬菌斑的形态。

2. 利用噬菌斑数目最理想（25~250 个）的平板计算 1mL 初始富集的样品中的大肠杆菌噬菌体数目。利用稀释倍数除以噬菌斑数目，如下式所示：

$$噬菌斑计数 = \frac{250/\text{mL}}{0.5\times10^{-6}} = 500\times10^{6} = 5\times10^{8}$$

3. 完成实验报告。

提示与警告

(1) 从大肠杆菌分离噬菌体需要快速离心。如果离心不完全，过滤时很容易阻塞滤膜或非常缓慢。

(2) 由于许多大肠杆菌噬菌体可以迅速形成大的噬菌斑，往往在 24h 内便可以将整个平板变得完全透明，因此，从开始培养的 12 个小时内，每 2h 便应查看一次噬菌斑的大小。

(3) 如果需要，可以参考附录 G 进行稀释。

复习题

1. 噬菌斑形成单位（plague-forming unit, PFU）的含义？

2. 如果一个样品取 0.5mL 所形成 PFU 是 200，请计算该样品稀释至 10^{-8} 时，每毫升的 PFU 数。

3. 什么是大肠杆菌噬菌体？

4. 为什么污水的富集对于分离大肠杆菌噬体非常必要？

5. 请描述本实验中噬菌斑技术和细菌标准平板计数实验的相似点。

6. 氯仿对病毒产生什么影响？对细菌又如何？

7. 本实验中两种不同型号滤膜的作用是什么？

实验 39

土壤微生物计数

安全注意事项

小心本生灯火焰。严禁用嘴吸取液体。

实验材料

取土壤 1g，放入 99mL 无菌水中（学生可以自带希望测定的土壤，在天平上称取 1g）

50mL 溶解并保温于 50℃的蛋白胨琼脂培养基

50mL 溶解的甘油酵母膏琼脂培养基，其中含抑制真菌生长的环己酰胺放线菌酮（0.05g/50mL），环己酰胺（Actidione®）琼脂（放线菌酮琼脂），可以从 Oxoid Unipath 公司购买

50mL 溶解的沙氏葡萄糖琼脂

99mL 的无菌水 2 瓶

48℃ ~50℃水浴

蜡笔

本生灯

带有移液操纵器的 1mL 移液管

12 个培养皿

Difco 或 BBL 手册

学习目标

1. 熟悉花园土壤的部分微生物。
2. 利用平板计数法检测花园土壤中的细菌、放线菌和真菌的数量。

原理

放线菌（包括游动放线菌、诺卡氏菌和链霉菌）、其他细菌以及丝状真菌（如根霉、毛霉、青霉、曲霉）是土壤中重要的微生物群落成员。原生动物、藻类、蓝藻、线虫、昆虫以及其他一些无脊椎动物、病毒也是土壤中重要的生物，但在本章不进行学习。每克营养丰富的花园土壤中可能含有数百万个微生物以及其他大型生物。

由于 土壤本身物理特征（如pH、形态、温度及其他相关的因素）变化很大，其中的微生物的变化也颇大。例如，酸性土壤比碱性土壤含有更多的真菌；而肥沃的花园土中含有的放线菌数量大于细菌和真菌。毫不奇怪，没有哪一种单一的技术能计算出一般土壤中微生物的多样性。因此，本实验中每组学生都将采用平板稀释法（实验16中已描述），检测出土壤样品中的部分真菌、放线菌和细菌的相对数量。

为了适宜3类不同微生物生长，将使用3种不同的培养基：①分离真菌的沙氏葡萄糖琼脂培养基；②分离放线菌的甘油酵母膏琼脂培养基；③分离其他细菌的胰酶大豆琼脂培养基。

实验步骤

1. 土壤微生物的计数流程如图39.1。

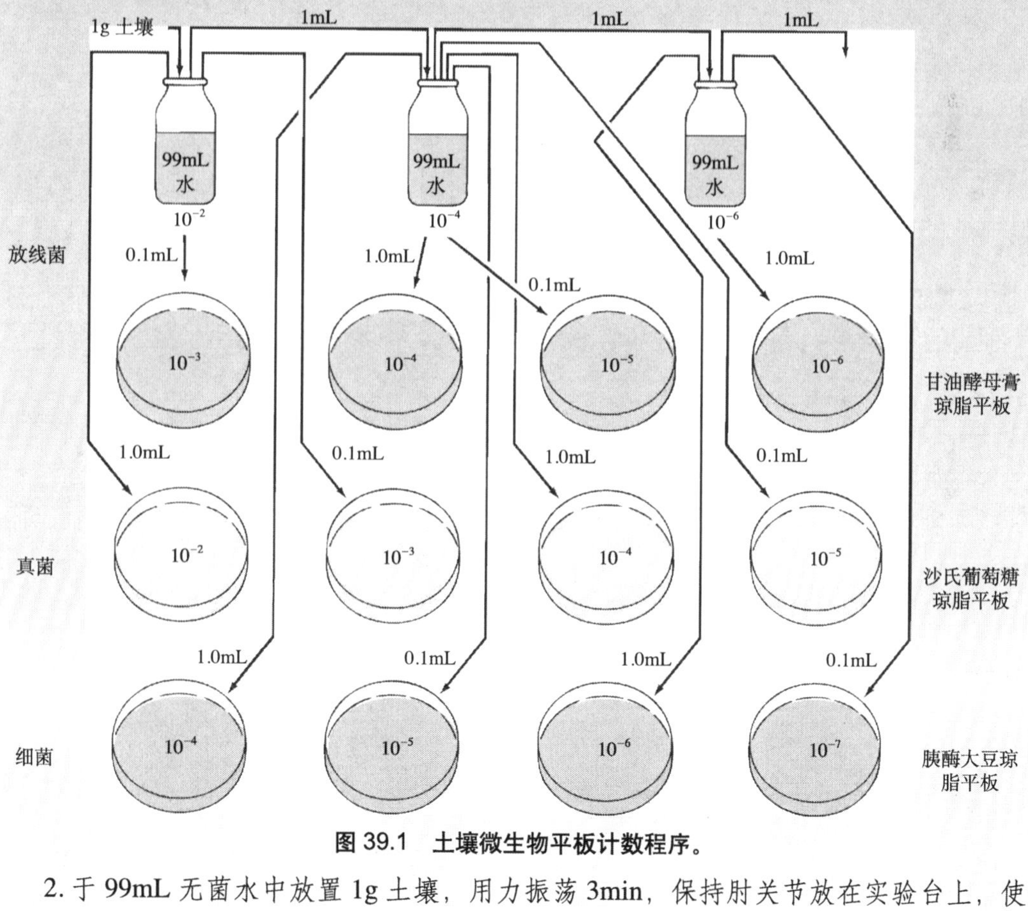

图39.1 土壤微生物平板计数程序。

2. 于99mL无菌水中放置1g土壤，用力振荡3min，保持肘关节放在实验台上，使土壤和水充分混合。吸取1mL土壤悬液加入另一个99mL的无菌水中，混合方法同前。再吸取1mL混合液加入新的99mL的无菌水中，混合均匀。

3. 用蜡笔在3组平板上分别记录4个稀释度：放线菌（10^{-3}，10^{-4}，10^{-5}，10^{-6}）、真菌（10^{-2}，10^{-3}，10^{-4}，10^{-5}）和其他细菌（10^{-4}，10^{-5}，10^{-6}，10^{-7}）。确保每种类型的微生物使用的培养基恰当。

4. 使用 1mL 移液管，按图 39.1 所示，通过无菌操作吸取相应体积的土壤悬浮液到培养皿中。

5. 从水浴锅中取出融化的甘油酵母琼脂培养基，倒 15mL 到放线菌培养皿，在一平面上进行绕圈移动，待其凝固。胰蛋白胨大豆琼脂培养基和沙氏葡萄糖琼脂培养基的操作相同。

6. 倒置平板，室温培养 3~7d。每天观察平板上有无菌落出现，并记录菌落数为 25~250 的平板上的菌落情况。菌落数大于 250 的记录为 TNTC（太多无法计数，too numerous to count），菌落数少于 25 的记录为 TFTC（大少无法计数，too few to count）。将所有数据记录在实验报告中。

7. 计算每毫升初始培养物（每克土壤）中所含的各类微生物数量，公式如下：

$$每克土壤中微生物数=\frac{菌落数/平板}{稀释倍数}$$

例如，在 10^{-7} 的平板上有 200 个菌落，那么

$$每克土壤中含有的微生物数=\frac{200}{10^{-7}}=2.0\times10^{9}\ 个/g$$

提示与警告

理想的实验结果取决于土壤样品溶液是否充分混匀，尤其是稀释后的微生物样品。

复习题

1. 本实验中为什么使用 3 种不同的培养基?

2. 如果本实验中使用一年中不同时间段收集的土壤，会出现同样的结果吗？请说明理由。

3. 本实验中哪些类型的土壤细菌无法被检测到?

4. 在本实验中你对使用的土壤样品有何总结?

5. 土壤的哪些物理特征将影响到其中存在的微生物群落?

6. 使用 Difco 或 BBL 手册，解释甘油酵母培养基的组成情况。

7. 为什么分离细菌、真菌以及放线菌时需要采用不同的稀释度?

实验40

食品中细菌数量测定

安全注意事项

本实验中，学生将使用未知样品并将微生物培养至高浓度。任何一个样品都可能含有致病菌，因此操作和处理终产物时需要特别小心。不能用嘴移液。处理生肉样品时要谨慎操作。

实验材料

20g 生牛肉糜或生鸡肉
称量纸
本生灯
平板计数琼脂培养基（标准操作琼脂培养基）
带有移液操纵器的 1mL 无菌移液管
35℃培养箱
沸水浴
180mL 无菌水
天平
菌落计数器
2 瓶 99mL 的无菌生理盐水
5 个已灭菌培养皿
蜡笔
48℃ ~50℃水浴锅，用于冷却试管

学习目标

1. 理解食品质量控制中使用标准平板计数的原因。
2. 学会使用标准平板计数测定食品中的细菌数量。

原理

食品质量的卫生控制首要的是检测食物中是否存在特定微生物。食品是传播胃肠道微生物疾病的主要载体。因此，食品安全检查的常规工作就是测定食品中是否存在细菌。

异养菌平板计数法（heterotrophic plate count）可用来测定食物样品中活细菌的数量。细菌数量越多，其中存在易引发胃肠道疾病的病原菌的可能性就越大，食物也越容易腐败。一般说来，每克牛肉糜中所含有的细菌不应超过 10^6 个 /g。

异养菌平板计数的局限在于仅能检出该平板提供的培养条件下能长出的那部分细菌数量。因此，检测时常用的培养基应该能够支持大多数异养微生物的生长。

图 40.1 描述了使用异养菌平板计数法检测食品中微生物的一般程序。

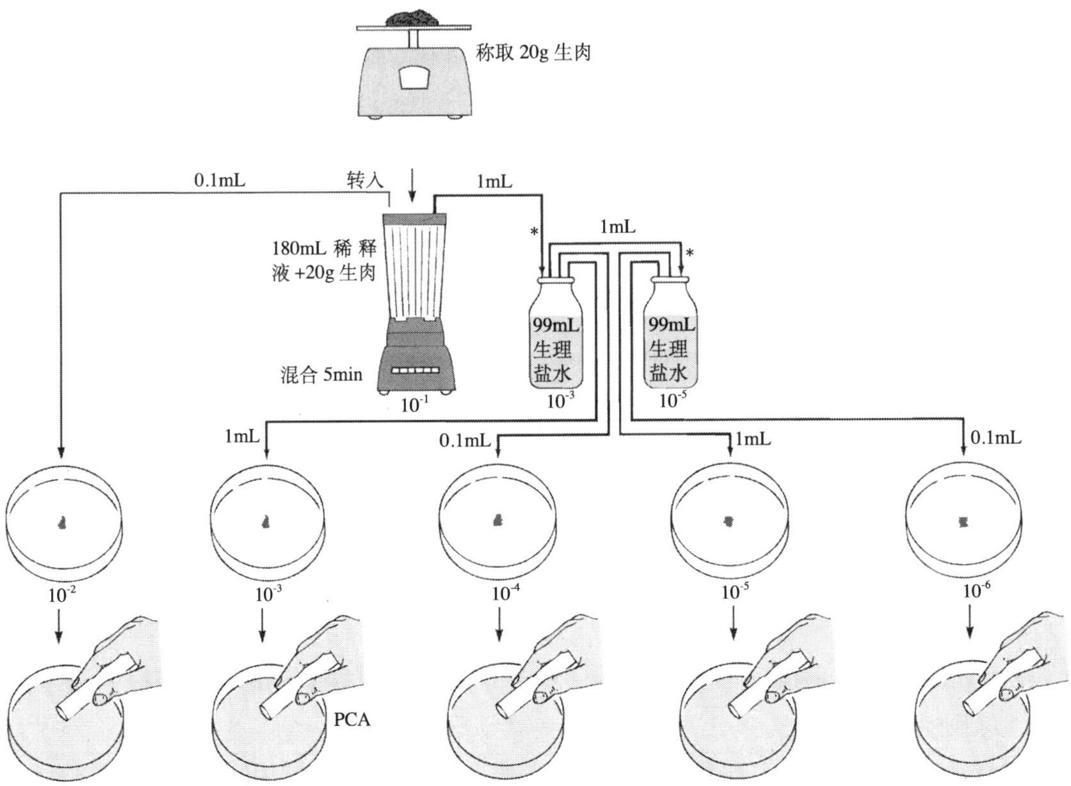

* 丢弃移液管。

图 40.1　异养菌平板计数法分析食品验样品。

实验步骤

第一阶段

1. 称取 20g 生牛肉糜或生鸡肉。

2. 在匀浆机中将 20g 生肉与 180mL 无菌水混合约 5min。此步骤将使样品稀释 10 倍。

3. 如图 40.1，将样品依次做 10^{-2} ~ 10^{-6} 的稀释。

4. 使用蜡笔，在平板上写明操作者姓名、操作日期和稀释度。

5. 使用无菌操作，用移液管将稀释液分置各平板。

6. 融化后的固体培养基（PCA）在 48℃ ~50℃ 的水浴锅中保温，然后将其倒入平板。手持平板在平面上轻轻绕圈划 8 字，混匀样品和培养基，静止待其凝固。

7. 平板在 35℃ 的培养箱倒置培养 24~48h。

第二阶段

1. 将平板按稀释度由小到大的顺利依次排列。

2. 记录菌落数在 25~250 之间的平板上的菌落情况。菌落数大于 250 的记录为 TNTC（太多无法计数）, 菌落数少于 25 的记录为 TFTC（太少无法计数）。

3. 计算每克牛肉糜中所含有的平均细菌数，公式如下：

$$每g样品中细菌数量=平板菌落数\times\frac{1}{稀释度}\times\frac{1}{样品体积}$$

例如，如果20g样品制成的待检品在稀释度为10^{-3}的平板上菌落数为200，并且每个平板中加入的样品是1mL，那么：

$$每克样品中细菌数量=200\times\frac{1}{10^{-3}}=200\ 000$$

4. 在实验报告中记录实验结果。

复习题：

1. 在食品卫生检验中为什么要使用标准平板计数？
2. 由标准平板计数法测出的细菌数量能精确反映样品中所含细菌数吗？为什么？
3. 为什么记数时仅采用平板菌落数在25 ~ 250的平板？
4. 在做其他稀释度前，为什么要将20g生牛肉糜在180mL稀释液中匀浆形成0.1的稀释度？
5. "Food poisoning"与"Food intoxiction"之间的区别是什么？
6. 在本实验中为什么要采用标准记数琼脂培养基？
7. 为什么牛肉糜不应反复地冻融？

第九部分

精选真核微生物概述

真菌（真菌学）

基督诞生后的300年，雨水特别多……作物和最终摧毁它们的微生物——锈菌、霉腐菌、霉菌、黑穗病菌和枯萎病都异常繁荣……大片的农田撂荒。微生物的繁殖与大的革命、战争、地震和洪水一起创造了历史。真菌带来饥饿和动荡，也导致神圣罗马帝国的衰退。

Lucy Kavaler（美国人，《蘑菇、霉菌和奇迹》一书的作者，1938— ）

真核微生物包括藻类、真菌（酵母和霉菌）和原虫。所有这些真核生物都是由单细胞（或单细胞的聚集）组成，含有膜包裹的细胞核和胞内膜包裹的细胞器。自由生活的真核微生物在环境中分布很广。真核微生物也参与各种形式的共生关系：很多能导致人类疾病，因而在医学上很重要；其他是家养动物或农作物的病原体；有一些对人类有益。

本指南的这部分内容包括两个实验来让学生更加熟悉真菌和真菌学。学生会使用制备好的样本和活的微生物进行研究来加深对真菌的生活周期、典型特征和形态的理解。

完成了第九部分的一个或多个实验后，学生至少能增加对微生物多样性的理解。这将达到美国微生物学会核心课程主题1的要求——微生物对生物圈和人类的影响：微生物多样性（见vi页）。

George Wells Beadle (1903—1989)

Edward Lawrie Tatum (1909—1975)

Joshua Lederberg (1925—)

1958年诺贝尔生理或医学奖。1958年的诺贝尔将由Beadle（奖金的1/4），Tatum（奖金的1/4）和Lederberg（奖金的1/2）分享。Beadle和Tatum因在脉孢菌属（*Neurospora*）中发现调节化学过程的基因而被授予诺贝尔奖；Lederberg因发现基因重组和细菌遗传物质的组织而被授予诺贝尔奖（©Nobel Foundation）。

总体而言，关注真菌的并非只有真菌学家。真菌也是从事细胞学、遗传学、生物化学以及分子生物学的工作者们进行基础生物学研究的重要工具。例如，C.L.Shear 和 B.O.Dodge（两位美国知名真菌学家）1927 年发现的红色面包霉（*Neurospora* spp.），就是研究遗传学、生物化学和分子生物学规律的理想材料。G.W.Beadle 和 E.L.Taum 两人用该真菌发现了微生物中基因与酶以及不同生物化学途径之间的关系，并于 1958 年获得诺贝尔奖。G.W.Beadle 在其诺贝尔奖致辞（**Neurospora* 中的基因和化学反应）中谈到：

在我与 Edward L.Taum 因“发现基因通过调控特定的化学反应发挥作用”和 Joshua Lederberg 因“发现细菌遗传物质的结构”而共享诺贝尔奖荣誉时，Tatum 和我将介绍 1940 年开始研究的 *Neurospora* 的相关背景。*Neurospora* 研究进展以及它与主要基于接合和转导的遗传重组的细菌遗传学兴起的关系的介绍则由我的共同获奖者介绍。（同时见十一部分开头）。

Edward Tatum 在其诺贝尔奖致辞（生物学研究的一个实例）中谈到：

寻找新方法时，要注意的一点是：许多生化遗传学已经或将被 Beadle 和 Lederberg 教授的诸多论文和综述涉及。其中许多方面的广度和深度已经或者将远非我现在所敢企及。我想，用我取的“生物学研究的一个实例”这一标题较有益、有价值和有趣。在讲述这个实例的过程中，我想提及涵盖所有研究的一些因素，尤其是科学进步中的相互依赖性：全球所有过去和现在的研究者提供的知识和想法；国际科学团体间思想的自由交流；学科交叉产生的活力；最后但并非最不重要的一点是运气、地理位置以及机遇。

* 来自诺贝尔生理学或医学奖获奖演说 1942—1962，Elsevier 出版公司，阿姆斯特丹，1964

实验 41

真菌 I：酵母

安全注意事项

小心本生灯火焰。确保所有培养基试管竖直放置在试管架上或者罐中。

实验材料

在沙氏葡糖琼脂培养基培养 7~10d 的酿酒酵母 (*Saccharomyces cerevisiae*，ATCC 2366) 或红酵母属物种（*Rhodotorula* species，ATCC 22078）

干燥的市售面包酵母

碘液（3mL 水加到 1mL 革兰氏碘液中）

亚甲基蓝溶液

本生灯

接种环

洁净载玻片

盖玻片

蜡笔

2 个沙氏葡糖琼脂平板

35℃培养箱

1 支内置杜氏小管的葡萄糖发酵管

1 支内置杜氏小管的蔗糖发酵管

消毒棉签

REMEL IDS RapidID Yeast Plus 鉴定板

学习目标

1. 了解酵母细胞的形态特征。
2. 培养典型酵母，研究碳水化合物发酵利用情况。
3. 对典型的酵母细胞进行染色。

为什么本实验采用下列真菌?

本实验的目的是了解一些典型酵母细胞的形态并对其进行培养。为此作者选择了典型的酿酒酵母（或红酵母）。而白色念珠菌是口腔中常见酵母，学生们应当可以进行分离培养。

原理

酵母（yeast）是一类单细胞真菌，其细胞常常为圆形、椭圆形或卵形，一般不能形成菌丝 [念珠菌属 (*Candida*) 除外]。它们的细胞体积大约是细菌的 5~10 倍。酵母一般以**出芽** (budding) 进行无性繁殖，即在母细胞上形成称为**芽** (bud) 的突出以形成子细胞。当酵母进行有性繁殖时，它们将产生几种**有性孢子**（sexual spore, 如子囊孢子)。孢子的类型是酵母分类中非常重要的指标。代谢活性也常用于酵母的分类和鉴定。例如，酿酒酵母能发酵葡萄糖而非蔗糖。在实验室中，**沙氏葡糖琼脂培养基** (sabouraud dextrose agar) 是常用的酵母分离培养基，其中含有葡萄糖和蛋白胨，且低 pH 能抑制其他大部分微生物的生长。

本实验主要涉及常见酵母（酿酒酵母）的发酵能力、菌落特征和细胞形态。该酵母常被用做面包发酵以及各种酒精发酵。此外，每个学生也可以尝试分离自己嘴里的常见真菌——假丝酵母。在健康人体的口腔里存在的假丝酵母不会致病。但是，如果口腔内的正常微生物菌群被破坏或者人体的免疫功能不健全时，可能发生假丝酵母病。

实验步骤

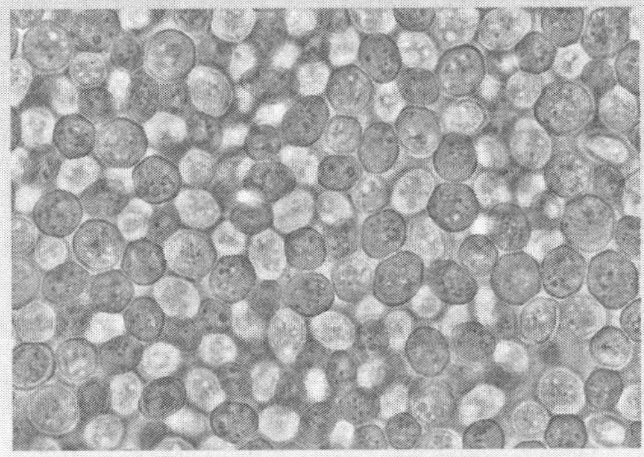

图 41.1　酵母。在亚甲基蓝染色后的湿装片中观察到的椭圆形酵母细胞（酿酒酵母）（放大 1000 倍）。

第一阶段

1. 用蜡笔在一块洁净的载玻片上画两个圈。在其中一个圈内滴几滴碘液，另一个圈内滴几滴亚甲基蓝染液。

2. 各取一环酵母培养物分别加入到碘液和亚甲基蓝染液中，并分别加上盖玻片。

3. 分别在低倍和高倍镜下观察制备的酵母样本。注明细胞形态、相对大小和是否出芽（图 41.1）。寻找小的细胞核以及大型液泡。

4. 在实验报告中绘制酵母细胞的特征性形态。

5. 在 2 ~ 3mL 温水中悬浮一块面包酵母，再用接种环画线接种至沙氏葡糖琼脂培养基平板的一边，再从保存的酿酒酵母平板上，接种一环到沙氏葡糖琼脂培养基的另一边。在平板上记录下操作者姓名、日期和酵母名称。将平板在 35℃培养箱中静置培养，直到出现菌落。

6. 接种约 1mL 的面包酵母悬浮液至葡萄糖发酵管和蔗糖发酵管中，然后将盛有培养基的试管放入 35℃培养箱中静置培养，每天观察培养基的情况，直到生长可见。注意发酵（杜氏小管中是否有气体产生）和生长（培养基是否变浑浊）情况。

7. 擦拭自己的舌头表面，尝试分离白色假丝酵母。接种到沙氏葡糖琼脂培养基平板，

35℃培养箱中静置培养，直到出现菌落。

8. REMEI IDS RapidID Plus 鉴定板可以在4h内鉴定酵母。其数据库包含超过40类酵母。可用于每组学生实验或演示实验。

第二阶段

1. 闻一闻培养后的沙氏葡糖琼脂培养基平板的气味。观察平板上酵母菌的菌落形态。将结果记录在实验报告中。

2. 检查葡萄糖发酵管和蔗糖发酵管的变化情况。

3. 检查从舌苔分离的白色假丝酵母平板，闻一闻平板味道。按步骤1的方法对该平板上的单菌落进行亚甲基蓝染色。在实验报告中记录实验结果。

提示与警告

如果实验室配备有相差显微镜或紫外显微镜，用未染色的酵母细胞制备湿片来观察胞内细胞器和内含物的效果会特别好。

复习题：

1. 名词解释
   a. 出芽生殖
   b. 菌丝
   c. 酵母
2. 比较面包酵母和酿酒酵母各自的特征。
3. 为什么酵母的单菌落比细菌的大？
4. 为什么酵母的培养周期比大部分细菌长？
5. 你口腔内的各种酵母之间有何异同？
6. 为什么酵母的鉴定不需要染色？
7. 为什么培养酵母需要沙氏葡萄糖琼脂培养基？

实验 42

真菌 II：子囊菌和担子菌

安全注意事项

产孢真菌的操作要避免平板的长时间暴露。有些人可能对真菌过敏，此外来自未盖平板中的孢子容易严重污染整个实验室。尽管本实验中的某些操作与细菌实验操作有很大差别，但仍然需要无菌操作。

实验材料

用沙氏葡萄糖平板培养 7~10d 的点青霉（*Penicillium notatum*，ATCC 9178）和黑曲霉（*Aspergillus niger*，ATCC 10535）

保藏的蘑菇 [伞菌属（*Agaricus* ）或鬼伞属（*Coprinus*)]

葡枝根霉 (*Rhizopus stolonifer*) 的两种菌株 (ATCC 12938^{+}，129390^{-})

1 份沙氏葡萄糖深层琼脂

2 份土豆葡萄糖深层琼脂

48℃ ~50℃的水浴锅

3 个灭过菌的培养皿

含 90% 甲醇的亚甲基蓝

接种环

蜡笔

洁净载玻片

22mm × 40mm 盖玻片

镊子

本生灯

含有石蜡和油的注射器或硅橡胶管嵌缝膏

木质棉签 (或注射器)

带有移液操纵器的 1mL 移液管

玻璃或木质支撑棒

灭菌的吸管和洗耳球

将已制好的藻状菌纲 (如根霉属 *Rhizopus*、水霉属 *Saprolegnia*)，子囊菌纲 (如青霉属

Penicillum、曲霉属 *Aspergillus*、 毛霉属 *Morchella*), 担子菌纲 (如多孔属 *Polyporus*、马勃属 *Lycoperdon*、鬼平属 *Coprinus*、柄锈菌属 *Puccinia*) 装片

学习目标

1. 描述一种典型的霉菌。
2. 在沙氏琼脂平板上培养出几种霉菌的菌落。
3. 制备几种霉菌的培养片。
4. 观察几种典型真菌的形态和生殖结构。
5. 观察霉菌的完整生长周期。

为什么本实验采用下列霉菌?

在本实验中，学生可以逐渐熟悉真菌生物学的各方面内容。作者选择了 3 种最常见的真菌 [点青霉、葡枝根霉（*Rhizopus stolonifer*）和黑曲霉] 供学生培养和学习。其他真菌则通过保存标本或者装片进行介绍。

网络学习链接

来自 MicrobeLibrary.org (MicrobeLibrary@asmusa.org)

1. 图片—青霉属物种 (1 张图片)
2. 图片—曲霉属物种 (5 张图片)

原理

霉菌（mold）是多细胞丝状真菌，其培养和观察方法与细菌不同。真菌生长相对比较缓慢，往往要培养几天到一周才能长出肉眼可见的菌落。长出的菌落往往会覆盖整个平板。霉菌在颜色鲜艳的气生菌丝上形成孢子。大多数真菌的最适生长温度为 25℃，而非 35℃。

大多数真菌都可以用常用的沙氏葡萄糖琼脂来培养。这种培养基含糖量较高，pH(5.6) 相对较低，所以不利于大多数细菌的生长，以确保不被污染。大多数真菌在 pH5.6 时生长良好。

霉菌的菌落在解剖显微镜下就可直接观察。当然，最好还是直接从菌苔上挑取菌丝放在有一滴水或染料的载玻片上。还有一种方法称为**载玻片培养**（slide culture），它的好处在于可以观察生长中的霉菌，并观察特定结构而不会破坏培养物，易于观察霉菌的生殖结构。真菌分类主要依据为生殖结构、形态特征和菌落形态。

肉眼可见的霉菌菌落称为**菌体**（thallus），它由大量被称作**菌丝体** (mycelium) 的链状物组成，而每一条链又被称为**菌丝**（hypha）。**营养菌丝** (vegetative hypha) 紧贴着培养基表面生长，其上又形成气生菌丝，叫做**生殖菌丝**（reproductive hypha），产生无性繁殖的**孢子** (spore) 或**分生孢子** (conidia)。还有一部分菌丝在培养基内部生长，被称做**假根菌丝**

(rhizoidal hypha)。有些霉菌气生的链被一些**隔膜** (septum) 分开，这些菌丝又被称做**分隔菌丝** (septate hypha)。而那些没有分隔的霉菌菌丝被称做**多核菌丝** (coenocytic hypha)。

霉菌主要通过其有性生殖阶段进行分类，也可以通过菌落形态（如颜色、大小）、菌丝组成形式（分隔或多核），以及孢子的结构和组成（孢囊孢子和分生孢子）来将其分类。霉菌在临床、工业及环境的废物降解（腐生真菌）中都发挥重要的作用。而霉菌的孢子却又是污染实验室培养物的主要来源。

在本实验中，研究真菌的方法主要包括：培养皿中的菌落培养，制备特殊培养的载玻片，观察根霉（常见的面包霉）的生活史、解剖蘑菇以及观察市售霉菌的装片。

实验步骤

菌落的准备和观察

1. 分别融化沙氏葡萄糖琼脂培养基(SDA)和马铃薯葡萄糖琼脂培养基(PDA)各1管。

2. 置于48℃~50℃水浴中保温。

3. 分别倒在培养皿中静置待凝。

4. 用蜡笔在SDA平板上标注曲霉、实验者姓名和日期；在PDA平板上标注青霉、实验者姓名和日期。

5. 通过无菌操作分别接种1环的霉菌悬液至对应的平板。将一环接种物直接放在平板的中心即可，不要涂开。实验中小心处理培养皿，不要相互挤撞。

6. **不要将平板倒置**。室温培养2~7d。

7. 菌落适度长出、成型后（图42.1），描述并画出其肉眼可见的外观（如颜色、结构特征），将结果记录在实验报告中。如果有解剖显微镜，在显微镜下观察菌丝和分生孢子的形态，并画出分生孢子。

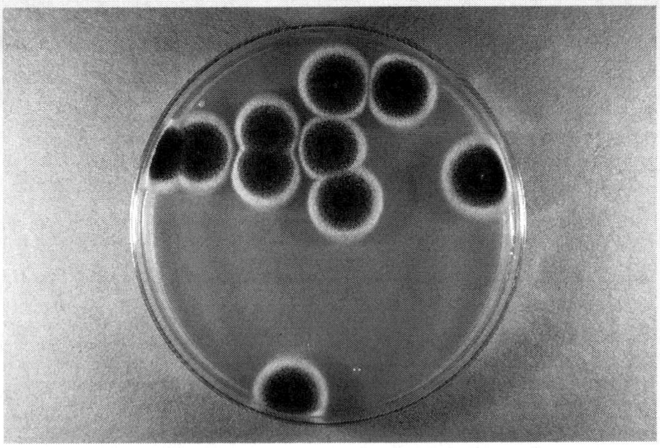

图 42.1 霉菌。曲霉的黑色分生孢子。

制备显微镜观察所需的霉菌装片

1. 准备两个干净的载玻片和盖玻片。

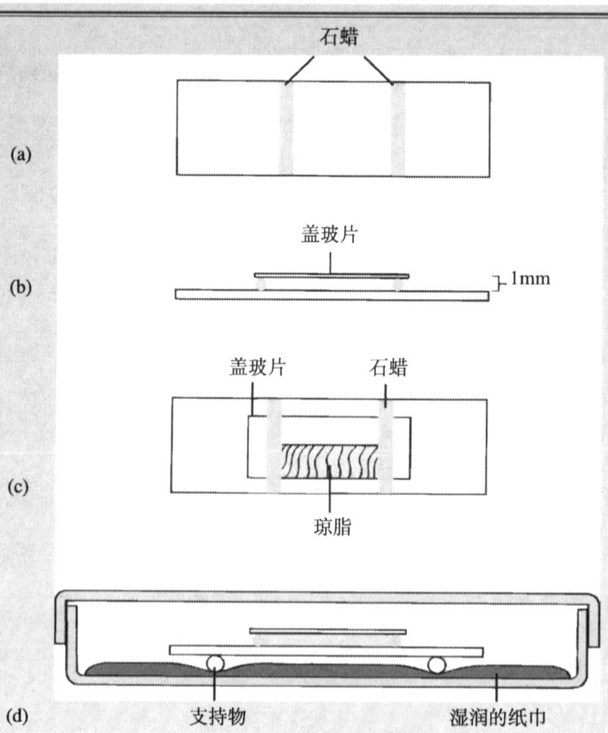

图 42.2　霉菌培养载玻片。

2. 用镊子分别夹取盖玻片和载玻片，火焰灭菌。

3. 用木棍（或加热的注射器）挑取足够的融化后的石蜡或硅橡胶，按图 42.2a 所示涂抹在载玻片上，保证其可以使盖玻片与载玻片保持 1mm 左右的距离。凝固后备用。

4. 将盖玻片充分加热，使其可以紧紧黏在凝固的支持物（石蜡或硅橡胶）上，每张片子要达到图 42.2b 所示的要求。

5. 分别准备 1 管融化的 SDA(用于曲霉属）和 PDA(用于青霉属)，分别标注后置于 48℃～50℃水浴中备用。

6. 用无菌移液管转移 0.5mL 备好的霉菌悬液至备好的琼脂管中，使菌液和培养基充分混合。

7. 在琼脂凝固前，用已灭菌的吸管分别吸取 2 种霉菌菌液与培养基的混合液，将混合液迅速注入准备好的载玻片上，使混合液体的量可以填充载玻片与盖玻片之间空隙的一半。最终结果如图 42.2c 所示。

8. 准备两张大小与培养皿对应的纸巾，沾湿后分别置于两个培养皿内，并将各培养皿做好标记，在纸毛巾上放置两个小木棍或 V 型玻璃棒作为载玻片的支持物（图 42.2d），然后将载玻片放在支持物上。最后分别给两个培养皿盖上盖子，放在室温培养 2~4d。

9. 培养后，向载玻片滴几滴甲醇溶解的亚甲基蓝溶液（醇的主要作用是软化细胞壁，使溶液可以进入菌体内部)，对菌体的不同结构进行染色。用显微镜的低倍镜观察载玻片。

市售装片

通过市售装片了解各种真菌的形态和生殖特征。仔细观察每张装片，在实验报告中画出指定的真菌结构。这些装片可以补充活真菌观察的不足，以便很好地观察真菌形态和真菌不同的繁殖形式。

藻菌纲：

根霉 *Rhizopus*（孢囊孢子和接合孢子）

水霉 *Saprolegnia*（子实体，性器官，孢囊孢子）

子囊菌：

青霉 *Penicillium*（剖面，分生孢子）

曲霉 *Aspergillus*（分生孢子，闭囊壳）

羊肚菌 *Morchella*（子囊剖面）

担子菌：

多孔菌 *Polyporus*（担子剖面）

灰包 *Lycoperdon*（纵向剖面）

鬼伞 *Coprinus*（伞状帽，中间纵向剖面，交叉剖面）

柄锈菌 *Puccinia* [锈（孢）子器，冬孢子堆，夏孢子堆]

福尔马林保存蘑菇的解剖

1. 研究伞菌属（图 42.3）或鬼伞属标本。记录并画出其主要解剖学特征（菌盖、菌柄、菌环以及菌柄根部的菌丝体）。

2. 小心解剖下 1 片菌鳃，放在水中展开，放在载玻片上，然后轻轻将其碾碎。在显微镜下观察制好的标本，在菌鳃表面可以看见担子、担子柄和担孢子。

3. 将观察的结果画在实验报告中。

根霉的形态与生殖

1. 匍枝根霉的生活史比较容易学习掌握。

2. 将其雌雄菌株与 PDA 培养基共培养。

3. 两种孢子分别放在平板的两端，距离 4cm 或更大。

4. 经过 4~7d 的培养，两株生长的菌便会连到一起，最终在平板的中央形成一条接合孢子链。小心移开培养皿盖，用解剖镜观察接合孢子的形态。此外还可以观察到菌丝和孢囊孢子。从平板中央挑取部分菌丝研究接合孢子。在菌体背面可以观察接合孢子生长的各个阶段的状态，同时还可以看见配子囊。可以取一部分菌体，用盖玻片盖住后放在更高倍数的显微镜下观察。

提示与警告

(1) 制备观察玻片的时候，盖玻片一定要适度加热（步骤 4）。温度太低将使其很难与石蜡黏合在一起。加热过度，则容易使石蜡全部融化，从载玻片上流下来。

(2) 当真菌培养几天后，将培养皿周围用封条封起来可以有效避免培养物和琼脂脱水。

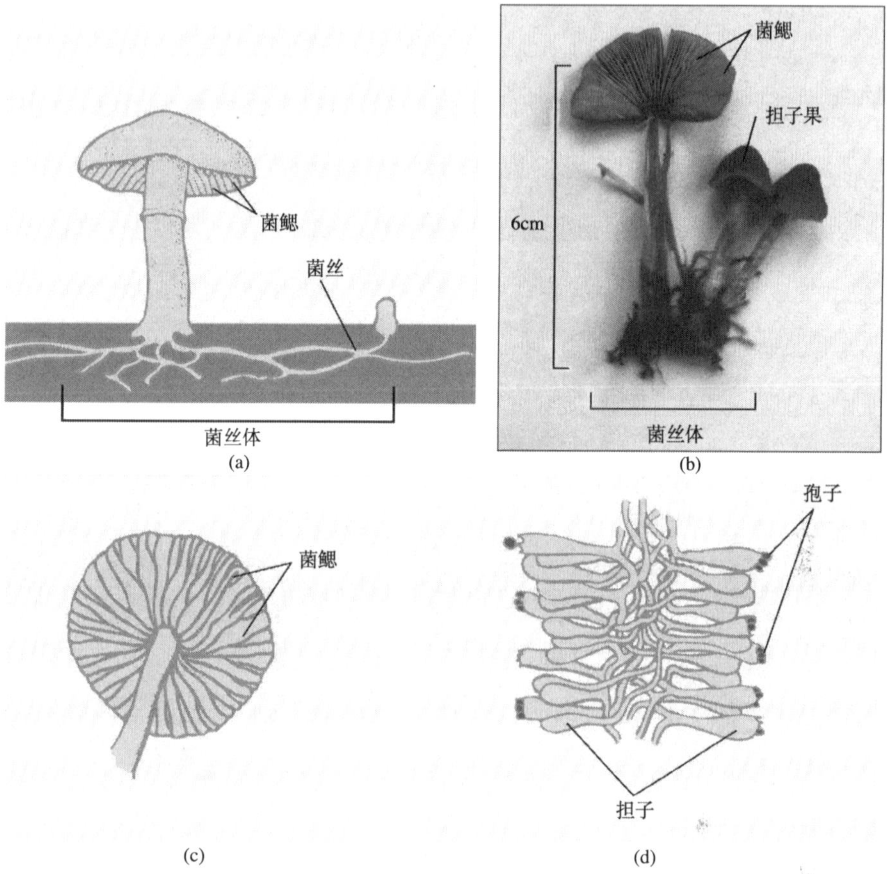

图 42.3 常见的草地蘑菇，蘑菇。(a) 本图显示的是菌体在地面下形成庞大的菌丝网络，右侧是其子实体；(b) 一种类似蘑菇的真菌，粗鳞环柄菇（Lepiota rachodes），显示其担子果，菌褶和子实体；(c) 菌盖内部由一系列放射状的菌褶构成；(d) 菌褶表面的放大图像显示每个担子上都带有孢子。(©Martha Nester)

复习题：

1. 请指出营养菌丝和气生菌丝的差别。
2. 细菌培养基是否可以用来培养真菌？请说明理由。
3. 在常见的面包霉生活周期中，正（plus）和负（minus）分别指什么？
4. 为什么霉菌的分离方法与之前细菌实验中所使用方法不同？
5. 生殖菌丝与假根菌丝有何差别？
6. 根霉的菌丝是多核的还是有分隔的？
7. 你会如何描述曲霉和青霉的子实体？

第十部分
微生物遗传学和基因组学

双螺旋真是一个了不起的分子。现代人的历史大约5万年，文明大约出现在1万年前。美国的历史不过200多年。但是DNA和RNA的历史至少有几十亿年。双螺旋一直就存在，非常活跃。我们是地球上知道其存在的第一种生物。

Francis Crick (1916—2005)《疯狂的探索》

所有微生物的各种生物学特征（如化学组成、生长模式、代谢途径，以及致病性）都可以遗传。这些特征通过基因从母细胞传递到子细胞。**遗传学**（genetics）主要研究基因是什么，它们怎样携带遗传物质，如何进行复制，以及如何在微生物中表达相关信息，并最终决定其具体的外在特征。

细菌是遗传学研究中一种特别有用的工具，因为它可以在很短的时间内便获得大量的遗传后代，且其遗传组成也相对简单，有利于研究特定基因的结构和功能。

遗传工程（genetic engineering）涉及将不同来源的DNA（基因）连接到一起，然后将连接产物导入一个合适的细胞中，并在其中复制和表达。这个过程需要几个步骤：①准备一个合适的载体，例如**质粒**(plasmid)；②嵌合DNA分子或**嵌合体**(chimeras)的形成；③将重组DNA片段导入有功能的**受体细胞**(recipient cell)；④恰当的**选择方法**（selection method）分离目的重组菌。书中本章的前3个实验将会用到这些遗传操作技术。

DNA作为遗传物质可以赋予微生物遗传特征。所有生物DNA的基本结构都相同。本部分实验旨在理解分离酵母DNA的原理和步骤。

Joshua Lederberg
(1925—2008)

美国生物化学家，由于发现了细菌遗传物质及基因重组现象，1958年他和George Beadle、Edward Tatum共同获得诺贝尔生理学或医学奖。1946年，他和Edward Tatum在*Nature*(158:558)上发表论文，首次报道太肠杆菌(*E. coli*)的性过程。

通过分析营养缺陷型突变菌株混合培养物发现新菌株类型存在，这暗示在大肠杆菌这种细菌中发生了性过程。……这些实验意味着细菌具有性过程……。因此，大肠杆菌的遗传重组似乎暗示了一种有性生殖的机理。

Lederberg还发现细菌可以通过不同途径传

递遗传物质。他的才能不仅仅体现在细菌遗传学上，他还对了解青霉素的作用方式作出了贡献，他的研究甚至涉及空间微生物学和计算机在生物学中的应用。

基因组学 (genomics) 是研究基因组中分子组成的科学，包括基因组的信息结构及其编码的基因产物。这个学科包含的范围很广，可以划分为至少 3 个广泛性的研究领域。**结构基因组学**（structural genomics）主要研究基因组的物理性质。它的主要目标是确定和分析基因组的 DNA 序列。**功能基因组学**（functional genomics）研究基因组发挥功能的方式，也就是说，研究基因组转录产物及其编码的蛋白质。第三个研究领域是**比较基因组学**（comparative genomics），它通过比较不同物种来源的基因组，找出明显相同或不同的地方，从中挖掘出基因组中比较保守、重要的部分，寻找功能和调节的模式。这些数据提供了关于微生物进化的许多信息，例如基因的水平转移。本书中设计的后 2 个实验展示基因组学在微生物世界的重要作用。

当完成第十章中的一个或多个实验后，最少可以提高你对微生物遗传学的认识，包括突变和基因组学。这将满足美国微生物学会微生物核心课程主题 3 的要求：微生物遗传学，包括突变 (见 iv 页) 。

实验43

细菌突变

安全注意事项

金黄色葡萄球菌是致病菌。必须无菌操作。乙醇易燃，让盛装乙醇的烧杯远离本生灯，并且不要将带火焰的涂布棒放回乙醇。不要用嘴移液。让所有装培养基的试管直立在试管架上或试管罐中。

实验材料

已灭菌的培养皿

玻棒或木棒（直径为 1.6mm）

2 支装有 6 ～ 7mL 胰蛋白胨大豆琼脂培养基的斜面试管

1 支装有 6 ～ 7mL 胰蛋白胨大豆琼脂培养基，并含有 0.5mg 链霉素的斜面试管

带有移液操纵器的 1mL 移液管

经 24h 平板培养的金黄色葡萄球菌标准株(ATCC 25923)，也可用黏质沙雷氏菌(ATTCC 13880)

95% 乙醇

涂布棒

3 支装有大豆胰蛋白胨肉汤培养基试管

2 支装有 6~7mL 大豆胰蛋白胨肉汤培养基，且含 0.01mg 链霉素的试管

2 支装有 6~7mL 大豆胰蛋白胨肉汤培养基，且含 0.05mg 链霉素的试管

学习目标

1. 检测细菌突变

2. 分离链霉素耐药突变株

为什么本实验采用下列细菌？

学生们将通过本次实验分离得到链霉素耐药突变株。为此，作者选择常见的金黄色葡萄糖球菌。有些突变株能耐受高浓度的链霉素。这些耐药突变株产生的比率一般为数百万分之一。但是，我们可以通过含有高浓度链霉素的平板很容易地筛选到这些低频率发生的

耐药突变株。由于这些菌株之前未接触过任何突变剂，因此分离到的突变菌株应当源于自发突变。

原理

突变(mutation)是稳定、可遗传的DNA核苷酸序列的改变结果。改变化学或物理环境，可以增加微生物的突变频率。如果突变后的细菌的特征适应导致其突变的环境，突变菌株将很快成为培养物中的优势菌。

突变可以通过两种途径发生：①所有细菌中都存在低频率的自发突变，这种突变即使没有任何突变剂也会发生；②诱发突变，即细菌接触所谓的**突变源**（mutagen）（物理或化学突变剂），而发生的突变。

自发突变产生的耐药性，如对链霉素的耐药很容易被检测到。因为抗生素存在时，正常菌株的生长被抑制。这个微生物遗传学入门实验利用琼脂梯度平板法来分离和筛选抗链霉素的金黄色葡萄糖球菌突变株。

实验步骤

第一阶段

1. 梯度平板的制备

a. 在已灭菌的平板底部的一侧放置一根玻棒或木棍以使其具有一定倾斜度（如图43.1a）。

b. 通过无菌操作将试管中融化的胰蛋白胨大豆琼脂培养基倾倒入平板内，快速盖上皿盖，待培养基凝固。在盖子上写明操作者姓名和日期。

c. 等到培养基凝固，移去玻棒并将平板平放在桌上。

d. 无菌操作将试管中含有0.05mg链霉素的胰蛋白胨大豆琼脂培养基倾倒入梯度平板内（如图43.1b）。快速盖上培养皿盖，待培养基凝固。

2. 吸取0.3mL金黄色葡萄球菌悬浮液于固体培养基表面。用无菌涂布器（将涂布器浸泡在95%乙醇中，后经火焰灭菌，在无菌平板上冷却，具体操作见图14.2），将悬浮液均匀涂布到固体培养基表面。

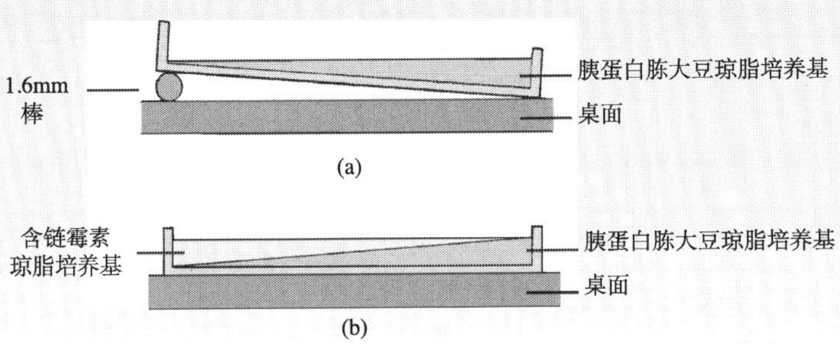

图43.1 梯度平板的制备。 (a) 放置一根1.6mm的玻棒或者木棍在平板下方，加入胰蛋白胨大豆琼脂培养基，待凝。(b) 取走玻棒，加入含有链霉素的琼脂培养基。

3. 盖上培养皿盖，待平板表面晾干后，将平板倒置在37℃培养箱培养24 ~ 48h。

第二阶段

1. 观察梯度平板含有高浓度链霉素的区域，是否出现耐药金黄色葡萄球菌。

2. 将结果记录在实验报告上。

3. 使用先前准备的大豆胰蛋白胨肉汤培养基，用仅含有培养基的管作为对照，另外两管分别含有0.01mg链霉素和0.05mg链霉素分别进行培养（这些代表最初的药物敏感菌株）。

4. 以同样方式，用接种环挑取生长在梯度平板高浓度区的单菌落，制成细菌悬浮液（这些代表耐药突变型）。

5. 从上述的细胞悬浮液中分别接种 - 环菌至含0.01mg和0.05mg链霉素的大豆胰蛋白胨肉汤液体培养基。常规大豆胰蛋白胨肉汤培养基作为对照也培养一管。

6. 将所有试管在37℃培养箱培养24 ~ 48h。

第三阶段

1. 观察4支含有链霉素的试管中的菌体生长情况，并将其与各自对照管比较。

2. 记录实验结果。

提示与警告

本实验中最关键的是倒含链霉素的琼脂培养基前，务必等到下层培养基完全冷却并凝固。

复习题

1. 如何定义细菌突变？
2. 如何理解链霉素依赖型突变型？
3. 细菌突变是如何发生的？
4. 什么是突变剂？请举例说明。
5. 哪些方法可以增加金黄色葡萄球菌的突变率？
6. 任何抗生素耐药突变株都可以采用梯度平板筛选吗？为什么？

实验 44 细菌的转化

安全注意事项

氯仿具有挥发性和易燃性，应远离火焰，大量吸入可引起低血压、呼吸和心肌抑制，甚至死亡，同时也可致癌。禁止用嘴移液。确保离心管平衡。保持培养管在试管架或罐中垂直放置。

实验材料

在营养肉汤中培养 24h 的枯草芽孢杆菌 SB100（ATCC 29056）
在营养肉汤中培养 24h 的野生型枯草芽孢杆菌（ATCC 6051）
溶菌酶溶液（2mg/mL）
1 个含有酪氨酸和组氨酸的葡萄糖—基本盐琼脂平板
1 个含有酪氨酸和色氨酸的葡萄糖—基本盐琼脂平板
2 个含有酪氨酸、色氨酸和组氨酸的葡萄糖—基本盐琼脂平板
1 个含有组氨酸的葡萄糖—基本盐琼脂平板
灭菌试管
灭菌磷酸缓冲液（0.1mol/L，pH6.2）
氯仿
灭菌离心管
灭菌牙签
离心机
冰水浴
灭菌蒸馏水
2 支 250mL 灭菌烧瓶
1 个装有 50mL Difco 抗生素实验培养基 3 的 250mL 烧瓶
15mL MM1 培养基
15mL MM2 培养基
带有移液操纵器的 5mL 移液管
带有移液操纵器的 1mL 移液管

温度计

玻璃涂布棒

70% 乙醇

本生灯

Ward's 提供的各种转化和遗传工程试剂盒

学习目标

1. 描述转化过程
2. 完成抽提 DNA 的操作
3. 证明细菌培养物中存在感受态细菌

为什么本实验采用下列细菌?

在这个实验中，学生将学习如何通过转化获得重组细菌。为此，作者选择了一株野生型的枯草芽孢杆菌作为供体菌株，枯草芽孢杆菌 SB100 作为受体菌株。枯草芽孢杆菌 SB100 是多重突变形成的营养缺陷型，其生长需要酪氨酸、色氨酸和组氨酸。它已经失去了合成这些氨基酸的能力。野生型能够合成这些氨基酸，所以能够在缺乏这些氨基酸的葡萄糖－基本盐培养基上生长。将野生型的 DNA 与 SB100 营养缺陷型菌株的细胞混合，产生的转化子能够在缺少色氨酸或酪氨酸的培养基上生长。

网络学习链接

来自 MicrobeLibrary.org (MicrobeLibrary.org@asmus.org)

动画视频—转化

原理

转化（transformation）是受体菌从培养基吸收一段裸露 DNA 分子或片段，并将其以可遗传的方式掺入受体菌的染色体。自然条件下的转化中，DNA 来自于供体菌。这个过程是随机的，基因组中的任何部分都可以在细菌间转移。

细菌裂解时释放大量 DNA 到环境中。这些片段可能相对比较大并含有一些基因。如果一个片段接触到一个**感受态细菌**（competent bacterium）（一种能摄取 DNA 且能被转化的细菌），它可能被感受态细胞结合并吸收。转化可能是自然界遗传交换的一种重要方式。

这个入门性质的转化实验采用一株野生型的枯草芽孢杆菌作为供体菌，芽孢杆菌 SB 100 作为受体菌。这一受体菌是**营养缺陷型**（auxotroph）（缺乏合成必需营养物质的能力，需要从环境中获得该营养物质的突变株），由于不能合成酪氨酸、色氨酸和组氨酸，因此必须添加这些氨基酸才能生长。野生菌株能够合成这些氨基酸，故能够在缺乏这些氨基酸的葡萄糖－基本盐培养基上生长。通过将野生菌株中的 DNA 与营养缺陷型细菌混合，你需要：①寻找在缺少色氨酸时能够生长的转化子；②寻找获得合成色氨酸和（或）组氨酸的转化子，其生长不再需要在培养基中另外添加相应氨基酸。

实验步骤

第一阶段

供体菌 DNA 的制备

1. 通过无菌操作转移 5mL 野生型枯草芽孢杆菌菌液至离心管，5000*g* 离心 10min。

2. 离心后，弃掉上清，用一个新的移液管，将细菌重悬于 5mL 无菌磷酸缓冲液中。

3. 加入 0.05mL 裂解酶溶液，室温下孵育（轻轻晃动）30min。

4. 冰浴冷却离心管至 5℃。

5. 加 5 滴氯仿裂解细菌，此时其细胞壁经裂解酶消化，已经变得比较脆弱。晃动离心管混合氯仿和培养基。这是实验步骤中的第二阶段转化 DNA 的来源。制备好的样品可以在 5℃存放几天。

感受态细菌的制备

1. 无菌条件下转移枯草芽孢杆菌 SB100 菌液至 250mL 含有 50mL Difco 抗生素测定培养基 3 的烧瓶中。

2. 37℃轻轻晃动菌液孵育 24h。

第二阶段

感受态细菌的制备（续）

1. 将细菌 5000*g* 离心 10min 以获得菌体，重悬于 15mL MM1 培养基中。

2. 加 12.5mL 重悬菌液于无菌的 250mL 有培养基的摇瓶，震荡培养 5h。

3. 离心收集菌体，重悬于 15mL MM2（转化培养基）使其 5 倍稀释。即得到用于该实验后半部分的感受态细胞。

感受态细菌的转化

1. 无菌条件下转移 0.9mL 感受态细菌（枯草芽孢杆菌 SB 100）至无菌试管中。小心加入 0.1mL 由野生型枯草芽孢杆菌制备的供体 DNA 溶液（注意不要加入氯仿）。白色的 DNA 层位于氯仿和水的分界面。

2. 37℃轻轻晃动试管培养 30min。

3. 移取 0.1mL 转化混合物至含有色氨酸、酪氨酸和组氨酸的葡萄糖—基本盐琼脂平板。玻璃涂棒火焰灭菌后涂布细菌。在平板上标记操作者姓名、日期和氨基酸混合物。

4. 用无菌蒸馏水将转化混合物稀释至 10 倍。移取 0.1mL 该稀释液至含有色氨酸、酪氨酸和组氨酸的混合物的葡萄糖－基本盐琼脂平板上。按照上面的方法涂布细菌，在平板上标记操作者姓名、日期和氨基酸混合物。

5. 平板在 37℃培养 48~72h。

6. 用无菌牙签，从转化平板上转移 59 个单菌落至 4 个葡萄糖－基本盐平板，它们分别含有①酪氨酸和组氨酸；②酪氨酸和色氨酸；③酪氨酸、色氨酸和组氨酸；④组氨酸。每个平板以图 44.1 的 90mm 培养皿的格子形式作为样板。用牙签蘸取每个单菌落，接种到每个平板一个格子中（例如，菌落 1 接种到四个平板的格子 1 中，然后菌落 2 接种到格子 2 中，依次类推直到 59 个格子都被划线）。做这一步转移时，小心不要划到旁边的格子。转移过程中，尽可能保持平板闭合状态。

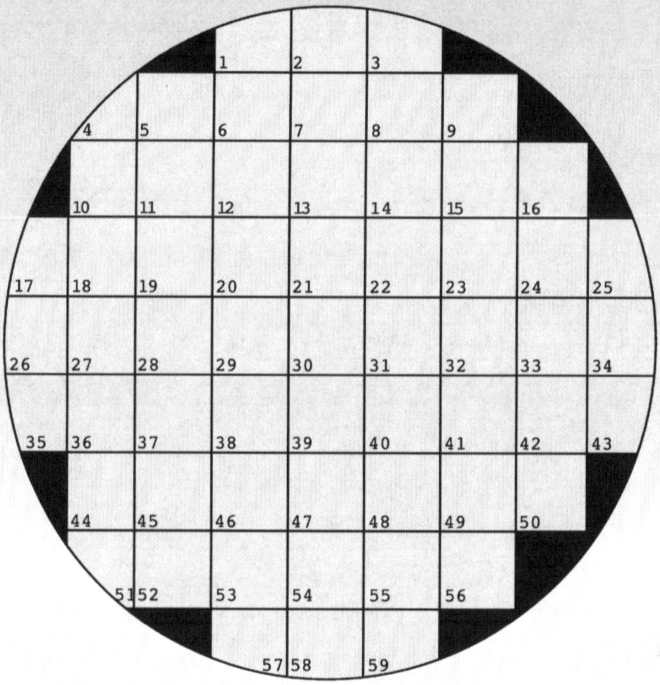

图 44.1 90mm 培养皿的格子形式。

7. 酪氨酸 / 色氨酸 / 组氨酸平板作为对照。如果该平板上没有菌体生长，其他平板上得出的数据应当作废。

8. 4 个平板置于 37℃培养 48h。

9. 记录格子区域，在实验报告中阐明细菌转化子在每种培养基上是否生长，生长标记为“+”，不长标记为“–”。

复习题

1. 如何定义细菌转化？
2. 什么是感受态细菌？
3. 什么是营养缺陷型？
4. 实验中可否用苯丙氨酸代替酪氨酸？请说明理由。
5. 转化系统的成功发展取决于哪些因素？
6. 转化有哪些重要用途？

实验45 细菌接合：抗生素抗性质粒的转移

安全注意事项

本实验中，学生会用到有抗生素抗性的大肠杆菌。需重视的是细菌和它的质粒都**不能**在实验室乱放。另外需要确认每个人用的都是**纯培养物**。因此，所有的操作都要避免污染。按照以下的**标准无菌规程**操作：

1. 使用前将接种环灭菌，挑菌前稍作冷却，以免接触时因高温杀死细菌。
2. 使用后通过逐渐加热的方式将接种环重新灭菌。以便尽量减少带菌液体的飞溅和气溶胶的形成。
3. 揭开盖子或拔出塞子后，用火焰迅速灼烧管口和瓶口，接种后也如此操作。
4. 接种过程中禁止将盖子或塞子放在操作台上，应该用一只手将其握住，待接种菌已经转入，灼烧管口或瓶口后，再将试管或烧瓶封严。
5. 棉塞从试管或烧瓶中拔出时，只能握其向外凸出部分的表面。如果接触其塞入烧瓶或试管的部分将会导致污染。
6. 打开的试管应稍微倾斜手持以减少污染。
7. 接种时保持皿盖在平板的上方且尽快盖上，禁止将皿盖放在操作台上。
8. 培养结束后，所有的培养物和试管都要121℃高压灭菌15min。灭菌后，试管中的液体倒入水槽中，平板应丢弃，有琼脂的平板需经高压灭菌后丢弃。
9. 操作中如果菌液突然溢出，必须用来苏尔（Lysol）溶液擦洗附近区域，消毒3h后再用自来水彻底清洗。

实验材料

大豆胰蛋白胨肉汤培养基中培养过夜的大肠杆菌受体菌株J-53R（Wards number 85W1686）

大豆胰蛋白胨肉汤培养基中培养过夜的大肠杆菌供体菌株HT-99（Wards number 85W1684）

这些菌株来自Wards，Natural Science Establishement, Rochester, NY

螺口试管中装载的5mL灭菌营养肉汤

浸在80%乙醇中的玻璃涂布棒

2支无菌的带有移液操纵器的1mL移液管

3 支无菌的带有洗耳球的巴斯德吸管
1 个含有 25μg/mL 氯霉素的胰酶琼脂平板
1 个含有 100μg/mL 利福平的胰酶琼脂平板
1 个含有 25μg/mL 氯霉素和 100μg/mL 利福平的胰酶琼脂平板
本生灯
培养皿罐
37℃培养箱
蜡笔
Ward's 提供的各种转化和遗传工程试剂盒

学习目标

1. 掌握从供体中将一个编码氯霉素抗性的可结合质粒转移到合适的大肠杆菌受体中的操作方法。

2. 描述通过体外技术形成的嵌合质粒导入一个适合的受体中，并在受体菌中复制和表达的方法。

为什么本实验采用下列细菌？

在该实验中，学生将进行细菌接合实验。为此作者选取了大肠杆菌的两个菌株。供体菌 HT-99 有氯霉素抗性，受体菌 J-53R 不能合成蛋氨酸和脯氨酸并具有利福平抗性。这两株菌的重组子将综合供体和受体菌株的特性，因此能通过筛选平板方便地检测出来。

网络学习链接

来自 MicrobeLibrary.org (MicrobeLibrary.org@asmus.org)
动画视频—F^+ 和 F^- 菌株的接合

原理

能够作用于不同细菌间接合的质粒称为**接合质粒**（conjugative plasmid）。这些质粒带有的相关基因使质粒通过接合能将自己从**供体**（donor）菌转入适合的**受体**（recipient）菌。当（部分）染色体从一株菌转移到另一株菌时，则实现了两株细菌之间的“交配”——**接合**（conjugation）。为了保证接合的发生，两株菌之间肯定有直接的物理接触。供体和受体实际上的“交配”依赖于供体菌中称为性纤毛的特殊细丝的产生。由于性纤毛合成基因是接合质粒 DNA 的基本构成部分，因此质粒本身决定了它们在细菌间的可传递性。

质粒（plasmid）是小型环状双链 DNA 分子，它是染色体外遗传物质（例如，它们携带遗传信息并且存在于染色体外）。这些小的 DNA 环能够独立复制，其中的很多质粒也能整合进细菌基因组并与其一同复制。本实验所用质粒带有 1 个氯霉素抗性基因，并能够在细菌结合时进行转移。

本实验在肉汤液体培养基中进行体外结合。由于接合需要细胞和细胞之间的接触，因此它可称为一个依赖碰撞的过程。实验时需要提供充足的时间供接合细胞之间进行接触。

在本实验中，学生将分组使用两株大肠杆菌菌株：J-53R（受体菌）和 HT-99（供体菌）。J-53R 是蛋氨酸和脯氨酸的**营养缺陷型**（auxotrophic）（一个有生长因子需求的突变株），同时它的染色体上带有利福平抗性基因。HT-99 是一个带有氯霉素抗性的野生株，该抗性由接合质粒上的基因决定。通过这一简单的实验，遗传工程研究（如嵌合菌株的产生、复制和表达）的主要目的能得到很好的阐明。

实验步骤

第一阶段

1. 无菌操作转移 0.1mL 在大豆胰蛋白胨肉汤培养基中过夜培养的大肠杆菌 HT-99（供体菌）和 0.9mL 在大豆胰蛋白胨肉汤中过夜培养的大肠杆菌 J-53R（受体菌）至 5mL 已灭菌的大豆胰蛋白胨肉汤中以制备接合混合物（图 45.1）。

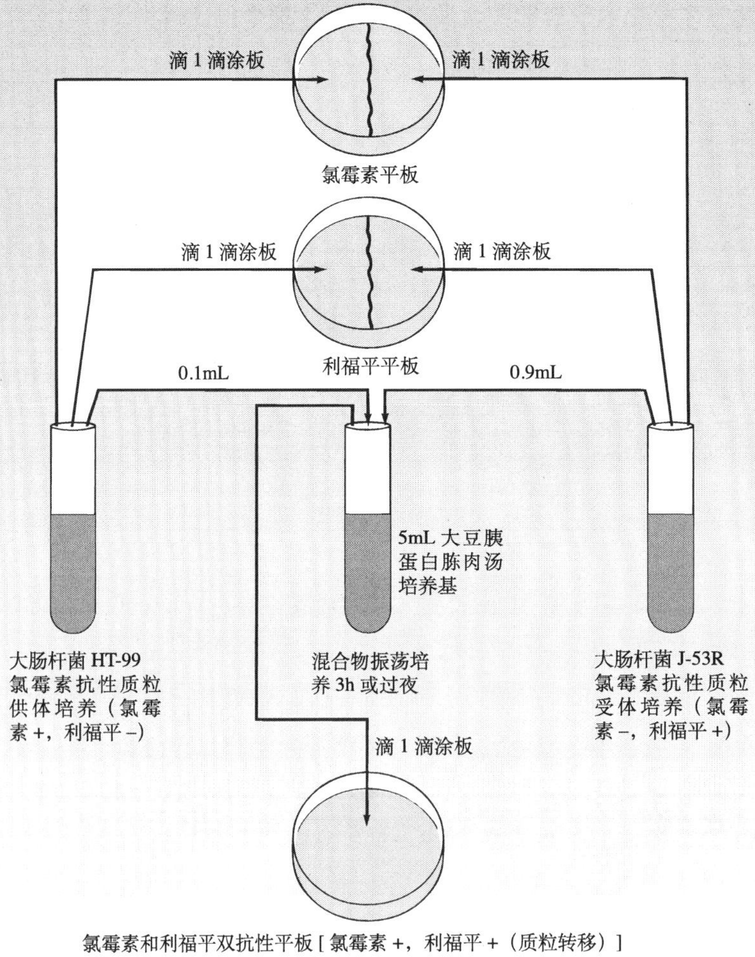

图 45.1　质粒转移步骤。

2. 液体混合后于 37℃培养 3h 或过夜。

3. 按以下步骤通过抗性平板培养确认供体菌和受体菌的抗性

a. 用蜡笔在平板底面划线，分别将氯霉素平板和利福平平板都平均分为两部分。

b. 用相同的无菌吸管移取 1 滴供体菌至半边氯霉素板上，再滴 1 滴至半边利福平板上。用火焰灭菌的玻璃涂布棒小心涂布半块板（见实验 14 和图 14.2）。两次涂布之间要用火焰灭菌玻璃涂布棒。用另外 1 支无菌吸管移取 1 滴受体菌至另一半氯霉素板上，再滴 1 滴到另一半利福平板上。涂布方法同上。在平板上标记操作者姓名和日期。待平板完全干后，至培养皿罐中 37℃培养过夜。

4. 经一段时间接合后，将接合混合物从培养箱中取出，分别滴 1 滴在含有氯霉素和利福平的平板中心。按前面介绍的方法涂布，标记操作者姓名和日期，在培养皿罐中 37℃培养过夜。

第二阶段

1. 过夜培养后检查各平板生长情况，并将结果记录在实验报告中。

2. 由于供体菌（大肠杆菌 HT-99）抗氯霉素而对利福平敏感，其应该能够在含 25μg/mL 氯霉素平板上而非含 100μg/mL 利福平平板上生长。第一阶段步骤 3b 中的平板实验应该会确认这一结果。

3. 受体菌（大肠杆菌 J-53R）对氯霉素敏感而抗利福平，因此能够在利福平平板而非氯霉素平板上生长。

4. 供体菌和受体菌都不能在既含氯霉素又含利福平的平板上生长，因为两株菌都对其中一种抗生素敏感。因此出现在第一阶段步骤 4 所制备的双抗平板上的菌落一定是通过接合转移从供体菌将氯霉素抗性质粒转移至受体菌形成的接合子。这些细菌是体内自然状态下基因工程的结果，也是遗传学意义上的新菌种。

5. 计算双抗平板上形成的菌落的数目。如果可以的话，每一组采用不同的接合时间（如 1~24h）观察接合时间长短对平板上所出现的接合子数量的影响。

复习题

1. 为什么本实验中无菌操作如此重要？

2. 为什么大肠杆菌 HT-99 能够在氯霉素平板上生长而不能在利福平平板上生长？为什么大肠杆菌 J-53R 能够在利福平平板上生长而不能在氯霉素平板上生长？

3. 你认为将新得到的双抗菌株放到外界环境中是否生长良好？请说明理由。

4. 利福平抗性是否会频繁地从 J-53R 转移到 HT-99？请说明理由。

5. 质粒的功能是什么？

6. 细菌是进行有性繁殖的吗？请说明理由。

7. 如何定义遗传工程？

实验 46 大肠杆菌基因组 DNA 的分离纯化

安全注意事项

本实验所用的乙醇是挥发性可燃液体，不要靠近火焰使用。长时间接触乙醇可能抑制中枢神经系统。需要将备一次性手套、实验服和防止化学物质溅到的护目镜。按照老师的指示将培养物和污染的废物丢进相应的生物危险品容器中。

实验材料

在大豆胰蛋白胨肉汤培养基中培养 10~12h（对数期）的大肠杆菌（ATCC 11229）菌液。通过冰浴能够使菌体保持在对数生长期

0.5~10μL 微量移液器和灭菌枪头

10~100μL 微量移液器和灭菌枪头

100~1000μL 微量移液器和灭菌枪头

微量离心管

微量离心机

1mL 移液管

巴斯德吸管

消毒剂（70% 乙醇或 3% 过氧化氢）

80℃组合式干热培养箱

37℃组合式干热培养箱

电加热块

65℃水浴

20mg/mL RNA 酶 A 溶液［不含 DNA 酶；1mg/mL 溶解在 1×TE 中（10mmol/L Tris，pH 7.4+1mmol/ L EDTA，pH 8.0），煮沸 10~30min，冷却至室温，－20℃保存］

细胞裂解液（Tris-EDTA-SDS）购自 Puregene（Gentra Systems）

蛋白沉淀液（乙酸铵）购自 Puregene

1.5mL 试管

100% 异丙醇

70% 乙醇

100% 无水乙醇
涡旋振荡器
水合溶液（1 × Tris-EDTA 水合溶液购自 Puregene）

学习目标

1. 了解如何从大肠杆菌中分离基因组 DNA
2. 解释为何分离不同类群微生物的 DNA 需要不同的分离方案

本实验为何采用下列细菌？

不同生物的 DNA 在化学结构上是相同的。不同生物的 DNA 之间的区别在于碱基对的序列差异。DNA 分离的具体方案取决于生物体的结构特点（如单细胞还是多细胞，细胞或组织的具体构成，是否含有细胞壁）。同时，DNA 后期的用途也对其分离方法有相应的需求。大肠杆菌是研究最清楚的原核细胞之一，所以该实验用它作为分离 DNA 的来源。DNA 分离纯化后，可将其保存以用于更复杂的实验，比如用凝胶电泳进行的定量检测、PCR 扩增、限制性内切酶的消化、Southern 印迹等膜杂交。要进行后续实验需要大量时间和普通微生物实验室不具备的昂贵设备。因此，本实验的目标仅是获得纯大肠杆菌 DNA。如果时间和条件允许，教师可以补充一些其他的基因组研究实验。

网络学习链接

来自 MicrobeLibrary.org (MicrobeLibrary.org@asmus.org)
图片—DNA 结构

原理

DNA 的分离纯化是分子生物学中的一个重要步骤。提取和纯化类似大肠杆菌这样的原核生物的基因组 DNA 有利于学习复杂的基因组，也使得多种生物的基因组 DNA 文库的构建成为可能（见实验 47）。

本实验中使用的基因组 DNA 的分离和纯化技术包括 4 步（图 46.1）。

1. 裂解大肠杆菌细胞，释放基因组 DNA。常用溶液含有表面活性剂十二烷基磺酸钠和氢氧化钠。

2. 加核酸酶到细胞裂解物中以除去 RNA。

3. 加入乙酸铵或乙酸钾除去细菌蛋白。乙酸盐沉淀蛋白，使大型基因组 DNA 留在溶液中。

4. 通过异丙醇沉淀和乙醇清洗，浓缩大肠杆菌的基因组 DNA，并去除盐份。

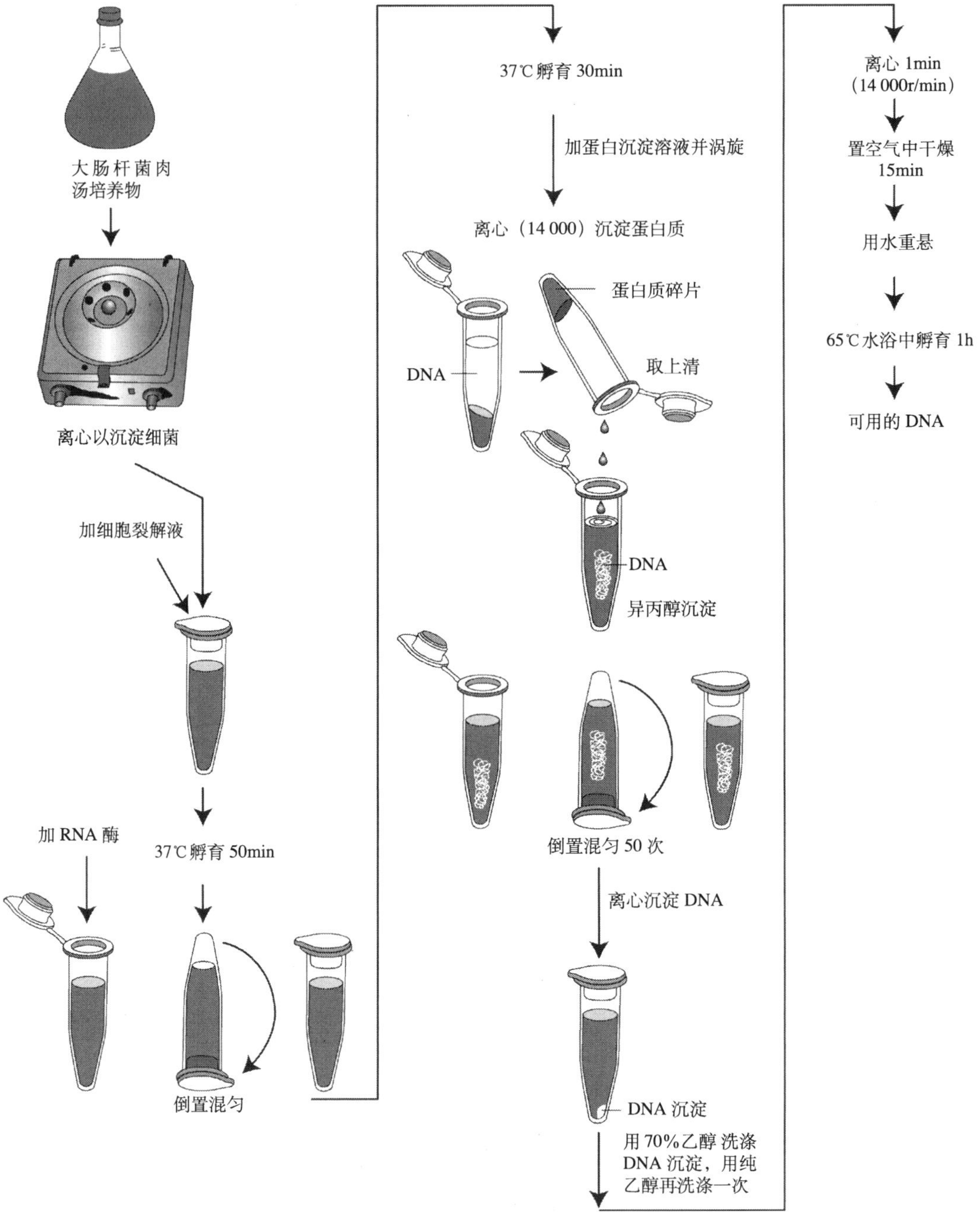

图 46.1　基因组 DNA 分离过程。

实验步骤

1. 获得大肠杆菌在大豆胰蛋白胨肉汤培养基中 10 ~ 12h 培养的菌液。
2. 标记一个微量离心管。用移液管移取 1mL 大肠杆菌菌液至该微量离心管。
3. 将该离心管放入微量离心机中高速离心 5~10s，使大肠杆菌形成沉淀。

4. 小心将上层液体移至消毒容器中。

5. 加 600μL 细胞裂解液，轻轻吹打重悬细菌沉淀。裂解液中的 SDS 是一种表面活性剂，它能够破坏大肠杆菌细胞的质膜。

6. 80℃孵育 5min。

7. 室温下慢慢冷却微量离心管中的样品。由于 RNA 酶受热会失活，加 RNA 酶之前必须将样品冷至室温。一旦样品冷至室温，就加入 3μL RNA 酶溶液至细菌细胞裂解物中。

8. 颠倒摇晃微量离心管 25 次，混合溶液，37℃孵育 30min。

9. 样品冷至室温，加入 200μL 蛋白沉淀溶液，**轻微**涡旋 20s。溶液中的乙酸铵将蛋白质沉淀下来，而将基因组 DNA 留在溶液中。

10. 14 000r/min 离心样品 3min，使蛋白成沉淀聚集至管底。

11. 上清倒入洁净的 1.5mL 试管中，将蛋白沉淀块留在离心管里。

12. 加入 600μL 100% 异丙醇，盖好试管，**非常轻微**地颠倒试管至少 50 次以使其混匀。剧烈晃动会把 DNA 破碎成小片段。

13. 在微量离心管中 14 000r/min 离心 1min，使 DNA 成沉淀聚集于管底。

14. 倒掉上清，在吸水毛巾上吸干水分，底部沉淀呈现白色至黄色。

15. 加入 600μL 70% 乙醇，颠倒试管数次清洗 DNA 沉淀。轻轻倒出 70% 乙醇，加入 600μL 无水乙醇，颠倒试管数次清洗 DNA 沉淀。乙醇清洗能够除去 DNA 中的盐分。

16. 14 000r/min 离心 1min。

17. **缓慢小心**地倒掉上清，同时注意离心管中的 DNA 沉淀，不要让它跑出离心管。

18. 空气中自然干燥 DNA 沉淀至少 15min。空气干燥除去残留的乙醇，以免残留的乙醇干扰后续分析。

19. 加入 100μL 水合溶液至 DNA 沉淀中，将离心管放在 65℃水浴 1h 或室温下过夜孵育。

20. 现在就可以使用从大肠杆菌中分离的 DNA 了。视设备和时间的情况，老师应告诉学生是否进行关于大肠杆菌 DNA 的其他实验。比如：

用聚合酶链式反应进行的扩增

用分光光度计进行定量分析

用凝胶电泳进行定量分析

限制性片段长度多态性分析

Southern 印迹

提示与警告

（1）记住加热会使 RNA 酶变性，而剧烈晃动会将 DNA 破碎成小片段。

（2）为了定位微小的 DNA 沉淀，将微量离心管的连接盖子的部分朝微量离心机外放置。离心后，DNA 沉淀会位于外侧同侧管底处。

（3）任何残留的乙醇都会干扰后续 DNA 分析。

（4）不要吹打 DNA 进行混合，这样会使 DNA 断裂。

复习题

1. 运用原核生物细胞结构的各种相关知识，推测为什么细胞裂解步骤要考虑具体情况。

2. 你刚分离和鉴别了一种新细菌，请设计一个分离其基因组 DNA 的方案。说明该方案的原理。

3. 从新生物体中提取 DNA 的纯化条件如何优化？

4. 在抽提过程中为什么必须轻缓处理 DNA ？

5. 总结一下这次实验的主要目的？

实验47 利用网络和计算机辅助基因分析鉴定古菌和细菌

安全注意事项

保护你的系统远离计算机病毒。计算机病毒是一种潜在的破坏计算机的程序，它通过自身和其他的软件或文件的接触来感染软件或文件。病毒程序非常危险，因为它们常常破坏或摧毁存储在被感染计算机上的数据。你可以安装杀毒软件来保护你的计算机。

实验材料

连有网络的计算机

网页浏览器（如 Netscape 或 Internet Explore）

打印机

学习目标

1. 理解微生物学中生物信息学的重要性
2. 理解 16S rRNA 序列在鉴定古菌和细菌中的重要作用
3. 懂得利用核糖体数据库和进入其他含有链接到序列数据库和序列分析的计算中心网站的重要性。

原理

生物信息学（bioinformatics）是处理计算信息的科学的分支，它用于收集、存储、分析和传播生物学方面的信息。它整合了信息技术和基因测序。全世界的学生和科学工作者都可以通过网络免费使用核苷酸、蛋白质数据库和管理所需的分析工具。

古菌和细菌的鉴定和分类的经典方法包括形态分析、染色、生化活性和本书中第二、四、五这 3 部分所呈现的快速多测量系统。如今，在这个新的时代，生物信息学和测定生物体 **DNA 序列**（DNA sequence）的能力为鉴定提供了新的方法。生物体的亲缘关系越近，它们的 DNA 序列就越相似。这些序列代表这段 DNA 中发现的核苷酸碱基的顺序。所有生物的某些共有基因已经被测序和比较。涉及到 DNA 编码核糖体的最有用的那部分被称为 16S 核糖体亚基。

核糖体参与蛋白质的合成。核糖体由两个亚基组成，每个亚基都是由蛋白质和一种称为核糖体 RNA(rRNA) 的东西构成的。原核生物的核糖体是由一个小的 30S 亚基和一个大的 50S 亚基组成的，它们一起组成 70S 核糖体。其中 30S 亚基又由一个 16S rRNA 颗粒和长度为 21 的多肽链组成。既然 16S rRNA 的 DNA 片段在所有的生物中都具有同样的功能，那么核糖体 RNA 基因序列就很容易比较了。

最近用**核糖体 RNA 基因测序**（ribosomal RNA gene sequencing）来研究原核生物与其他生物的多样性和它们之间的系统发育关系。用 rRNA 有以下几个优点：第一，所有的细胞都有核糖体和核糖体 RNA。两个亲缘关系近的生物比两个亲缘关系远的生物的 rRNA 的差异更小。第二，RNA 基因随时间产生的变化几乎为零，高度保守。如果序列之间差异太大，则无法比较。第三， rRNA 序列测定无需培养细胞。

这种鉴定生物的方法取得了令人振奋的成绩。比如，某些总在一些特殊群体生物体内发现的称为**标签序列**（signature sequence）的特殊的碱基序列，它们都是长度约 5~10 个碱基的 DNA 序列，定位在 16S rRNA 的特异位点，它们为古菌、细菌、真核细胞和原核生物的许多主要种类所特有。可以通过计算机程序比较它们的碱基序列来确定生物之间新的关系。序列差异性越大，它们之间在进化上的关系越远。

在生物信息学中，常用这些基因序列来鉴定特定的生物。公共数据库中有 160 00 多种生物的序列。当一个新的序列提交到数据库管理中心时，几秒钟后该中心就能找到含有该序列的相似性最大的生物物种。

在本实验中，学生可以利用这种方法把几种细菌和一种古菌的 16S rRNA 的 DNA 序列提交到密歇根州立大学微生物生态学中心的**核糖体数据库项目**（Ribosomal Database Project, rdp.cme.msu.edu/html/），鉴定这些未知种类的生物。该项目由美国能源部、国家科学基金和密歇根州立大学发起。它能给科学界提供核糖体相关数据服务，包括网上数据分析、由 rRNA 分析衍生的系统演化树、rRNA 序列的比对和注释。其他一些重要的含有链接到序列数据库和序列分析计算中心的门户网站有：

- 基因组研究所 (http://www.tigr.org)
- 基因组学 : 全球资源 (http://genomics.phrma.org)
- 欧洲生物信息学研究所 (http://www.ebi.ac.uk)
- GeneBank(http://www.ncbi.nlm.nih.gov) 是一个由国家生物信息中心、国家医学图书馆和国家卫生部维护的序列数据库。

实验步骤

1. 打开电脑浏览器。

2. 输入 URL rpd.cme.msu.edu/html/

3. 当出现“Ribosomal Database Project II”时，点击“Online Analysis”。

4. 在紫色栏里找到“Sequence Match”，在运行栏里点击灰色箭头进行序列比对。

5. 把来源于 4 个未知种类的细菌和一个古菌 (图 47.1~ 图 47.5) 的基因序列复制并黏贴在屏幕底部的大型空方框里 (用 Microsoft Word 或在 McGraw-Hill 网站 ,www.mhhe.com/

prescott7/labsequencedata 找到目的序列）。

6. 点击屏幕下方的“Submit Sequence”，并改变一些参数以完成检索。

7. 只要目标分析一完成，与输入序列最匹配的属和种就会出现。与你输入的核苷酸序列匹配的序列百分比也会出现。此外其他种类的和它们的相似百分比会呈现出来。

提示与警告

一个人读序列和空格，另一个人进行输入，这样最容易完成输入基因序列的任务。基因序列也能从 McGraw-Hill 网站 www.mhhe.com/prescott7/labsequencedata 获得。

```
1     tctctgatgt tagcggcgga cgggtgagta acacgtggat aacctaccta taagactggg   60
61    ataacttcgg gaaaccggag ctaataccgg ataatatttt gaaccgcatg gttcaaaagt  120
121   gaaagacggt cttgctgtca cttatagatg gatccgcgct gcattagcta gttggtaagg  180
181   taacggctta ccaaggcaac gatgcatagc cgacctgaga gggtgatcgg ccacactgga  240
241   actgagacac ggtccagact cctacgggag gcagcagtag ggaatcttcc gcaatgggcg  300
301   aaagcctgac ggagcaacgc cgcgtgagtg atgaaggtct tcggatcgta aaactctgtt  360
361   attagggaag aacatatgtg taagtaactg tgcacatctt gacggtacct aatcagaaag  420
421   ccacggctaa ctacgtgcca gcagccgcgg taatacgtag gtggcaagcg ttatccggaa  480
481   ttattgggcg taaagcgcgc gtaggcggtt ttttaagtct gatgtgaaag cccacggctc  540
541   aaccgtggag ggtcattgga aactggaaaa cttgagtgca gaagaggaaa gtggaattcc  600
601   atgtgtagcg gttaaatgcg cagagatatg gaggaacacc agtggcgaag gcgactttct  660
661   ggtctgtaac tgacgctgat gtgcgaaagc gtgggaatca aacaggatta gataccctgg  720
721   tagtccacgc cgtaaacgat gagtgctaag tgttaggggg tttccgcccc ttagtgctgc  780
781   agctaacgca ttaagcactc cgcctgggga gtacgaccgc aaggttgaaa ctcaaaggaa  840
841   ttgacgggga cccgcacaag cggtggagca tgtggtttaa ttcgaagcaa cgcgaagaac  900
901   cttaccaaat cttgacatcc tttgacaact ctagagatag agccttcccc ttcgggggac  960
961   aaagtgacag gtggtgcatg gttgtcgtca gctcgtgtcg tgagatgttg ggttaagtcc 1020
1021  cgcaacgagc gcaaccctta agcttagttg ccatcattaa gttgggcact ctaagttgac 1080
1081  tgccggtgac aaaccggagg aaggtgggga tgacgtcaaa tcatcatgcc ccttatgatt 1140
1141  tgggctacac acgtgctaca atggacaata caaagggcag cgaaaccgcg aggtcaagca 1200
1201  aatcccataa agttgttctc agttcggatt gtagtctgca actcgactac atgaagctgg 1260
1261  aatcgctagt aatcgtagat cagcatgcta cggtgaatac gttcccgggt cttgtacaca 1320
1321  ccgcccgtca caccacgaga gtttgtaaca                                  1351
```

图 47.1 细菌 A 的碱基序列。

```
1     taacacgtgg ataacctacc tataagactg ggataacttc gggaaaccgg agctaatacc   60
61    ggataatata ttgaaccgca tggttcaata gtgaaagacg gttttgctgt cacttataga  120
121   tggatccgcg ccgcattagc tagttggtaa ggtaacggct taccaaggca acgatgcgta  180
181   gccgacctga gagggtgatc ggccacactg gaactgagac acggtccaga ctcctacggg  240
241   aggcagcagt agggaatctt ccgcaatggg cgaaagcctg acggagcaac gccgcgtgag  300
301   tgatgaaggt cttcggatcg taaaactctg ttattaggga agaacaaatg tgtaagtaac  360
361   tatgcacgtc ttgacggtac ctaatcagaa agccacggct aactacgtgc             411
```

图 47.2 细菌 B 的碱基序列。

1	gcctaataca tgcaagtaga acgctgagaa ctggtgcttg caccggttca aggagttgcg	60
61	aacgggtgag taacgcgtag gtaacctacc tcatagcggg ggataactat tggaaacgat	120
121	agctaatacc gcataagaga gactaacgca tgttagtaat ttaaaagggg caattgctcc	180
181	actatgagat ggacctgcgt tgtattagct agttggtgag gtaaaggctc accaaggcga	240
241	cgatacatag ccgacctgag agggtgatcg gccacactgg gactgagaca cggcccagac	300
301	tcctacggga ggcagcagta gggaatcttc ggcaatgggg gcaaccctga ccgagcaacg	360
361	ccgcgtgagt gaagaaggtt ttcggatcgt aaagctctgt tgttagagaa gaatgatggt	420
421	gggagtggaa aatccaccaa gtgacggtaa ctaaccagaa agggacggct aactacgtgc	480
481	cagcagccgc ggtaatacgt aggtcccgag cgttgtccgg atttattggg cgtaaagcga	540
541	gcgcaggcgg ttttttaagt ctgaagttaa aggcattggc tcaaccaatg tacgctttgg	600
601	aaactggaga acttgagtgc agaaggggag agtggaattc catgtgtagc ggtgaaatgc	660
661	gtagatatat ggaggaacac cggtggcgaa agcggctctc tggtctgtaa ctgacgctga	720
721	ggctcgaaag cgtggggagc aaagaggatt agataccctg gtagtccacg ccgtaaacga	780
781	tgagtgctag gtgttaggcc ctttccgggg cttagtgccg gagctaacgc attaagcact	840
841	ccgcctgggg agtacgaccg caaggttgaa actcaaagga attgacgggg gcccgcacaa	900
901	gcggtggagc atgtggttta attcgaagca acgcgaagaa ccttaccagg tcttgacatc	960
961	ccgatgcccg ctctagagat agagttttac ttcggtacat cggtgacagg tggtgcatgg	1020
1021	ttgtcgtcag ctcgtgtcgt gagatgttgg gttaagtccc gcaacgagcg caacccctat	1800
1081	tgttagttgc catcattaag ttgggcactc tag	1114

图 47.3　细菌 C 的碱基序列。

1	ggtaccactc ggcccgaccg aacgcactcg cgcggatgac cggccgacct ccgcctacgc	60
61	aatacgctgt ggcgtgtgtc cctggtgtgg gccgccatca cgaagcgctg ctggttcgac	120
121	ggtgttttat gtaccccacc actcggatga gatgcgaacg acgtgaggtg gctcggtgca	180
181	cccgacgcca ctgattgacg ccccctcgtc ccgttcggac ggaacccgac tgggttcagt	240
241	ccgatgccct taagtacaac agggtacttc ggtggaatgc gaacgacaat ggggccgccc	300
301	ggttacacgg gtggccgacg catgactccg ctgatcggtt cggcgttcgg ccgaactcga	360
361	ttcgatgccc ttaagtaata acgggtgttc cgatgagatg cgaacgacaa tgaggctatc	420
421	cggcttcgtc cgggtggctg atgcatctct tcgacgctct ccatggtgtc ggtctcactc	480
481	tcagtgagtg tgattcgatg cccttaagta ataacgggcg ttacgaggaa ttgcgaacga	540
541	caatgtggct acctggttct cccaggtggt taacgcgtgt tcctcgccgc cctggtgggc	600
601	aaacgtcacg ctcgattcga gcgtgattcg atgcccttaa gtaataacgg ggcgttcggg	660
661	gaaatgcgaa cgtcgtcttg gactgatcgg agtccgatgg gtttatgacc tgtcgaactc	720
721	tacggtctgg tccgaaggaa tgaggattcc acacctgcgg tccgccgtaa agatggaatc	780
781	tgatgttagc cttgatggtt tggtgacatc caactggcca cgacgatacg tcgtgtgcta	840
841	agggacacat tacgtgtccc cgccaaacca agacttgata gtcttggtcg ctgggaacca	900
901	tcccagcaaa ttccggttga tcctgccgga ggccattgc	939

图 47.4　细菌 D 的碱基序列。

```
1    agagtttgat cctggctcag agcgaacgct ggcggcaggc ttaacacatg caagtcgaac   60
61   gggcgtagca atacgtcagt ggcagacggg tgagtaacgc gtgggaacgt accttttggt  120
121  tcggaacaac acagggaaac ttgtgctaat accggataag cccttacggg gaaagattta  180
181  tcgccgaaag atcggcccgc gtctgattag ctagttggtg aggtaatggc tcaccaaggc  240
241  gacgatcagt agctggtctg agaggatgat cagccacatt gggactgaga cacggcccaa  300
301  actcctacgg gaggcagcag tggggaatat tggacaatgg gcgaaagcct gatccagcca  360
361  tgccgcgtga gtgatgaagg ccctagggtt gtaaagctct tttgtgcggg aagataatga  420
421  cggtaccgca agaataagcc ccggctaact tcgtgccagc agccgcggta atacgaaggg  480
481  ggctagcgtt gctcggaatc actgggcgta aagggtgcgt aggcgggttt ctaagtcaga  540
541  ggtgaaagcc tggagctcaa ctccagaact gcctttgata ctggaagtct tgagtatggc  600
601  agaggtgagt ggaactgcga gtgtagaggt gaaattcgta gatattcgca agaacaccag  660
661  tggcgaaggc ggctcactgg gccattactg acgctgaggc acgaaagcgt ggggagcaaa  720
721  caggattaga taccctggta gtccacgccg taaacgatga atgccagccg ttagtgggtt  780
781  tactcactag tggcgcagct aacgctttaa gcattccgcc tggggagtac ggtcgcaaga  840
841  ttaaaactca aaggaattga cgggggcccg cacaagcggt ggagcatgtg gtttaattcg  900
901  acgcaacgcg cagaacctta ccagcccttg acatgtccag gaccggtcgc agagacgtga  960
961  ccttctcttc ggagcctgga gcacaggtgc tgcatggctg tcgtcagctc gtgtcgtgag 1020
1021 atgttgggtt aagtcccgca acgagcgcaa cccccgtcct tagttgctac catttagttg 1080
1081 agcactctaa ggagactgcc ggtgataagc cgcgaggaag gtggggatga cgtcaagtcc 1140
1141 tcatggccct tacgggctgg gctacacacg tgctacaatg gcggtgacaa tgggaagcta 1200
1201 aggggtgacc cttcgcaaat ctcaaaaagc cgtctcagtt cggattgggc tctgcaactc 1260
1261 gagcccatga agttggaatc gctagtaatc gtggatcagc atgccacggt gaatacgttc 1320
1321 ccgggccttg tacacaccgc ccgtcacacc atgggagttg gctttacctg aagacggtgc 1380
1381 gctaaccagc aatgggggca gccggccacg gtagggtcag cgactggggt gaagtcgtaa 1440
1441 caaggtagcc gtaggggaac ctgcggctgg atcacctcct t                     1481
```

图 47.5 某古细菌的碱基序列。

复习题

1. 用核糖体数据库项目鉴定一种生物的优点有哪些?
2. 用核糖体数据库项目鉴定一种生物的缺点有哪些?
3. 为何要时常更新你获得的检索结果?
4. 你发现的最有用的能缩小搜索范围的基本项目或检索参数是什么?
5. 你搜索成功了吗? 请分析成功或失败的原因。
6. 怎样操作才能只得到目的序列?
7. 核糖体数据库项目的主要目的是什么?

第十一部分
科学调查

科学是有序的知识。

智慧是有序的生活。

Immanuel Kant（德国哲学家，1724—1804）

许多词典把科学定义成处理与自然相关的事实和真理的系列有序知识的集合体。科学也是一个过程。它涉及以某种方式收集信息来提高人类对事实、关系和自然规律的理解。同时，科学家不断丰富这种理解。因为这种理解被认为是暂时性的，要根据新的发现不断修正。

作为科学家，微生物学家要用科学方法来从事研究。他们首先要收集待研究过程的相关现象，然后提出暂时的假设——一个凭经验的猜测解释这些发现（见图）。这个步骤常常是充满推论性和富有创造性的，因为没有一种会详细地、自动地技术能产生假说。下一步就是决定要收集什么信息来验证假说，以及通过观察或精心设计的实验来收集信息。在收集这些信息后，微生物学家需要确定它们是否支持该假说。如果支持该假说，则还需要更多严格的验证。

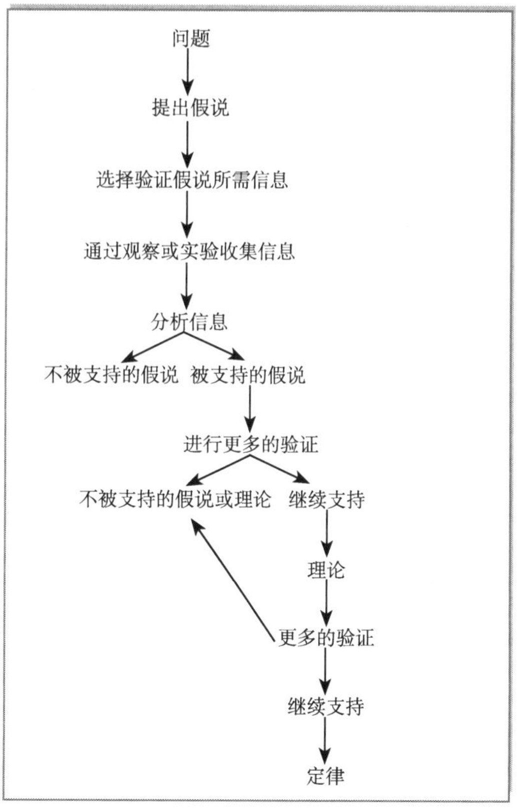

在开展实验时，需要设置对照组和实验组。对照组除了不对其进行实验处理的操作外，其他的操作和实验组完全一样。用这种方式，微生物学家就能确信实验组的任何变化都是由实验处理而引起的，而不是其他未考虑到的因素所引起。

如果一个假说还经得起检验，那它就可能是一个有效的理论。一个理论就是一组命题和概念。它能够可重复地、系统地和严格地解释微生物世界的某一方面内容。值得一提的是，假说和理论从来不会被绝对证明。随着理论获得更多验证的支持，符合新观察和实验，能够满意地解释所发现的现象，微生物学家对该理论的精确性越来越有信心。

最后，如果对一个假说或理论的支持材料非常强，就会被认为是一个科学定律。

在第十一部分“科学调查”中有 2 个实验：一个是设计分组实验，使用科学方法来解决一种感兴趣的问题；另一个实验由一些案例组成能增长学生的医学微生物学知识。

在完成这 2 个实验之后，学生至少在认知过程、分析技巧、交流技巧和人际交往与公民技巧的能力都得到提高。这就达到美国微生物学会核心课程实验操作技能第 1 ~ 4 条的要求（见 iii 页）。

实验 48 独立分组实验

安全注意事项

安全问题一直是本实验指南强调的重点。以前的实验训练了学生无菌操作技能，以及在不受致病菌感染的安全保护状态下使用实验仪器的能力。根据所选择的实验方案，每一组学生应该自己制定关于其所用的微生物的安全防范措施。

原理

许多刚开始学习微生物学的学生对于能够开展与他们自己的生活相关或就是其生活的一部分，甚至是所生活的社区相关的微生物学实验，都会非常兴奋。这种实验只有在学生们已经接触或者经过前述各种基本技能培训后，才能让其独立开展。本实验要求学生分组进行，每 4 人一组。每个组应提出一个与微生物学相关的问题，并设计一个能够利用本实验教材中的技术来回答的简单实验。科学方法是实验的基础和骨架。实验所需的时间长短取决于实验性质。建议实验大约在该课程的中途开展，持续大约一个月。为了帮助学生安排时间，建议按以下的进程进行：

第一周：找到一个大家感兴趣的主题；进行文献综述；向指导老师提交一份实验方案；写出实验设计的提纲，并列出实验中要用的材料、设备和药品。

第二周和第三周：进行实验，收集和分析数据。

第四周：准备一个最终的实验报告、口头报告或海报。

实验材料

当一个组在准备他们的实验方案时，要列出实验中所需要的所有材料（比如需要的琼脂平板、染色剂、移液管的型号和数量，采用的检测方法和技术、培养箱、厌氧罐等）。当小组列出这个单子时，和指导老师讨论或请助教看看这个实验的可行性。指导老师列出能够提供的设备、培养基和药品等条件的清单，以缩小研究的范围。依据每人手上的设备和实验室情况，学生们可多次配制自己所需培养基和灭菌所用玻璃器皿。

学习目标

1. 确定实验中的安全相关问题

2. 理解科学方法
3. 提出和写出一个假说
4. 用适当的材料、方法、变量、实验组和对照组来设计实验
5. 在实验室或野外开展自己的实验
6. 解释实验结果

评价和结果

分组实验的结果可以用以下方式体现。

写一个报告，报告应当包括以下部分：

a. 题目及参加人员；

b. 摘要；

c. 关键词；

d. 包含了假说的引言；

e. 材料和方法；

f. 包含表格和图表的实验结果；

g. 深入的讨论，内容包括为什么要选择这个项目，观察到了什么，趋势怎样，缺少了什么以及发生这些现象的原因等。一个好的讨论能说明你们到底在实验中学到了什么；

h. 结论；

i. 参考文献；

j. 由指导老师对实验报告评定等级。

口头作一个包括以下内容的报告：

a. 在整个报告期间每个人必须参加；

b. 报告的内容要包括 Power Point 幻灯片、插图说明和结果实例；

c. 每组需要事先准备和组织，每一个成员都要讨论实验的某个方面；

d. 和专业会议一样，报告时间大约 10min，还要留 5min 让班级同学提问；

e. 指导老师和学生对报告评定等级。

海报：

墙报已日渐成为一种科学会议上介绍研究的流行方法，因为这种形式能让研究者和其他科学家之间更多互动。一个结构恰当的海报可以重复使用，在微生物学实验室长期展示。

a. 有关海报的非常专业指导见 ASM 会议网站 www.asmusa.org/mtgsrc.htm；

b. 海报应该有利于讨论而非冗长的介绍。文字应该尽量少而强调图表；

c. 分发的材料可以用来补充海报；

d. 制作前要画一个海报草图；

e. 海报应在距离 4 英尺的地方能够被轻松阅读。

f. 相关材料应该放在一起（比如照片及其解释性文字）；

g. 所用字体大小至少是 14 号，双倍行距；

h. 选用背景时，中性或灰色比亮色更容易看得清。放在灰背景上的照片更容易看清楚。

不管用哪种评价方法，学生和指导老师应该评价每一个报告。由于学生是 4 人一组参与实验，评分时他们都应该有机会来评价该组中每一个成员对集体的贡献。方式之一就是每个学生列出自己的工作，并估计自己在整个工作中的贡献百分比。理想的结果是每个成员的工作量应该占总体的 25%；然而，事实并非总如此。每一个人要评估自己所花的时间，并让组中每一个成员来证实。所有成员的贡献总量应该等于 100%。

易犯的错误

可能会遇到以下一些易犯的错误：

a. 列出的材料清单不全面；

b. 学生们让组中的 1 ~ 2 个学生做实验，而其他人只在旁边看着或只顾打电话；

c. 组中的成员不按照科学方法操作，尤其是忘了设对照组；

d. 选择最容易做的实验，比如在 15min 内就完成的实验。

推荐的主题

下面列出了对独立分组实验方案的一些建议，其内容来自 MicrobeLibrary.org（见网络 - 学习链接）。与步骤、材料、背景、安全问题、评价、结果、参考文献和学习时间相关的更多信息可以从该网站获得。

1. 基于培养方法、显微镜和色素分析来探索并分类厌氧光营养细菌的实验（Sarah Boomer，Kelley Shipley）

2. 利用在线数据库、生物实验台和系统进化软件探索微生物多样性和进化的实验（Sarah Boomer，Kelley Shipley，Bryan Dutton，Daniel Lodge）

3. 通过微生物资源库探索微生物的多样性（Debra Wohl，Michael Lemke，Thomas Gorrell, Michael Levandowsky)

4. 利用碟扩散法以介绍统计方法（William Lorowitz，Elizabeth Saxton，Karen Nakoka）

5. 介绍科学研究方法和处理实验室的清洗相关问题（Beth Gaydos）

6. 牙菌斑相关感染的 chairside 诊断 (Joanna Verran)

7. 细胞战争：巨噬细胞吞噬革兰氏阴性菌的实验室模型（Jeffrey Shupp，Debra Yourick，Marti Jett，Margery Anderson）

8. 细菌基因组的遗传和物理图谱（Brad Goodner，Cathy Wheeler）

9. 细菌区系以生物膜方式生长（Barbara Rundell）

10. 控制微生物的化学和物理措施（Suzanne Anglehart，Annie Voyles，Bonnie Jo Brantina）

11. 口腔生物膜和牙刷污染的研究实验（Joanna Verran）

12. 筛选抗菌活性的药用植物（Delia de Castro-Ontengco,Teresita Capal）

13. 趋化性：觅食（Erica Suchman，Mark Gallo，Carol Blair）
14. 抗菌大赛：产抗生素微生物的分离和研究（Mark Gallo）
15. 微生物对防腐剂和消毒剂的易感性评价（Janet Cooper）
16. 筛选含有抗伤寒沙门氏菌抗体的鸡蛋（Gary Ogden）
17. 海绵共生微生物多样性研究（Malcom Hill，April Hill，Olivia Harriott）

Prescott、Harley、Klein's《微生物学》第 7 版的作者之一 Linda Sherwood 推荐了以下几个可能的实验主题：

1. 物体表面，如砧板上的微生物的生存之道。
2. 海绵是微生物荟萃之处吗?
3. 海绵能够杀灭微生物吗?
4. 一磅牛肉糜里有多少大肠杆菌?
5. 漱口有多大的效果?
6. 牛奶变酸时发生了哪些变化?
7. 香料和大蒜有抗菌活性吗?

复习题

1. 结论和理论哪一个更为准确？请说明理由。
2. 得到的数据能证明假说的真实性吗？请说明理由。
3. 实验设计中对照组的目的是什么?
4. 独立变量和因变量的区别是什么?
5. 科学报告中要参考文献的目的是什么?
6. 在实验中你得到了预期的结果吗？如果没有，请解释原因。
7. 如果你必须重新做实验，那么你会有哪些不同的做法?

实验 49 案例学习*

安全注意事项

这个实验无需考虑安全措施。安全注意事项在此均不适用。

原理

案例学习在课堂和实验中都是学习微生物学的一个重要部分。整个实验指南中的每个实验都要求学生分析实验结果。案例学习在全国的课堂和实验室中也越来越多。这个方法从一方面鼓励了批判性思维和实际分析微生物相关事件。本实验帮助学生（指导老师或助教）进行案例学习，从课堂教学和实验室教学中受益。

总之，每个案例学习都应包括下列内容。

引言

此处的目的是对案例进行简短的总结，通常不超过一个段落。因为科学的本质是其客观性，案例介绍的最有效方式往往是直接讨论。直接讨论时，学生（或者一组学生）、指导老师或助教要重温案例，总结其突出的方面。导言需要达到两个目标：

（1）用少数几个句子总结案例本质；

（2）将案例与课堂外的实际生活联系起来。

案例

SARS 流行病的案例学习，见 McGraw-Hill 出版 Prescott、Harley、Klein's《微生物学》，2005 年第 6 版，Box 37.4（2003 年 SARS 流行病）；见 McGraw-Hill 出版 Prescott、Harley、Klein's《微生物学》2008 年第 7 版的 18.1 节（SARS：一个病毒的进化）和 37.1 节（急性严重呼吸系统综合征）；Cowan 和 Talaro's《微生物学》第一章：一个系统的方法，McGraw-Hill 出版，2006 年第一版；见（未来挑战：全球备战与新发呼吸道病毒），在 Nester、Anderson、Robert、Nester 's《微生物学》：人类的观点，McGraw-Hill 出版，

---

* 下面的材料是从 Cowan 和 Talero's 的《微生物学：系统的方法》，2006（McGraw-Hill）网站（www.mhe.com/cowanl），由 Marcia Pierce（东肯塔基大学）、Barry Chess（帕萨迪纳大学）和 Ptty Schields（马里兰大学）所写的题为"案例学习综合指南"中摘录的，并经过修改

2007年第5版。

关于上述SARS任何一个案例的导言性概述例子

2007年，香港的一个教学医院大量爆发了急性严重呼吸系统综合征（Severe Acute Respiratory Syndrome, SARS）。医院负责传染病的人员确定该病来自附近中国某省来院就诊的感染患者。当收集了所有流行病学证据后，传染病控制人员确定SARS病毒的快速广泛传播是由于医院的医务人员的培训不足，以及传染病控制措施不完善。

目标

每个案例学习都应该有多个目标。学生在深入探究案例时可以研究这些概念。

SARS案例的目标和概念的例子

SARS案例研究具有以下目标和概念：

（1）描述新发传染病的突然变得重要；

（2）讨论医院内病毒对疾病和健康的作用；

（3）理解微生物界巨大的多样性。

案例的事实

既然案例研究是一个故事，那它就有开端、中段和结局。结局通常是案例开始时呈现的事实（信息）的答案。学生和指导教师务必对这些事实达成共识。

SARS案例的实例

（1）SARS的流行源于中国的一个省。

（2）起初，第一个病人有感冒样和流感样症状。

（3）在第一个病人被带到教学医院后，该医院里就发生了此种病的大范围爆发，在那些受害者中医务人员占了大部分。

（4）SARS传染性强，它通过含有SARS病毒的呼吸分泌物在人与人之间通过接触传染。

案例相关的问题

问题应当放到案例研究的最后。第一次遇到某种微生物现象的学生还得从刚了解到的事实逐步前进到问题和答案的寻觅。问题一般分为两类：①入门性质的问题，比如“典型的病毒的生活史是怎样的？”②批判性问题，例如“将案例中的病毒结构与其传播模式进行联系”。学生必须学会提炼相关事实并整理，从而引导学生从案例本身出发，通过问题找到答案。

SARS案例问题的例子

1. 香港教学医院医疗工作者的个人保护措施不足是SARS爆发的原因。保护措施有哪些？解释它们失败的可能原因。

戴护目镜，口罩，帽子，袍子和手套是通常的保护措施，但如果未正确使用，还是会出现问题。比如护目镜没有正确佩戴，当病人没有在附近时，医务人员可能不穿戴。如果医务人员接触了带有病人分泌物的任何东西，而又接触自己的眼睛，病毒也可能会传播。同样的，如果护士在戴上手套之前开关向着房间的门，他（她）就可能会被感染。

2. 处理潜在传染源时，卫生保健工作者常常用“常规防护”。“常规防护”包括哪些内容？

常规防护包括：（a）屏障保护（衣服、手套、眼睛和面部保护）；（b）洗手，并用适当标记的防穿刺容器处理锐器。

更多的关于常规防护的信息见 NIH 网站 www.niehs.nih.gov/odhsb/biosafe/univers.htm.

3. 新发传染病总是受社会医学界的关注。在过去的 20 年里，像 SARS 和 AIDS 等疾病已经夺去了很多人的生命。新发传染病的可能原因有哪些？

一个可能是人类进入了以前未居住过的环境，因而与新病原菌接触的机会增加。随着人类寿命的延长，以前认为不会引起疾病的也可能在年龄大一些的群体中导致疾病。最后，微生物不断适应变化的环境和我们的控制措施，导致新疾病。

4. 在 20 世纪、21 世纪发生的哪些变化导致像 SARS 这样的疾病的容易增殖和广泛传播呢？

20 世纪末 21 世纪初，传染病的流行继续成为人类的一大威胁。SARS、流感和 HIV/AIDS 就是现实。战争、台风和飓风等自然灾害后有时会伴随疾病的流行。气候改变（全球变暖）、旅游、难民营和恐怖活动造成的难民营里的高人口密度、新的人类病原菌的出现和生态环境的改变（这些常常伴随经济的发展），都会导致新发传染病的出现及其流行。

作为小组项目进行案例学习

•让自愿的学生或者选定一个学生对案例进行简短的概括并说明相应的问题。

•让其他学生找出案例的重要事实，另一个学生将其记录在黑板上或投影仪上。

•就先前展示的事实，提出几个相关问题（包括介绍性和批判性思考的问题）。

•让学生与其他 2~3 个同学一起讨论所提出问题的答案。

•总结这些答案。

•将讨论返回与问题相联系，完成案例分析。

第一个案例学习作为整个实验班练习或课堂练习后，把全班学生按照 4 人一组进行分组，每组分配一个案例。允许每组用 15~20min 进行案例学习。这个时间足够进行问题讨论，确定问题的答案。

案例学习的资源

美国微生物学会网站（www.MicrobLibrary.org）是一个很好的资源。以下来自该网站的《微生物学教育杂志》。

A. 由宾夕法尼亚州费城大学的 Diana Cundell 所写的“涉及医学微生物学的的细菌小案例历史研究”。这个教学内容有 47 个细菌的案例，分成 5 部分：

1. 革兰氏阳性菌和革兰氏阴性球菌（15 个案例）；
2. 革兰氏阴性杆菌（10 个案例）；
3. 革兰氏阳性杆菌（10 个案例）；
4. 螺旋菌和弧菌（6 个案例）；

5. 胞内菌和杂菌（6 个案例）。

答案提示以斜体位于问题附近。

B. 由宾夕法尼亚州，费城大学的 Diana Cundell 所写的“涉及医学微生物学的病毒小案例历史学习”。这个教学内容包括 26 个病毒案例，分成两部分：

1. DNA 病毒（13 个案例）；
2. RNA 病毒和非传统病毒样媒介（13 个案例）

答案提示用以斜体附在问题旁。

C. 纽约州康奈尔大学的 Susan Merkel、Marilyn Dispensa 和 William Ghirose 所开展的“显微镜下基于网络的案例学习的评估”。这个教学内容可以在 http://instrut1.cit.cornell.edu/courses/biomi290/microscopycases 找到。一共有 3 个显微镜领域的案例学习。

1. 在第一个案例学习里，“隐孢子虫与纽约市的水域”，学生要根据荧光显微镜下看到的影像来决定纽约市的饮用水是否必须过滤。
2. 在“致命流感”——基于 SARS 流行病的一个案例中，学生要从革兰氏染色、荧光和透射电子显微镜下所获得的信息来确定疾病爆发的原因。
3. 在“生物膜战争”案例中，学生用荧光显微镜来决定如何最佳处理在游船漩涡中发现的军团菌生物膜。

另外一个资源就是 McGraw-Hill’s Cowan 和 Talero 的教材（《微生物学：一个系统的方法》，2006）和它的同步网站 (www.mhhe.com/cowan1) 教材包括 27 章每一节开始的一个案例学习。引言部分的案例学习可以衍生出在这一章中能够发现的很多概念。如果学生使用整本书中的案例学习，他们就能更好地理解微生物学，也能培养正确分析案例的高级教育技巧。以上网站也包括很多学生能获得的案例学习的其他信息。

对于指导老师而言，还有一套（16 个）案例学习能用在任何的微生物学教材里，如 McGraw-Hill 出版 Prescott、Harley、Klein’s《微生物学》，2007 年第 7 版。这些另外的案例学习能在指导老师的门户 www.mhhe.com/cowan1“案例学习全套指南”上找到。这个指南描述了用以下共同的题材来处理案例学习的几种不同的方式：

1. 引言
2. 案例目标
3. 案例的事实和问题的答案
4. 进行案例学习
    a. 单个报告
    b. 多个报告

再一个案例研究的资源能在由 Nester、Anderson、Roberts 和 Nester 所写的 McGraw-Hill 出版的《微生物学：人类观点》2007 年第 5 版上找到。所有传染病章节都包括一个基于现实临床情况的案例。其他关于案例的情况可以在本书的网站（www.mhhe.com/nester5）找到。

复习题

1. 对一个案例研究进行总结的目的是什么?
2. 案例研究目标的目的是什么?
3. 案例研究事实的重要性是什么?
4. 你应该提出有关案例研究的两类问题是什么?

   a.

   b.
5. 哪个问题回答起来更困难？请说明理由。
6. 通过群组方案进行案例研究的优点有哪些?
7. 案例研究的资源有哪些?

附录A：

样品稀释问题

稀释方法可分为5类：

1. 仅一步将溶剂稀释为不规定终体积的溶液。
2. 仅一步将溶剂稀释为规定终体积的溶液。
3. 通过若干步骤将溶剂稀释为不规定终体积的溶液。
4. 通过若干步骤将溶剂稀释为规定终体积的溶液。
5. 连续稀释。

仅一步将溶剂稀释为不规定终体积的溶液

操作者首先要计算初始材料［**储备液**（stock solution）］需要稀释多少倍[称为**稀释系数** (dilution factor)] 以达到最终浓度。可使用一下公式来计算该类型的稀释：

$$\frac{\text{初始浓度（}IC\text{）}}{\text{总浓度（}FC\text{）}}=\text{稀释系数（}DF\text{）}$$

例如，如果你想将一瓶初始浓度为5%的溶液最终稀释到1%，使用上述公式计算

$$\frac{IC}{FC}=DF=\frac{5\%}{1\%}=5$$

因此，为获得从5%溶液稀释到1%的溶液，初始溶液必须被稀释5倍。就可以取一单位体积（如cc，mL，L，加仑）的初始浓度（5%）溶液并加入4单位体积（如cc，mL，L，加仑）的溶剂以形成最终5单位体积的溶液。换而言之，1mL的5%溶液+4mL溶剂就配成了总共5mL，而每mL的含量由5%变成了1%。

仅一步将溶剂稀释为规定终体积的溶液

第一，用终浓度（FC）除以初始浓度（IC）以及计算初始浓度的稀释倍数。

第二，用最终稀释体积除以稀释倍数得到需加入的初始溶液体积。

第三，按第二步中计算的体积加入初始溶液并定容至规定终体积。

例如，你有一瓶10%的溶液需稀释至2%。而且，你需要100mL的2%的该溶液。

$$\frac{IC}{FC}=DF=\frac{10\%}{2\%}=5$$

将规定的总体积除以10%溶液需稀释的倍数：

$$\frac{100\text{mL}}{5}=20\text{mL}$$

将10份稀释至规定体积：

20mL 的 10% 溶液 + 80mL 溶剂 =100mL(每 mL=2%)

这类稀释还可通过以下公式以另一方法计算：

$$\frac{C_1}{C_2}=\frac{V_2}{V_1} \quad 或 \quad C_1V_1=C_2V_2$$

C_1= 可使用的标准浓度

C_2= 需要的标准浓度

V_2= 新浓度溶液的最终体积

V_1= 得到新浓度所需要的 C_1 的体积

例如，如果你需要稀释 95% 的乙醇以准备 100mL 的 10% 乙醇，则

$$C_1=95\%，C_2=10\%，$$

$$V_2=100\text{mL}，$$

$$V_1=x \text{ 然后}$$

$$\frac{95}{10}=\frac{100}{x}$$

$$x=1000/95$$

$$x=10.5\text{mL}$$

因此，10.5mL 的 95% 乙醇 +89.5mL 的水 =100mL 的 10% 乙醇溶液。

通过若干步骤将溶剂稀释为不规定终体积的溶液

在微生物学实验室中，会经常进行大型的稀释。其由于太大型而无法仅通过一个步骤完成。因此，它们必须通过一系列步骤以不仅确保稀释的数量，还有确保空间。例如，将一瓶 0.5g/mL 的溶液稀释至 1μg/mL 需要进行 500 000 倍的稀释。

$$0.5\text{g} = 0.5\text{g} \times 10^6\mu\text{g/g}$$

$$= 500\ 000\mu\text{g}$$

为获得含有 500 000μg/mL 溶液进行一步稀释需要取 1mL 0.5g/ml 的储备液并加入 499 999mL 的溶剂。显而易见，这样大的溶液体积实际几乎是无法进行操作的。

500 000 倍稀释可通过两个简单步骤实现，首先取 1mL 初始浓度溶液稀释至 500mL，然后再将第一步的稀释液再稀释到 1000mL。

1mL 的 500 000μg/mL + 499mL 溶剂 = 1000μg/mL

1mL 的 1000μg/mL+999mL 溶剂 = 1μg/mL

因此，通过两个步骤，我们将 499 999mL 的溶剂体积减少到了 1498(499+999)mL。

本指南中使用的稀释比率

根据 ASM（美国微生物协会）标准手册，稀释比率需要使用比号（：）或斜线（/）表示，但请注意二者之间有一点区别。斜线表示的是一部分对全部的比率：如 1/2 表示总的两部

分中的一份。比号表示表示一份与两份的比率，总体应是三份。因此，1/2 等于 1:1，而 1:2 等于 1/3。

通过若干步骤将溶剂稀释为规定终体积的溶液

这类的稀释与上面提到方法都相似，但唯一不同的是总的稀释比率必须考虑规定的终体积。

例如，你需要 50mL 的 1/10 000 全血清（未稀释）稀释液。

用稀释度除以体积：

$$\frac{10\,000}{50}=200$$

200（1/200 稀释液）= 第一步所需稀释系数；第二步的稀释系数是 1/50，进行如下计算：

1mL 的血清 +199mL 溶剂 = 1/200 的稀释液

1mL 的 1/200 稀释液 + 49 mL 溶剂 =1/50

验算：$50 \times 200=10\,000$

连续稀释

该类稀释最常见于对小量的材料进行血清学操作。例如，如果某一测试需要 0.01mL 的血清，在不需要非常精确量取的情况下，将其血清稀释 100 倍会更为方便。1mL 的 1/100 该稀释液就含有 0.01mL 血清。每毫升该稀释液等同于取 0.01mL 未稀释的血清。

带微量溶质的溶液通常会用一体积的溶质与稀释液终浓度的比率来表示。因此，1/10 的血清稀释液表示在 10 体积的稀释液中含有 1 体积的血清（1 体积血清 +9 体积溶剂）。未稀释的血清可表示为 1/1。

1mL 血清 +1mL 生理盐水可表示为 1/2。每毫升稀释液相当于 0.5mL 未稀释血清。

1mL 血清 +2mL 生理盐水可表示为 1/3。每毫升稀释液相当于 0.33mL 未稀释血清。

1mL 血清 +99mL 生理盐水可表示为 1/100。每毫升稀释液相当于 0.01mL 未稀释血清。

由上可知，可通过分数表示的比率来知道稀释情况，其分子为 1 而分母为稀释倍数。

用分子除以分母能算出每毫升稀释液内溶质的量。比如，在 1/25 的稀释液中，1/25=0.04。因此，每毫升稀释液中含有 1/25 或 0.04mL 的初始溶质（如血清）。

为将比率换算成稀释比值，可将分子和分母同时除以分子的数值。例如，在由 4mL 血清和 6mL 生理盐水组成的混合物中，

4mL 的血清 +6mL 的生理盐水 =10mL 的血清稀释液

血清稀释比率 =4/10

将分子和分母同时除以分子的数值（4），

$$\frac{4\div 4}{10\div 4}= 1/2.5= \text{血清稀释}$$

在稀释的准备中，可能会使用到组分体积的倍数或约数。例如，

稀释 1/30=1mL 血清 +29mL 生理盐水
=0.5mL 血清 +14.5mL 生理盐水
=2mL 血清 +58.0mL 生理盐水

连续稀释表示将确定体积的溶质接连从一个容器转移到另一个容器。该操作的目的在于通过增加总体的量以提高稀释量。例如，在两倍稀释中，稀释系数每次呈两倍增长 (1/2、如 1/4、1/8 等)。见下表内的 上更多的例子。

试管	每个试管中加入生理盐水的量	血清	操作方法	血清的最终稀释度
1	0	2mL	移取 1mL 至试管 2	1/1
2	1mL	1mL of 1/1	混合，移取 1mL 至试管 3	1/2
3	1mL	1mL of 1/2	混合，移取 1mL 至试管 4	1/4
4	1mL	1mL of 1/4	混合，移取 1mL 至试管 5	1/8
5	1mL	1mL of 1/8	混合，移取 1mL 至试管 6	1/16
6	1mL	1mL of 1/16	混合，弃去 1mL	1/32

练习题

仅一步将溶剂稀释为不规定终体积的溶液

问题 1

将初始浓度为 10% 的溶液稀释至 2%。

问题 2

将初始浓度为 0.01% 的溶液稀释至 0.0001%。

仅一步将溶剂稀释为规定终体积的溶液

问题 3

你有一瓶 0.01% 的溶液。你需要 0.001% 的溶液且体积为 25mL。

问题 4

用 4% 的溶液来配备 50mL 3% 的溶液。

问题 5

使用 95% 的乙醇准备 100mL 10% 的乙醇。

问题 6

你需要 45mL 50% 的乙醇。你怎样通过 70% 的乙醇来配制？

问题 7

配制 250mL 10% 的葡萄糖肉汤培养基需要多少毫升 20% 的葡萄糖肉汤溶液？

问题 8

用 5% 的 RBCs 悬浮液配制 45mL 2% 的悬浮液。

问题 9

通过 25mL 1% 的溶液可配制多少毫升 0.02% 的溶液？

问题 10

10mL 95% 乙醇用水稀释至总体积 38mL 时，该乙醇的百分比浓度是多少？

问题 11

3mL 10% 葡萄糖溶液与 12mL 肉汤混合后，溶液中葡萄糖的百分比含量是多少？

通过若干步骤将溶剂稀释为不规定终体积的溶液

问题 12

你有一瓶 10g/mL 的蛋白储备液。你需要的浓度为 2mg/mL。你怎样仅通过 3 个步骤操作以实现该稀释？

问题 13

你有一瓶 10mg/mL 的维生素并想获得一个 0.5μg/mL 的溶液。你怎样仅通过 3 个步骤操作以实现该稀释？

通过若干步骤将溶剂稀释为规定终体积的溶液

问题 14

你需要 1:128 稀释的血清，且体积为 4mL。你怎样通过若干步骤实现该稀释？

问题 15

你需要 1:3000 稀释的血清，且体积为 2mL。你怎样通过若干步骤实现该稀释？

问题 16

你怎样配制 1mL 1:5 稀释的血清？

问题 17

你怎样配制 8mL 1:20 稀释的血清。

问题 18

根据以下稀释操作，最初样品中的菌量应该是多少？

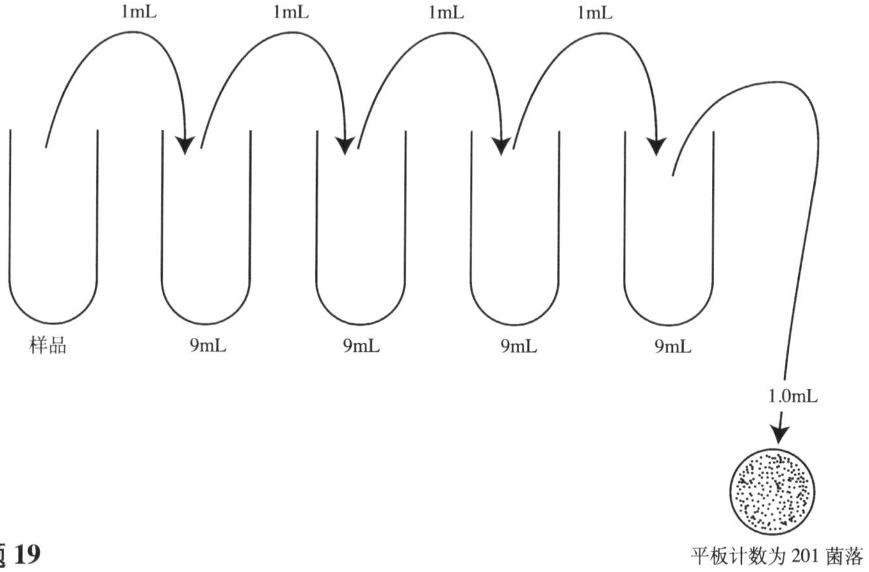

问题 19

在以下样品中含有多少细菌？

稀释度	菌液涂板量	菌落记数
10^{-4}	1.0mL	256
10^{-5}	1.0mL	28
10^{-6}	1.0mL	7

问题 20

如果从一个 10-6 稀释液中取 0.1mL 小便培养物最终计数得到 38 个菌落，那么最初样品中每毫升的菌量是多少？

问题 21

在以下样品中有多少细菌？

稀释度	菌液涂板量	菌落记数
10^{-6}	0.1mL	26

问题 22

在以下样品中有多少细菌？

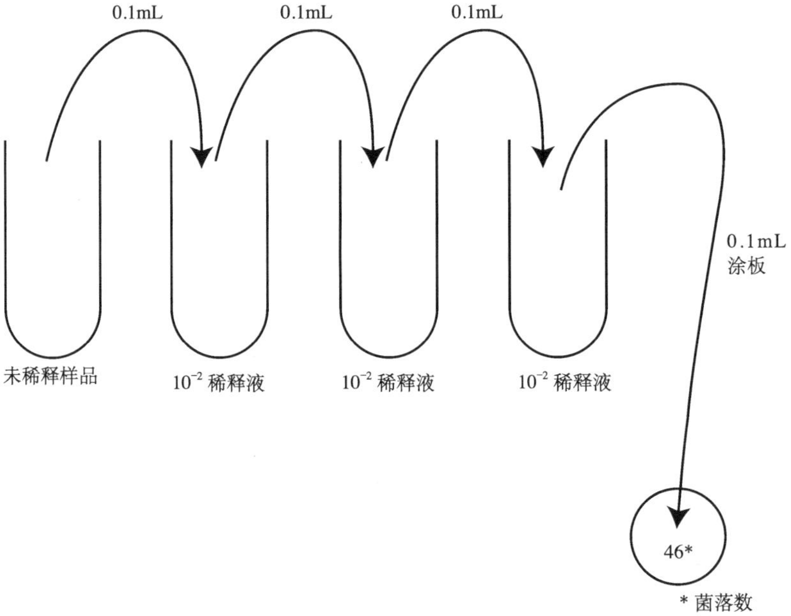

问题 23

在最初样品中有多少细菌？

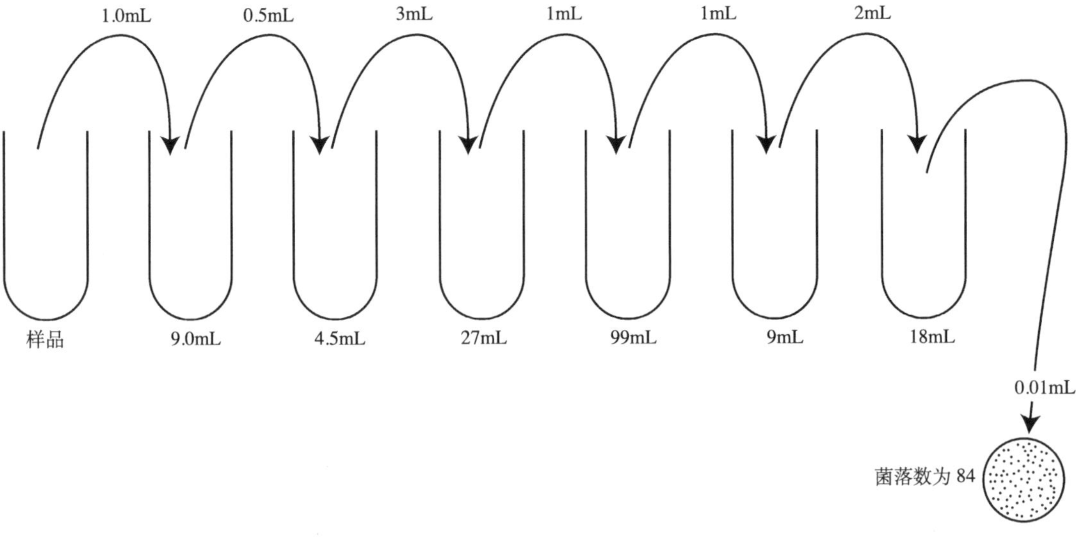

练习题答案

问题 1

取 1 体积的初始浓度（10%）和 4 体积溶剂以达到总的 5 体积：1mL 10% 溶液 +4mL 稀释液将达到 5mL，每毫升含量将从 10% 变为 2%。

问题 2

为通过 0.01% 溶液获得 0.0001% 溶液，前者必须被稀释 100 倍。因此，取 1 体积初始浓度（0.01%）并加入 99 体积的溶剂以达到总的 100 体积。1mL 0.01% 溶液 +99mL 稀释液将达到 100mL，每 mL 含量将从 0.01% 变为 0.0001%。

问题 3

0.01% 溶液是 0.001% 溶液浓度的 10 倍。除以 10 将稀释至确定终浓度：25/10=2.5。2.5mL 的 0.01% 溶液 +22.5mL 的溶剂将达到 25mL，每 mL 含量变为 0.001%。

问题 4

$C_1=4\%$　　$C_2=3\%$

$V_2=50\text{mL}$　　$\dfrac{4\%}{3\%}=\dfrac{50}{X}$　　$4X=37.5\text{mL}$

$V_1=X$

因此，37.5mL 的 4% 溶液 +12.5mL 的溶剂 =50mL 的 3% 溶液

问题 5

$C_1=95\%$　　$C_2=10\%$

$V_2=100\text{mL}$　　$\dfrac{95\%}{10\%}=\dfrac{100}{X}$　　$X=\dfrac{100}{95}$　　$X=10.5\text{mL}$

$V_1=X$

因此，10.5mL 的 95% 乙醇 +89.5mL 的水 =100mL 的 10% 的乙醇溶液

问题 6

$C_1=70\%$　　$C_2=50\%$

$V_2=45\text{mL}$　　$\dfrac{70\%}{50\%}=\dfrac{45}{X}$　　$X=\dfrac{50\times 45}{70}$　　$X=32.1\text{mL}$

$V_1=X$

因此，32.1mL 的 70% 乙醇 +12.9mL 的水 = 45mL 的 50% 的乙醇溶液

问题 7

$C_1=20\%$　　$C_2=1\%$

$V_2=250\text{mL}$　　$\dfrac{20\%}{1\%}=\dfrac{250}{X}$　　$20X=250$　　$X=12.5\text{mL}$

$V_1=\text{X}$

因此，12.5mL 的 20% 溶液 +237.5mL 的肉汤 =250mL 的 1% 的葡萄糖肉汤溶液

问题 8

C_1=5%　　　　C_2=2%

V_2=45mL　　　　$\frac{5\%}{2\%}=\frac{45}{X}$　　　　$X=\frac{90}{5}$　　　　X=18mL

$V_1=X$

因此，18mL 的 5% +27mL 的生理盐水 =45mL 的 2% 的红细胞悬浮液

问题 9

C_1=0.1%　　　　C_2=0.02%

$V_2=X$　　　　$\frac{0.1\%}{0.02\%}=\frac{X}{25}$　　　　$0.02X=2.5$　　　　X=125mL

V_1=25mL

因此，通过 25mL 0.02% 溶液准备总体积 125mL 0.02% 的溶液可加入 100mL 溶剂与前者中实现。

问题 10

C_1=95%　　　　C_2=X

V_2=38mL　　　　$\frac{95\%}{X}=\frac{38\text{mL}}{10\text{mL}}$　　　　$38X=950$　　　　X=25%

V_1=10mL

问题 11

C_1=10%　　　　C_2=X

V_2=15mL　　　　$\frac{10\%}{X}=\frac{15\text{mL}}{3\text{mL}}$　　　　$15X=30$　　　　X=2%

V_1=3mL　　*3+12=15mL(总体积)

问题 12

为确定单位一致，你需要将 10 克转化为毫克。

储备溶液 =10 000mg/mL

终浓度 =2mg/mL

$$\frac{\text{IC}}{\text{FC}}=\frac{10\ 000\text{mg/mL}}{2\text{mg/mL}}=5000$$

因此，稀释系数为 5000。

为进行 1:5000 稀释：

步骤 1　1mL 10 000 mg/mL 储备液蛋白 +49mL 溶剂 =1:50 稀释 =200 mg/mL

步骤 2　1mL 200mg/mL+9mL 溶剂 =1:10 稀释 =20 mg/mL

步骤 3 1mL 20mg/mL+9mL 溶剂 =1:10 稀释 =2 mg/mL

为确定稀释正确进行验算：

50 × 10 × 10=5000

问题 13

使所有单位一致

10mg × 1000μg/mg=10 000μg

储备溶液 =10 000μg /mL

终浓度 =0.5μg/mg

$$\frac{IC}{FC}=\frac{10\ 000mg/mL}{2mg/mL}=20\ 000$$

因此，稀释系数为 20 000。

步骤 1 1mL 10 000μg /mL +19mL 溶剂 =1:20 稀释 =500μg /mL（10 000/20=500）

步骤 2 1mL 500μg /mL+99mL 溶剂 =1:100 稀释 =5μg /mL（500/100=5）

步骤 3 1mL 5μg /mL+9mL 溶剂 =1:10 稀释 =0.5μg /mL（5/10=0.5）

为确定稀释正确进行验算：

20 × 100 × 10=20 000

为帮助你解决这一类型问题，记住体积可以通过操作来变化，但稀释倍数是保持不变的。例如：

1+99	
10+990	1:100 稀释
0.1+9.9	
1+4	
10+40	1:5 稀释
0.1+0.4	
1+19	
10+190	1:20 稀释
0.1+1.9	
1+249	
10+2490	1:250 稀释
0.1+24.9	
1+9	
10+90	1:10 稀释
0.5+4.5	
1+7	
5+35	1:8 稀释

0.5+3.5

1+14

5+70　　1:15 稀释

0.5+7.0

问题 14

第一步是进行如下初始稀释：

$\frac{128}{4}=32$

1:32 为第一步稀释，第二步为 1:4.

1mL 血清 +31mL 溶剂 =1:32（单独稀释）

1mL 的 1:32 稀释液 =3mL 稀释液 =1:4（单独稀释）

为确定稀释正确进行验算：$32\times4=128$

问题 15

我们可以 3 个步骤使用 1:30 和 1:10 稀释来获得 1:3000 稀释。

$\frac{3000}{2}=1500$

1mL 血清 +29mL 溶剂 =1:30（单独稀释）

1mL 的 1:30 稀释液 +9mL 溶剂 =1:10（单独稀释）

1mL 的 1:10 稀释液 +9mL 溶剂 =1:10（单独稀释）

为确定稀释正确进行验算：$30\times10\times10=3000$

问题 16

$$\frac{D_1}{D_2}=\frac{V_1}{V_2}$$

$D_1=1$　　$D_2=5$

$V_1=X$　　$\frac{1}{5}=\frac{X}{1}$　　$5X=1$　　$X=0.2\text{mL}$

$V_2=1$

因此，0.2mL(未稀释血清)+0.08mL 的生理盐水 = 1.0

问题 17

$D_1=1$　　$D_2=20$

$V_1=X$　　$\frac{1}{20}=\frac{X}{8}$　　$20X=8$　　$X=0.4\text{mL}$

$V_2=8$

因此，0.4mL(未稀释血清)+7.6mL 的生理盐水 = 1:20

问题 18

2.01×10^6

问题 19

2.8×10^6

问题 20

3.8×10^8

问题 21

2.6×10^9

问题 22

4.6×10^8

问题 23

8.4×10^{10}

附录 B：
国际度量和英国度量换算

国际度量

国际度量包括三个基本的度量单位：长度单位—米（m）、体积—升（l）、质量—克（g）。为了度量更大或更小的尺寸，在基本单位前面加上十的倍数作为前缀。

最常见的前缀：

千 (kilo)=10^3=1000

厘 (centi)=10^{-2}=0.01=1/100

毫 (milli) =10^{-3}=0.001=1/1000

微 (micro)=10^{-6}=0.000001=1/1 000 000

纳 (nano)=10^{-9}=0.000000001=1/1 000 000 000

英国度量

美国使用的英式度量可惜没有形成一个体系。例如，一英尺是 12 英寸，一码是 3 英尺。公制和英系的快速换算表列于下表。

长度单位

公制到英式

1 厘米 (cm) 或 10 毫米 (mm) = 0.394 英寸 (in) 或 0.0328 英尺 (ft)

1 米 (m)= 100cm 或 1000mm = 39.4in 或 3.28ft 或 1.09 码 (yd)

1 千米 (km)=1000m=3281ft 或 0.621 英里 (mi)

单位	所乘倍数	等于
毫米	0.04	英寸
厘米	0.4	英寸
米	3.3	英尺
米	1.1	码
千米	0.6	英里

英式到公制

1 英寸（in） = 2.54cm

1 英尺（ ft）或 12 英寸（in ） = 30.48cm

1 码（yd）或 3 英尺（ ft）或 36 英寸（in） = 91.44cm 或 0.9144m

1 英里 (mi) 或 5280 英尺（ft）或 1760 码 (yd) = 1609m 或 1.609km

单位	所乘倍数	等于
英寸	2.5	厘米
英尺	30.5	厘米
码	0.9	米
英里	1.6	千米

面积单位

公制到英式

1 平方厘米 (cm^2) 或 100 平方毫米（mm^2）= $0.155in^2$

1 平方米 (m^2) =$1550in^2$ 或 $1.196yd^2$

1 公顷 (ha) 或 10 000m^2=107 600ft^2 或 2.471 英亩 (A)

1 平方千米 (km^2) 或 1 000 000m^2 或 100 ha =247A 或 0.3861mi^2

单位	所乘倍数	等于
平方厘米	0.16	平方英寸
平方米	1.2	平方码
平方千米	0.4	平方英里

英式到公制

1 平方英尺 (ft^2) 或 144 平方英寸（in^2）=929cm^2

1 平方码 (yd^2) 或 9ft^2=8361 cm^2 或 0.836m^2

1 英亩 (A) 或 43 560ft^2 或 4840yd^2=4.047 m^2=0.405ha

1 平方英里 (mi^2) 或 27 878ft^2 或 640A=259ha 或 2.59km^2

单位	所乘倍数	等于
平方英寸	6.5	平方厘米
平方英尺	0.09	平方米
平方码	0.8	平方米
平方英里	2.6	平方千米
英亩	0.4	公顷

体积单位

公制到英式

1 立方厘米 (cm^3 或 cc) 或 1000 立方毫米（mm^3）=0.061in^3

1 立方米 (m^3) 或 1 000 000cm^3= 61 024in^3 或 35.31ft^3 或 1.308yd^3

单位	所乘倍数	等于
立方米	35	立方英尺
立方米	1.3	立方码

英式到共制

1 立方英寸 (ft^3) 或 1728 立方英寸 (in^3)=28 317 cm^3 或 0.02832m^3

1 立方码 (yd^3) 或 $27ft^3$= $0.7646m^3$

单位	所乘倍数	等于
立方英尺	0.03	立方米
立方码	0.76	立方米

容积单位

公制到英式

1 毫升 (mL) 或 $1cm^3$= $0.06125in^3$ 或 0.03 液盎司（fl oz）

1 升或 1000mL= 2.113 品脱（ pt）或 1.06 夸脱（qt）或 0.264 加仑（U.S. gal）

单位	所乘倍数	等于
毫升	0.03	液盎司
升	2.10	品脱
升	1.06	夸脱

英式到公制

1 液盎司（fl oz）或 $1.81in^3$= 29.57mL

1 品脱（pt）或 16fl oz = 473.2mL

1 夸脱（qt）或 32fl oz 或 2 pt = 946.4mL

1 加仑（gal）或 128fl oz 或 4qt 或 8pt = 3758mL 或 3.785 升 (L)

单位	所乘倍数	等于
茶匙	5	毫升
大汤匙	15	毫升
液盎司 [a]	30	毫升
杯	0.24	升
品脱	0.47	升
夸脱	0.95	升
加仑	3.8	升

a 1 英液盎司 = 0.961 美液盎司，或者相反，1 美液盎司 = 1.041 英液盎司；1 英品脱、夸脱和加仑分别等于 = 1.2 美品脱、夸脱和加仑。均可乘以 0.8327 转换成美液体度量。

质量单位

公制到英式

1 克 (g) 或 1000 毫克（mg）= 0.0353 盎司（oz）

1 千克 (kg) 或 1000g =35.28.2oz 或 2.205 磅（lb）

1 吨（t）或 1000kg = 2205lb 或 1.102 美吨（sh ton）

单位	所乘倍数	等于
克	0.035	盎司
千克	2.2	磅

英式到公制

1 盎司 (oz) 或 437.5 格令 (gr) = 28.35g

1 磅 (lb) 或 16 oz = 453.6 g 或 0.454kg

1 美吨 (sh ton) 或 2000lb = 907.2kg 或 0.9072t

单位	所乘倍数	等于
盎司	28	克
磅	0.45	千克
美吨	0.9	吨

附录C：

分光光度计的透射光度-吸光度换算表

%T	A	%T	A	%T	A	%T	A
1.0	2.00	26.0	0.585	51.0	0.292	76.0	0.119
1.5	1.824	26.5	0.577	51.5	0.288	76.5	0.116
2.0	1.699	27.0	0.569	52.0	0.284	77.0	0.114
2.5	1.602	27.5	0.561	52.5	0.280	77.5	0.111
3.0	1.523	28.0	0.553	53.0	0.276	78.0	0.108
3.5	1.456	28.5	0.545	53.5	0.272	78.5	0.105
4.0	1.398	29.0	0.538	54.0	0.268	79.0	0.102
4.5	1.347	29.5	0.53	54.5	2.264	79.5	0.100
5.0	1.301	30.0	0.523	55.0	0.260	80.0	0.097
5.5	1.260	30.5	0.516	55.5	0.256	80.5	0.094
6.0	1.222	31.0	0.509	56.0	0.252	81.0	0.092
6.5	1.187	31.5	0.502	56.5	0.248	81.5	0.089
7.0	1.155	32.0	0.495	57.0	0.244	82.0	0.086
7.5	1.126	32.5	0.488	57.5	0.240	82.5	0.084
8.0	1.097	33.0	0.482	58.0	0.237	83.0	0.081
8.5	1.071	33.5	0.475	58.5	0.233	83.5	0.078
9.0	1.046	34.0	0.469	59.0	0.229	84.0	0.076
9.5	1.022	34.5	0.462	59.5	0.226	84.5	0.073
10.0	1.000	35.0	0.456	60.0	0.222	85.0	0.071
10.5	0.979	35.5	0.450	60.5	0.218	85.5	0.068
11.0	0.959	36.0	0.444	61.0	0.215	86.0	0.066
11.5	0.939	36.5	0.438	61.5	0.211	86.5	0.063
12.0	0.921	37.0	0.432	62.0	0.208	87.0	0.061
12.5	0.903	37.5	0.426	62.5	0.204	87.5	0.058
13.0	0.886	38.0	0.420	63.0	0.201	88.0	0.056
13.5	0.870	38.5	0.414	63.5	0.197	88.5	0.053
14.0	0.854	39.0	0.409	64.0	0.194	89.0	0.051
14.5	0.838	30.5	0.403	64.5	0.191	89.5	0.048
15.0	0.824	40.0	0.398	65.0	0.187	90.0	0.046
15.5	0.810	40.5	0.392	65.5	0.184	90.5	0.043
16.0	0.796	41.0	0.387	66.0	0.181	91.0	0.041
16.5	0.782	41.5	0.382	66.5	0.177	91.5	0.039
17.0	0.770	42.0	0.377	67.0	0.174	92.0	0.036
17.5	0.757	42.5	0.372	67.5	0.171	92.5	0.034
18.0	0.745	43.0	0.367	68.0	0.168	93.0	0.032
18.5	0.733	43.5	0.362	68.5	0.164	93.5	0.029
19.0	0.721	44.0	0.357	69.0	0.161	94.0	0.027
19.5	0.710	44.5	0.352	69.5	0.158	94.5	0.025
20.0	0.699	45.0	0.347	70.0	0.155	95.0	0.022
20.5	0.688	45.5	0.342	70.5	0.152	95.5	0.020
21.0	0.678	46.0	0.337	71.0	0.149	96.0	0.018
21.5	0.668	46.5	0.332	71.5	0.146	96.5	0.016
22.0	0.658	47.0	0.328	72.0	0.143	97.0	0.013
22.5	0.648	47.5	0.323	72.5	0.140	97.5	0.011
23.0	0.638	48.0	0.319	73.0	0.137	98.0	0.009
23.5	0.629	48.5	0.314	73.5	0.134	98.5	0.007
24.0	0.620	49.0	0.310	74.0	0.131	99.0	0.004
24.5	0.611	49.5	0.305	74.5	0.128	99.5	0.002
25.0	0.602	50.0	0.301	75.0	0.125	100.0	0.000
25.5	0.594	50.5	0.297	75.5	0.122		

附录 D：对数

对数是 10 的指数，表明 10 必须加到幂上以产生一个给定的数。因为 1 是 10^0、10 是 10^1，很明显 1 到 10 之间的数肯定大于 10^0；同样，10 到 10^0 之间的数比 10^1 大比 10^2 小。这些数字将要用带分数表示。如果是分数格式，它们以带分数表示。如果它们以带分数形式表达，它们的加减都很困难，因此，最好是用小数的形式表达；例如，$10^{0.0301}$。

以 b^n 形式书写的数称为指数形式，b 是**底**（base），n 是**对数** (logarithm)。例如，在下列的公式中，

$$N=b^n$$

N 等于以 b 为底 n 为对数的指数值。我们以 2 为底 4 为对数为例。

指数形式，我们可以写为 2^4。2 的 4 次幂等于 16。

对数形式，我们写为 b 为底 N 的对数等于 n（$\log_b N=n$）。如果我们以 $2^4=16$，将其写成对数形式：

$$\log_2 16=4$$

在对数表中，对数位于表的主体，1.0 到 9.9 列于左列第一排。例如，为了在对数表中找到 4.7 的对数，左列往下找到 47，然后横向从 0 到 0.6721。

最后，当使用对数的时候，应该记得下列的关系：

$$\log 1=\log 10^0=0$$

$$\log 10=\log 10^1=1$$

$$\log 100=\log 10^2=2$$

$$\log 1000=\log 10^3=3$$

$$\log 10\,000=\log 10^4=4$$

$$\log 0.1=\log 10^{-1}=-1$$

$$\log 0.01=\log 10^{-2}=-2$$

$$\log 0.001=\log 10^{-3}=-3$$

$$\log 0.0001=\log 10^{-4}=-4$$

对数在图表描述值域范围很大的数据之间的相互关系时特别有用，因为它能够对每一尺度进行相对衡量。在“扩展”用其他尺度表示很集中的数据时，对数是很有用的；例如，绘制细菌生长的相对时间。对数也用于计算 pH。

附录E：
pH和pH指示剂

pH是对氢离子（H^+）活性的衡量标准。H^+活性在稀释后的溶液和原溶液中相同。在这种情况下，$pH=-\log[H^+]$。pH范围从0($[H^+]=1.0^0M$)到14($[H^+]=1.0^{-14}M$)。

pH计可以精确测定pH，但要遵守以下注意事项：

1. 调试用于校正pH计缓冲液的温度，使其与样品温度相同。缓冲液的pH随温度改变；例如，标准磷酸盐缓冲液的pH在0℃时是6.98，20℃是6.88，37℃为6.85。

2. 在测定pH时搅动溶液很重要。如果没有用磁力搅拌器搅拌样品，也应该用同样的方法搅拌标准缓冲液。

3. 使用搅拌Tris缓冲液用的电极时，一定要按照使用说明进行。因为一些pH电极对于Tris（羟甲基）氨基甲烷缓冲液不能精确读数。

在一些不需要精确的情况下，比如，在准备常规培养基时，可以用pH指示溶液测定pH。在选择适当的指示溶液后，可以在所选溶液pH基础上 ±0.2pH单位估计pH。一些常用的pH指示剂和其有用的pH范围见下表。

pH指示剂	pH范围	全酸性颜色	全碱性颜色
亮绿	0.0~2.6	黄色	绿色
溴甲酚绿	3.8~5.4	黄色	蓝绿色
溴甲酚紫	5.2~6.8	黄色	紫色
溴甲酚蓝	3.0~4.6	黄色	蓝色
溴百里酚蓝	6.0~7.6	黄色	蓝色
刚果红	3.0~5.0	蓝紫色	红色
甲酚红	2.3~8.8	桔黄色	红色
甲酚酞	8.2~9.8	无色	红色
2,4-二硝基苯酚	2.8~4.0	无色	红色
乙基紫	0.0~2.4	黄色	蓝色
石蕊	4.5~8.3	红色	蓝色
孔雀[石]绿	0.2~1.8	黄色	蓝绿色
甲基绿	0.2~1.8	黄色	蓝色
甲基红	4.4~6.4	红色	黄色
中性红	6.8~8.0	红色	琥珀色
酚酞	8.2~10.0	无色	粉红色
酚磺酞	6.8~8.4	黄色	红色
刃天青	3.8~6.4	桔黄色	紫色
百里酚蓝	8.0~9.6	黄色	蓝色

注：以上所有指示剂的配制方法如下：①称取0.04g指示剂溶于500ml 95%乙醇中；②加入500ml蒸馏水；③用Whatman 1号滤纸过滤。应该将指示剂放置在不透光、盖紧的瓶子里。

附录 F：

科学计数法

微生物学家经常会处理很大或者很小的数字，如 5 550 000 000 或 0.00 000 082。这些极端数字的运算很是麻烦。然而，用**科学计数法**（scientific notation）［**标准指数计数法**（standard exponential notation）］来表达会更方便。科学计数法是一系列的规则，涉及速记法记下这些数字或者用它们进行简单的运算。科学计数法基于每个数字都能够用两个数字来表达的事实——其中一个是数字 10 的幂。

比 1 大的数字可以表达成如下形式：

$1=10^0$	$100\ 000=10^5$
$10=10^1$	$1\ 000\ 000=10^6$
$100=10^2$	$10\ 000\ 000=10^7$
$1\ 000=10^3$	$100\ 000\ 000=10^8$
$10\ 000=10^4$	$1\ 000\ 000\ 000=10^9$

在上面的计数法中，**指数**（exponent）10 与 1 后的 **0** 的增长相等。

数字小于 1 的可以被表达成为如下：

$0.1=10^{-1}$	$0.000001=10^{-6}$
$0.01=10^{-2}$	$0.0000001=10^{-7}$
$0.001=10^{-3}$	$0.00000001=10^{-8}$
$0.0001=10^{-4}$	$0.000000001=10^{-9}$
$0.00001=10^{-5}$	

在上面的计数法中，负指数 10 上的数字的增加与小数点右面的个数相联。

非 10 的完整幂的数也能够用科学计数法表示。例如，一个比 1 大的数字 1234 能够用一下的方法来表达：

123.4×10	$0.1234\times 10\ 000$
12.34×10	$0.01234\times 100\ 000$
$1.234\times 1\ 000$	

同样的数字可以用科学计数法表达为：

123.4×10^1	0.1234×10^4
12.34×10^2	0.01234×10^5
1.234×10^3	

同样道理，下面是小于 1 的数字。如数字 0.1234；它可以用一下方式来表达：

1.234×0.1	$1\ 234\times 0.0001$
12.34×0.01	$12\ 340\times 0.00001$

$$123.4 \times 0.001$$

同样的数字可以用科学计数法表达为：

$$123.4 \times 10^{-1} \qquad 1\,234 \times 10^{-4}$$
$$12.34 \times 10^{-2} \qquad 12\,340 \times 10^{-5}$$
$$1.234 \times 10^{-3}$$

乘法运算也能够用科学计数法来做。比如下面的乘法运算

$$50 \times 250$$

第一，用科学计数法重新书写每个数字：

$$(5.0 \times 10^{1}) \times (2.5 \times 10^{2})$$

相乘，前两个数字相乘：

$$5.0 \times 2.5 = 12.5$$

相乘第二部分，指数相加：

$$10^{1}+10^{2} = 10^{3}$$

这个结果被写成 12.5×10^{3}。它也可以写成为 1.25×10^{4}。这些相同的步骤在每个乘法运算中进行，即使是小于 1 的数字。例如，乘法 0.5×0.25：

$$(5 \times 10^{-1}) \times (2.5 \times 10^{-1})$$
$$= 12.5 \times 10^{-2}$$
$$= 1.25 \times 10^{-1} = 0.125$$

当一个比 1 小的数字被一个比 1 大的数字乘时，简便的表达形式为：第一部分相乘，第二部分的指数向加，其结果就是科学计数法表示。例如，乘法 $0.125 \times 5\,000$：

$$(1.25 \times 10^{-1}) + (5 \times 10^{3}) = 6.25 \times 10^{2}$$

当增加一个负数到正数时，经常要从正数中减去负数。

除法在科学计数法中与乘法相似。例如除法 2 500/500。

首先，用科学计数法重新写为：

$$\frac{2.5 \times 10^{3}}{5 \times 10^{2}}$$

第一，前两个数字相除得到：

$$\frac{2.5}{5} = 0.5$$

第二，上面的指数减去下面的指数：

$$10^{3} - 10^{2} = 10^{1}$$

结果用科学计数法表达为 0.5×10^{1}。始终牢记：当你从一个负数中减去另一个负数时，加上这个数字而且用一个负数来表达。当从一个正数中减去一个负数，与加一个正数到一个正数上是相同的。从一个负数中减去一个正数，将正数加到负数上然后用负数来表达结果。

微生物学家经常用科学计数法。例如，本实验指南中，用于表示细菌群体的数目，表达抗生素或消毒剂等化学物质的溶液浓度。

附录 G：鉴定表*

表 I　氧化 - 发酵革兰氏阴性杆菌的特征

图例 += 阳性 –= 阴性 V= 变量 (11% ～ 89% 为阳性) 数据只来源于文献资料		厌氧葡萄糖	精氨酸	氮气	H_2S	吲哚	木糖	尿素	柠檬酸	氧化酶	葡萄糖
无色杆菌	菌种 Bio.1	–	–	+	–	–	V	–	V	V	+
	Bio.2	–	V	V	–	–	V	V	+	V	+
	产碱杆菌	–	–	V	–	–	V	–	–	+	+
不动杆菌属	无硝亚种	V	–	–	–	–	+	+	V	V	–
	鲁氏不动杆菌	–	–	–	–	–	–	–	V	V	–
嗜水气单细菌		+	V	–	–	V	–	+	–	V	+
粪产碱菌		–	–	V	–	–	–	–	V	V	+
支气管败血波氏杆菌		–	–	–	–	–	–	–	+	+	+
黄杆菌属菌种		V	–	–	–	V	–	V	–	–	+
群	2F 黄色杆菌	–	–	–	–	+	–	–	–	–	+
	2J IUM-Like	–	–	–	–	+	–	–	+	–	+
	假单胞菌	–	–	–	–	–	–	–	–	–	V
		+	–	–	–	–	+	V	+	+	+
	产碱杆菌	–	–	–	–	–	–	–	V	V	+
	5A-1	–	–	+	–	–	+	+	V	+	+
	5A-2 假单胞菌	–	–	V	–	–	V	+	+	V	+
	5E-1 Like	+	+	–	–	–	+	+	V	+	–
	5E-2	V	–	–	–	–	+	+	V	V	–
	莫拉克斯氏菌属	–	–	–	–	–	–	–	–	+	+
	M-4f Like	–	–	–	–	–	–	–	+	+	+
莫拉克斯氏菌属	菌种	–	–	–	–	–	–	–	–	–	+
	苯丙酮酸莫拉菌	–	–	–	–	–	–	–	+	–	+
巴斯德菌属	溶血巴斯德菌	V	–	–	–	–	–	–	–	–	+
	多杀巴斯德菌	–	–	–	–	+	–	–	–	–	+
	尿素巴斯德菌	V	–	–	–	–	–	–	V	–	+
类志贺邻单胞菌		+	+	–	–	+	–	+	–	–	+
假单胞菌属	绿脓杆菌	–	+	V	–	–	V	V	V	V	+
	食酸假单胞菌	–	–	–	–	–	–	–	–	V	+
	产碱假单胞菌	–	–	–	–	–	–	–	V	V	+
	洋葱假单胞菌	V	–	–	–	–	V	V	V	+	V
	缺陷假单胞菌	–	–	–	–	–	–	–	–	–	+
	荧光假单胞菌	–	V	–	–	–	V	V	V	+	+
	鼻疽假单胞菌	–	+	–	–	–	–	+	–	–	–
	嗜麦芽假单胞菌	–	–	–	–	–	–	V	V	–	V
	假产碱假单胞菌	–	–	–	–	–	–	–	–	V	+
	假鼻疽假单胞菌	–	+	V	–	–	–	+	V	+	+
	恶臭假单胞菌	V	+	–	–	–	+	+	V	+	+
	腐败假单胞菌	–	–	–	+	–	–	–	V	–	+
	斯氏假单胞菌	–	V	V	–	–	V	V	–	+	+
	睾丸假单胞菌	–	–	–	–	–	–	–	–	V	+
	泡囊假单胞菌	V	–	–	–	–	V	V	–	–	+
弧菌属	溶藻弧菌	+	–	–	–	V	–	+	–	–	+
	霍乱弧菌	+	–	–	–	+	V	+	–	V	+
	副溶血弧菌	+	–	–	–	+	–	V	–	V	+
紫色杆菌		+	+	–	–	–	–	+	–	V	V

来源：Copyright© Becton Dickinson Microbiology Systems. Reprinted by permission

* 这些表格以快速检测系统为基础，有时这些结果可能与传统检测方法结果不同

表 II　肠杆菌的特征—肠管 II 系统

组		反应	葡萄糖	产气	赖氨酸	鸟氨酸	硫化氢	吲哚	戊五醇、核糖醇	乳糖	阿拉伯糖	山梨醇	乙酰甲基甲醇	半乳糖醇	苯丙氨酸	尿素	柠檬酸
埃希氏菌族		埃希氏菌属	+100.0	+J92.0	d80.6	d57.8	−K4.0	+96.3	−5.2	+J91.6	+91.3	±80.3	−0.0	d49.3	−0.1	−0.1	−0.2
		志贺氏菌属	+100.0	−A2.1	−0.0	∓B20.0	−0.0	∓37.8	−0.0	−B0.3	±67.8	∓29.1	−0.0	d5.4	−0.0	−0.0	−0.0
爱德华氏菌族		爱德华氏菌属	+100.0	+99.4	+100.0	+99.	+99.6	+99.0	−0.0	−0.0	∓10.7	−0.2	−0.0	−0.0	−0.0	−0.0	−0.0
沙门氏菌族		沙门氏菌属	+100.0	+C91.9	+H94.6	+I92.7	+E91.6	−1.1	−0.0	−0.8	±89.2	+94.1	−0.0	dB86.5	−0.0	−0.0	dF80.1
		亚利桑那菌属	+100.0	+99.7	+99.4	+100.0	+98.7	−2.0	−0.0	d69.8	+99.1	+97.1	−0.0	−0.0	−0.0	−0.0	+96.8
	柠檬酸杆菌属	弗氏柠檬酸杆菌	+100.0	+91.4	−0.0	d17.2	±81.6	−6.7	−0.0	d39.3	+100.0	+98.2	−0.0	d59.8	−0.0	dw894	+90.4
		非丙二酸柠檬酸杆菌	+100.0	+97.0	−0.0	+97.0	−0.0	+99.0	−0.0	±70.0	+99.0	+97.0	−0.0	∓11.0	−0.0	±81.0	+94.0
		差异柠檬酸杆菌	+100.0	+97.3	−0.0	+99.8	−0.0	+100.0	+100.0	d40.3	+98.0	+98.2	−0.0	±52.2	−0.0	dw85.8	+99.7
变形菌族	变形菌属	普通变形菌	+100.0	±G86.0	−0.0	−0.0	+95.0	+91.4	−0.0	−0.0	−0.0	−0.0	−0.0	−0.0	+100.0	+95.0	d10.5
		奇异变形菌	+100.0	+G96.0	−0.0	+99.0	+94.5	−3.2	−0.0	−2.0	−0.0	−0.0	∓16.0	−0.0	+99.6	±89.3	±58.7
	摩根氏菌属	摩氏变形菌	+100.0	±G86.0	−0.0	+97.0	−0.0	+99.5	−0.0	−0.0	−0.0	−0.0	−0.0	−0.0	+95.0	+97.1	−L0.0
	普罗威登斯菌属	产碱普罗威登斯菌	+100.0	dG85.2	−0.0	−1.2	−0.0	+99.4	+94.3	−0.3	−0.7	−0.6	−0.0	−0.0	+97.4	−0.0	+97.9
		斯氏普罗威登斯菌	+100.0	−0.0	−0.0	−0.0	−0.0	+98.6	∓12.4	−3.6	−4.0	−3.4	−0.0	−0.0	+94.5	∓20.0	+93.7
		雷氏普罗威登斯菌	+100.0	∓G12.2	−0.0	−0.0	−0.0	+95.9	+99.0	d10.0	−0.0	−1.0	−0.0	−0.0	+98.0	+100.0	+96.0
克雷伯氏菌族	肠杆菌属 哈夫尼菌属 赛氏杆菌属 沙雷氏菌属 克雷伯氏菌属	阴沟肠杆菌	+100.0	+99.3	−0.0	+93.7	−0.0	−0.0	∓28.0	±94.0	+99.4	+100.0	+100.0	d15.2	−0.0	±74.6	+98.9
		阪崎肠杆菌	+100.0	+97.0	−0.0	+97.0	−0.0	∓16.0	−0.0	+100.0	+100.0	−0.0	+97.0	−6.0	−0.0	−0.0	+94.0
		热尔戈维肠杆菌	+100.0	+93.0	+64.0	+100.0	−0.0	−0.0	−0.0	∓42.0	+100.0	−0.0	+100.0	−0.0	−0.0	+100.0	+96.0
		产气肠杆菌	+100.0	+95.9	+97.5	+95.9	−0.0	−0.8	+97.5	+92.5	+100.0	+98.3	+100.0	−4.1	−0.0	−0.0	+92.6
		成团肠杆菌	+100.0	∓24.1	−0.0	−0.0	−0.0	∓19.7	−7.5	d52.9	+97.5	d26.3	∓64.8	d12.9	∓27.6	d34.1	d84.2
		蜂房哈夫尼菌	+100.0	+98.9	+99.6	+98.6	−0.0	−0.0	−0.0	d2.8	+99.3	−0.0	±65.0	−2.4	−0.0	−3.0	d5.6
		黏质赛氏杆菌	+100.0	±G52.6	+99.6	+99.6	−0.0	−w0.1	∓56.0	−1.3	−0.0	+99.1	+98.7	−0.0	−0.0	dw39.7	+97.6
		液化沙雷氏菌	+100.0	d72.5	±64.2	+100.0	−0.0	−w1.8	−8.3	d15.6	+97.3	+97.3	∓49.5	−0.0	−0.9	dw3.7	+93.6
		染红沙雷氏菌	+100.0	dG35.0	±61.0	−0.0	−0.0	−w2.0	±88.0	+100.0	+100.0	−8.0	+92.0	−0.0	−0.0	dw4.0	±88.0
		肺炎克雷伯氏菌	+100.0	+96.0	+97.2	−0.0	−0.0	−0.0	±89.0	+98.7	+99.9	+99.4	+93.7	∓33.0	−0.0	+95.4	+96.8
		产酸克雷伯氏菌	+100.0	+96.0	+97.2	−0.0	−0.0	+100.0	±89.0	∓98.7	+100.0	+98.0	+93.7	∓33.0	−0.0	∓95.4	∓96.8
		臭鼻克雷伯氏菌	+100.0	d55.0	∓35.8	−1.0	−0.0	−0.0	+91.8	d26.2	+100.0	±78.0	−0.0	−0.0	−0.0	d14.8	d28.1
		鼻硬结克雷伯氏菌	+100.0	−0.0	−0.0	−0.0	−0.0	−0.0	+98.0	d6.0	+100.0	+98.0	−0.0	−0.0	−0.0	−0.0	−0.0
耶尔森氏菌族	耶尔森氏菌属	小肠结肠炎耶尔森氏菌	+100.0	−0.0	−0.0	+90.7	−0.0	∓26.7	−0.0	−0.0	+98.7	+98.7	−0.1	−0.0	−0.0	+90.7	−0.0
		假结核耶尔森氏菌	+100.0	−0.0	−0.0	−0.0	−0.0	−0.0	−0.0	−0.0	±55.0	−0.0	−0.0	−0.0	−0.0	+100.0	−0.0

表 III　革兰氏阴性杆菌的特征—API 20E 系统

	菌体	ONPG	ADH	LDC	ODC	CIT	H_2S	URE	TDA	IND	VP	GEL	GLU	MAN	INO	SOR	RHA	SAC	MEL	AMY	ARA	OXI
埃希氏菌族	大肠杆菌	98.2	1.0	90.2	67.3	0	1.0	0	0	85.0	0	0	100	98.4	0.1	95.5	84.5	41.1	88.4	0.1	95.0	0
	痢疾志贺氏菌	27.8	0	0	0	0	0	0	0	33.0	0	0	100	0.1	0	0	22.2	0	61.1	0	16.7	0
	福氏志贺氏菌	5.3	0	0	0	0	0	0	0	15.0	0	0	100	94.7	0	78.9	0	0	21.1	0	36.8	0
	鲍氏志贺氏菌	5.0	0	0	0	0	0	0	0	20.0	0	0	100	60.0	0	53.3	1.0	0	33.3	0	66.7	0
	索氏志贺菌	96.7	0	0	80.0	0	0	0	0	0	0	0	100	99.	0	39.9	80.0	0	50.0	0	96.7	0
	迟钝爱德华菌	0	0	99.0	99.0	0	55.0	0	0	100	0	0	100	0	0	0	0	0	50.0	0	1.1	0
沙门氏菌族	肠炎沙门氏菌	1.9	1.0	89.2	95.4	15.4	76.9	0	0	3.1	0	0	100	98.7	4.6	95.2	95.4	4.6	96.9	0	94.5	0
	伤寒感菌	0	0	90.0	0	0	0.1	0	0	0	0	0	100	99.0	0	99.9	1.8	0	100	0	27.0	0
	甲型副伤寒杆菌	0	0	0	100	0	0.2	0	0	0	0	0	100	99.9	0	99.0	99.00	0	40.0	0	80.0	0
	亚利那 - 肠炎沙门氏菌	94.7	1.0	95.0	98.5	15.0	85.0	0	0	0	0	0	100	99.0	0	87.0	96.1	0	89.5	0	95.0	0
	弗氏柠檬酸杆菌	97.0	10.0	0	60.0	10.0	81.0	0	0	60.0	0	0	100	98.0	1.0	96.0	87.0	59.0	77.0	30.0	98.0	0
	莱文异型枸橼酸杆菌	97.0	10.0	0	90.0	10.0	0	0	0	91.0	0	0	100	97.0	14.5	88.0	99.0	51.0	47,0	34.0	99.0	0
	无丙二酸柠檬盐酸杆菌	97.0	10.0	0	95.0	10.0	0	0	0	99.0	0	0	100	9.70	0.1	93.0	99.0	29.4	53.0	80.0	93.8	0
克雷伯氏菌族	肺炎杆菌	99.0	0	80.0	0	13.9	0	10.0	0	0	72.0	0	100	98.0	30.0	95.0	91.0	99.0	99.0	98.0	99.0	0
	产酸克雷伯氏菌	98.0	0	83.0	0	13.0	0	10.0	0	100	60.0	1.0	100	99.0	29.0	92.0	98.0	99.0	99.0	98.0	99.0	0
	鼻臭杆菌	85.0	0	38.0	0	1.0	0	0	0	0	0	0	100	69.0	1.0	76.0	69.0	15.0	92.0	99.0	84.0	0
	鼻硬结核菌	0	0	0	0	0	0	0	0	0	0	0	100	99.0	1.0	86.0	53.0	33.0	66.0	99.0	95.0	0
	产气肠杆菌	99.0	0	98.0	98.0	8.9	0	0	0	0	56.0	0	100	99.0	28.0	90.0	90.0	85.0	97.0	96.0	98.0	0
	阴沟肠杆菌	97.0	51.9	0	65.0	9.0	0	0	0	0	80.0	0	100	99.0	1.0	92.0	900	98.0	92.0	65.0	95.0	0
	成团肠杆菌	90.0	0	0	0	5.4	0	0	0	50.0	20.0	0	100	99.0	1.0	80.0	60.0	60.0	70.0	70.0	95.0	0
	日沟维肠杆菌	99.0	0	61.0	99.0	8.2	0	75.0	0	0	7.5	0	100	99.0	1.0	8.3	99.0	99.9	99.0	99.0	99.0	0
	阪崎肠杆菌	97.0	51.6	0	59.0	8.6	0	0	0	4.0	85.0	0	100	99.0	4.0	8.5	90.0	95.0	90.0	76.0	95.0	0
	液化沙雷氏菌	85.0	0	85.0	95.0	8.9	0	1.0	0	0	50.0	60.0	100	99.0	1.0	99.0	30.0	85.0	80.7	80.0	92.9	0
	黏质沙雷氏菌	83.0	0	88.0	94.0	8.0	0	1.0	0	0	58.0	72.0	100	96.0	1.0	97.0	2.0	98.0	37.0	72.0	18.0	0

续表

	菌体	ONPG	ADH	LDC	ODC	CIT	H_2S	URE	TDA	IND	VP	GEL	GLU	MAN	INO	SOR	RHA	SAC	MEL	AMY	ARA	OXI
克雷伯氏菌族	深红沙雷菌	96.0	0	60.5	0.1	8.2	0	0	0	0	70.0	75.6	100	99.0	10.0	75.0	13.4	99.0	82.6	96.0	85.8	0
	气味沙雷菌 1	99.0	0	95.0	100	9.5	0	0	0	90.0	63.0	62.0	100	90.0	10.0	99.0	85.0	100	99.0	90.0	99.0	0
	气味沙雷菌 2	99.0	0	92.0	0	9.1	0	0	0	90.0	80.0	78.0	100	90.0	10.0	99.0	95.0	0	99.0	85.4	99.0	0
	蜂房哈夫尼菌	60.0	0	99.0	99.0	1.0	0	0	0	0	25.0	0	99.0	99.0	0	35.0	75.0	0	50.0	30.0	95.0	0
变形菌族	普通变形杆菌	0.5	0	0	0	4.1	75.3	91.0	95.0	75.3	0	75.3	100	0	0.1	0	0	83.0	1.0	20.0	4.0	0
	鸡奇异变形杆菌	1.0	0	0	90.0	5.8	66.0	97.0	90.0	1.0	0	93.0	100	0	0	0	1.0	9.6	10.0	1.0	27.0	0
	产碱普罗威登斯菌	0	0	0	0	9.8	0	0	95.0	94.0	0	0	100	0	0	0	0	0	0	0	25.0	0
	斯氏普罗威登斯菌	1.0	0	0	0	8.5	0	0	95.0	86.0	0	0	100	0	8.0	0	0.8	3.7	34.0	0	30.0	0
	斯氏普罗威登斯菌 URE1	1.0	0	0	0	6.9	0	99.0	99.0	95.0	0	0	100	15.0	5.0	0	0.5	65.0	20.0	0	20.0	0
	雷氏普罗威登斯菌	1.0	0	0	0	7.1	0	80.0	95.0	90.0	0	0	100	85.0	1.0	30.0	40.0	5.0	0	40.0	10.0	0
	摩氏摩根菌	1.0	0	0	87.0	0.2	0	78.0	92.0	92.0	0	0	98.0	0	0	0	0	0	0	0	1.0	0
耶尔森氏菌族	小肠结肠炎耶尔森菌	81.0	0	0	36.0	0	0	59.0	0	54.0	0.4	0	100	99.0	1.0	95.0	9.0	78.0	40.0	31.0	76.6	0
	假结核耶尔森菌	80.0	0	0	0	0	0	88.0	0	0	0	0	100	94.0	0	76.0	58.0	0	5.0	0	52.0	0
	鼠疫耶尔森菌	93.0	0	0	0	0	0	0	0	0	1.0	0	93.0	87.0	0	56.0	0	0	0.6	25.0	87.0	0
其他革兰氏阴性菌	API Group 1	99.0	0	58.8	99.0	9.2	0	0	0	99.0	0	0	100	99.0	0	75.4	82.4	82.4	94.1	97.0	94.1	0
	API Group 2	99.0	2.0	7.3	0	0	0	0	0	0	0	0	100	99.0	0	2.3	30.8	5.6	90.0	38.5	92.3	0
	嗜麦芽假单胞杆菌	62.0	0	5.0	0	7.6	0	0	0	0	0	50.0	0.5	0	0	0	0	0	0	0	22.0	4.8
	洋葱假单胞杆菌	61.0	0	5.0	5.0	7.5	0	0	0	0	1.0	46.0	33.0	1.0	0	1.0	0	7.0	0	1.0	1.0	90.7
	少动假单胞杆菌	40.0	0	0	0	1.0	0	0	0	0	0	0	0.5	0	0	0	0	0.5	0	0	0.5	50.0
	A. calco. var. anitratus	0	0	0	0	2.8	0	0	0	0	1.0	0.1	85.0	0	0	0	0	0.1	77.0	0	60.0	0
	A. calco. var. lwoffii	0	0	0	0	0	0	0	0	0	0.1	0	0	0	0	0	0	0	0	0	0	0
	CDC Group VE-1	90.0	1.0	0	0	7.7	0	0	0	0	1.0	1.3	33.0	0	1.0	0	1.0	0.1	1.0	1.0	16.0	0
	CDC Group VE-2	0	0	0	0	7.9	0	0	0	0	1.0	0.1	4.5	0	1.0	0	0	0	1.0	0	5.0	0

来源：CopyrightBioMérieux Vitek, Inc., Hazelwood, MO. Reprinted by permission

注意：图表显示的是 35℃ ~ 37℃培养 18 ~ 24h 后的阳性反应百分比。

附录H：
试剂、溶液、染料和测试

本附录按字母顺序排列每个实验中出现过的试剂和染料。如有必要，列出了获得这些试剂，染料或测试的方法。然而，详细的实验操作请见使用这些材料的具体实验。

酸 - 乙醇（用于 Ziel-Neelsen 染色）

浓盐酸……3mL

95% 乙醇……97mL

乙醇，90%，500mL（来自 95% 乙醇）

95% 乙醇……473mL

蒸馏水……27mL

乙醇，80%，500mL（来自 95% 乙醇）

95% 乙醇……421mL

蒸馏水……79mL

乙醇，75%，500mL（来自 95% 乙醇）

95% 乙醇……395mL

蒸馏水……105mL

乙醇，70%，500mL（来自 95% 乙醇）

95% 乙醇……368mL

蒸馏水……132mL

Barritt's 试剂（用于 Voges-Proskauer 测试）

溶液 A：6g 萘酚溶于 100mL 的 95% 乙醇中。在乙醇中溶解萘酚时保持搅拌。

溶液 B：40g 氢氧化钾溶液 100mL 水中。在冰箱中保存。

胆汁溶解度测试（10% 胆汁）

脱氧胆酸钠……1g

无菌蒸馏水……9mL

为了测试胆汁的溶解度，准备两支试管，每一支含有一份新鲜的培养物（在 pH7.4 的缓冲肉汤中培养的细菌），一支试管加入几滴 10% 的脱氧胆酸钠，另一支试管加入等体积的无菌生理盐水。如果细菌细胞是胆汁可溶的，那么含有胆汁盐的试管将在 5 ～ 15min 失去浊度，并且黏度增加。

玻璃器皿的强洗液

重铬酸钾……20g

蒸馏水……200mL

将重铬酸钾溶于水中，冷却后，缓慢加入：

浓硫酸 …………………………………………………………………………9 份
2% 的重铬酸钾 …………………………………………………………1 份

硫酸铜溶液（20%）

硫酸铜（$CuSO_4 \cdot 5H_2O$）………………………………………………… 20g
蒸馏水 ……………………………………………………………………… 80mL

结晶紫荚膜染色（1%）

结晶紫（85% 染料含量）…………………………………………………… 1g
蒸馏水 ………………………………………………………………………100mL

脱色液（用于革兰氏染色）

1. 中速试剂，95% 乙醇
2. 快速试剂，丙酮
3. 慢速试剂，丙酮 - 异丙醇（异丙醇，300mL；丙酮，100mL）。对于有经验的微生物学家，三种脱色液中的任何一种都能得到好的结果。

二苯胺试剂（用于硝酸盐测试）

在通风橱中配制，溶解 0.7g 二苯胺到含有 60mL 浓硫酸和 28.8mL 蒸馏水的混合物中。冷却后，缓慢加入 11.3mL 浓盐酸。将配制好的试剂放置 12 ~ 24h 后，一些碱将析出，这表明溶剂已经饱和。

Eosin 蓝

Eosin 蓝染料 ……………………………………………………………… 1g
蒸馏水 ……………………………………………………………………… 99mL

氯化铁试剂

$FeCl_3.6H_2O$ ……………………………………………………………… 12g
2% 的盐酸 …………………………………………………………………100mL

2% 的盐酸是将 5.4mL 的浓盐酸（37%）加入到 94.6mL 的蒸馏水中而配制的。

革兰氏碘 (Luogol’s)

根据美国微生物学会临床微生物手册，溶解 2g 碘化钾到 300mL 的蒸馏水中，然后加入 1 g 的碘晶体。将配置好的溶液转移至棕色瓶中。当溶液的颜色褪色时，丢弃该溶液。

革兰氏染色

（A） **结晶紫**（Hucker 改良）

1. 含量为 85% 的结晶紫染料 …………………………………………… 2g
95% 乙醇 …………………………………………………………………… 20mL
混合和溶解

2. 草酸铵 ………………………………………………………………………0.8g
蒸馏水……………………………………………………………………80.0mL

将溶液 A 加入到溶液 B 中，静置 1d，然后过滤。如果结晶紫的浓度过高，可以将溶液 A 稀释 10 倍。

（B） **革兰氏碘液**（媒染剂）

晶体碘 ……………………………………………………………………… 1g

碘化钾 ………………………………………………………………………… 2g
蒸馏水 ………………………………………………………………………300mL
棕色瓶储存；当染色褪色时丢弃

（C）**Safaranin 溶液**（复染剂）

Safaranin ……………………………………………………………………2.5g
95% 乙醇 …………………………………………………………………… 100.0mL

工作液是储液浓度的 1/10

印度墨水（用于产荚膜细菌）

在干净的载玻片上将样本与一小滴印度墨水混合。如果印度墨水颜色太深，用水将其稀释为 50%。

Kinyoun 快酸染色液

（A）**Kinyoun carbolfuchsin**

碱性品红 ………………………………………………………………… 4g
95% 乙醇 ………………………………………………………………… 20g
晶体苯酚 ………………………………………………………………… 8g
蒸馏水 ………………………………………………………………………100mL

（B）**酸 - 乙醇**

浓盐酸 ………………………………………………………………………3mL
95% 乙醇 …………………………………………………………………… 97mL

甲基蓝负染

甲基蓝 ………………………………………………………………………0.3g
蒸馏水 ………………………………………………………………………100mL

Kovacs' 试剂（用于吲哚测试）

N- 戊醇或异戊醇 ……………………………………………………………150mL
浓盐酸 ……………………………………………………………………… 50mL
p- 二甲基胺安息香醛 ……………………………………………………… 10g

在通风橱中配制，将醛溶于醇中，然后缓慢加入酸。干燥的醛颜色浅。用于获得吲哚试剂的醇如果变成了深棕色则不能够再使用。配制好的试剂储存在带玻璃塞的深色瓶，置于冰箱中。

孔雀石绿溶液（用于芽孢染色）

草酸孔雀石绿 ……………………………………………………………… 5g
蒸馏水 ………………………………………………………………………100mL

亚甲基蓝（Löffler's 碱性）

溶液 A：溶解 0.3g 亚甲基蓝（90% 纯度）于 30mL 的 95% 乙醇中。

溶液 B：溶解 0.01g 氢氧化钾于 100mL 蒸馏水中。

混合溶液 A 和溶液 B，在使用前用滤纸过滤。

亚甲基蓝染液（用于简单染色）

亚甲基蓝 ……………………………………………………………………0.3g

蒸馏水 ··································· 100mL

甲基蓝试剂（用于检测酸）

甲基蓝 ··································· 0.1g

95% 乙醇 ··································· 300mL

将染料溶液乙醇中，并加入足量的蒸馏水，终体积为 500 mL。阳性测试是橙红色，而阴性测试是黄色。

Alpha 萘酚（用于 Enterotube II 系统）

5% 的 alpha 萘酚溶于 95% 乙醇中。

Nessler's 试剂（用于胺测试）

在通风橱中配制，溶解 50g 碘化钾于 35mL 冷的蒸馏水中（无胺），然后逐滴加入氯化汞直到出现沉淀，接着加入 400mL 5% 的氢氧化钾溶液。稀释到 1L，静置，将上清转移到深色瓶中密封保藏。

间隔的实验流程

溶液 A

氯化汞 ··································· 1g

蒸馏水 ··································· 6mL

彻底溶解

溶液 B

碘化钾 ··································· 2.5g

蒸馏水 ··································· 6.0mL

溶液 C

氢氧化钾 ··································· 6g

蒸馏水 ··································· 6mL

彻底溶解溶液 C，然后加入溶液 A 和溶液 B 的混合液。加入 13mL 蒸馏水。混合均匀，使用前用滤纸过滤。储存在深色带瓶塞的试剂瓶中。

苯胺黑溶液（Dorner's，用于负染色）

水溶性苯胺黑 ··································· 10.0g

蒸馏水 ··································· 100mL

福尔马林（40% 甲醛） ··································· 0.5mL

温和在水中煮沸苯胺黑 30min。加入 0.5mL 的 40% 福尔马林作为防腐剂。用滤纸过滤两次，滤液储存在深色瓶中，至于冰箱保存。

硝酸盐测试试剂（见下面的二苯胺）

硝酸盐测试试剂（注意 - 溶液 B 可能具有致癌性。使用安全提示，如避免接触气溶胶，用嘴吸移液管和与皮肤接触）

（A）**溶液 A**：将 8g 对氨基苯磺酸溶液 1L 的 5N 的醋酸中（1 份冰醋酸加入到 2.5 份的蒸馏水中）

（B）**溶液 B**：溶解 6mL N,N,- 二甲基 -1- 苯胺到 1L 的 5M 的醋酸中。

注意：**不要将两种混合在一起。**

氧化酶测试试剂

将 1g 二甲基 -p- 间苯二胺盐酸溶于 100mL 蒸馏水中。这个试剂需要使用当天新鲜配制于深色瓶中，置于冰箱中保藏。

邻硝基酚 β-D- 半乳糖苷（ONPG）

0.1mol/L 磷酸钠缓冲液 …… 50mL

ONPG（8×10^{-4} mol/L） …… 12.5mg

磷酸盐缓冲液

储液缓冲液

碱性缓冲液，0.067 mol/L Na_2HPO_4 溶液。溶解 9.5g Na_2HPO_4 于 1L 蒸馏水中。

酸性缓冲液，0.067 mol/L NaH_2PO_4 溶液。溶解 9.2g $NaH_2PO_4.H_2O$ 于 1L 蒸馏水中。

缓冲液（pH7.0 ～ 7.2）

酸性缓冲液（NaH_2PO_4） …… 39mL

碱性缓冲液（Na_2HPO_4） …… 61mL

蒸馏水 …… 900mL

确保玻璃瓶是洁净的。如果密封，在几周内缓冲液都是稳定的。

生理盐水

溶解 8.5g 氯化钠到 1L 的蒸馏水中（0.85%）或 9g 到 1L 的蒸馏水中（0.9%）。

生理盐水（缓冲液）

生理盐水（0.85%）用 0.067mol/L 的磷酸钾调节 pH 至 7.2.

磷酸盐缓冲生理盐水

10× 储液，1L

80g NaCl

2g KCl

11g $Na_2HPO_4·7H_2O$

2g NaH_2PO_4

储液

1mol/L $CaCl_2$

147 g $CaCl_2·2H_2O$ 溶液 1L 的蒸馏水中

1 mol/L KCl

74.6 g KCl 加入到 1L 的蒸馏水中

5 mol/L NaCl

292 g NaCl 加入到 1L 的蒸馏水中

1 mol/L HCl

按照一下顺序混合：913.8mL 的蒸馏水中加入 86.2mL 的浓盐酸

1 mol/L $MgCl_2$

20.3 g 的 $MgCl_2·6H_2O$ 加入到 100mL 蒸馏水中

10 mol/L NaOH

溶解 400 g NaOH 到 450mL 蒸馏水中，然后用蒸馏水补足体积到 1L

Triton X-100 储液（10%）

Triton X-100 …… 10mL

蒸馏水 …… 90mL

混匀后将其室温保藏于密封的玻璃瓶中，该溶液能够长期保藏。

Trommosdorf' s 试剂（用于硝酸盐测试）

在通风橱中操作，将烧杯放在热的烧杯垫上，缓慢地边加边搅拌，加入 100mL 20% 浓度的氯化锌到含有 4g 淀粉的水中。继续加入直到淀粉完全溶解，溶液变清澈为止。用水稀释，并加入 2g 碘化钾，用蒸馏水稀释到 1L，然后用滤纸过滤，储存于密封的试剂瓶中。

凡士林石蜡

融化 1 磅* 凡士林和 1 磅石蜡。保藏在学生用的试剂瓶中。

Voges-Prokauer 试剂（见 Barritt 试剂）

West 染色（鞭毛）

溶液 A

酸化（mordant）：50mL 饱和的硫酸铝钾 +100mL 10% 的鞣酸 +10mL 5% 的氯化铁。此溶液在 5℃下保存于铝箔包裹的试剂瓶中。

溶液 B

染色：加入 7.5g 硝酸银到 150mL 蒸馏水。在通风橱中操作，逐滴将浓氨水加入到 140mL 硝酸银溶液中。一加入浓氨水后将出现棕色沉淀，加入足量的氨水直至棕色沉淀溶解。最后，逐滴加入 5% 硝酸银直到形成微弱的浑浊。此溶液在 5℃下保存于铝箔包裹的试剂瓶中。

Ziehl-Neelsen 快酸染色

（A）**溶液 A**：溶解 0.3g 碱性品红（90% 纯度）于 10mL 95% 乙醇中。

溶液 B：溶解 5g 苯酚于 95mL 蒸馏水中。

混合溶液 A 和溶液 B。注意：每 30mL 碳酸复红加入 1 滴 Tergitol No.4 或每 100mL 染料加入 2 滴 Triton X-100 用于不加热的方法。表面活性剂 No.4 和 Triton X-100 是去污剂，乳化剂和增湿剂。

（B）**酸 - 乙醇，3%**

浓盐酸 ……………………………………………………………………3mL

95% 乙醇 ………………………………………………………………… 97mL

*1 磅 (lb)=453.6g

附录I：

培养基

若无特别说明，所有试管装的培养基都在15lb压强（121℃）下灭菌15min。装载的培养基量大，则灭菌所需时间适当增加。大多数培养基都可以买到干粉，其配制和灭菌都有详细说明。

微生物培养基的来源

Difco Labortories
Division of Becton Dickinson Company
1 Becton Driver
Franklin Lakes, NJ 07417
1-202-847-6800
FAX 1-410-584-7121
www.bd.com/microbiology

Thomas Scientific
PO Box 99
Swedesboro, NJ 08085
1-800-345-2100
FAX 1-800-345-5232
www.thomassci.com

KEY Scientific Products
1402 Chisholm Trail
Suite D
Round Rock，TX 78681
1-800-843-1539
FAX 1-888-440-4208
www.keyscientific.com

ICN Biomedicals Inc.
1263 South Chilicothe
Aura，Ohio 44202
1-800-854-0530
FAX 1-800-334-6999
www.icnbiomed.com

EM Industries
480 Democrate Road
Gibbstown, NJ 08027
1-800-222-0342
FAX 1-856-423-4389
www.emdchemicals.com

除了购买商业化的成品培养基外，有些公司还提供本手册中使用的大多数试管、瓶装和平板装成品培养基，如Oxoid Unipath，800 Proctor Avenue，Ogdensburg，NY 13669-2205；Scott Laboratories，West Warwick，RI 02893和Carson，California，907946；Fisher Scientific，711 Forbes Avenue，Pittsburgh，PA 15219；The Scientific Products Division of Baxter Healthcare Corporation，1430 Waukegan Road，McGraw Park，IL 60085；Wards Natural Science Establishment，5100 West Henrietta Road，P.O. Box 92912，Rochester，NY；Carolina Biological Supply，2700 York Road，Burlington，NC 27215。某些公司还有

专门的诊断培养基特别服务。

放线菌酮（环己酰亚胺）琼脂培养基（pH5.5）

葡萄糖	50.0g
琼脂	15.0g
酪蛋白胰酶消化物	5.0g
酵母提取物	4.0g
磷酸二氢钾	0.5g
氯化钾	0.42g
氯化钠	0.12g
硫酸镁	0.12g
溴甲酚绿	22.0mg
放线菌酮（环己酰亚胺）	10.0mg
三氯化铁	2.5mg
蒸馏水	1000.0mL

诺布尔（Noble）琼脂

诺布尔琼脂经仔细洗涤，纯化，基本没有杂质。适用于电泳、营养研究以及需要高纯度琼脂的情况。

硫酸铵 API 肉汤培养基（pH7.5）

细菌用酵母提取物	1.0g
抗坏血酸	0.1g
乳酸钠	5.2g
硫酸镁	0.2g
硫酸二氢钾	0.01g
亚铁硫酸铵	0.1g
氯化钠	10.0g
蒸馏水	1000.0mL

固氮菌无氮肉汤培养基 (pH7.2)

硫酸二氢钾	1.0g
硫酸镁	0.2g
乳酸钠	0.2g
硫酸铁	5.0mg
蒸馏水	1000.0mL

胆汁七叶苷琼脂培养基 (pH 6.8)

牛胆汁	20.0g
琼脂	15.0g
明胶胰酶消化物	5.0g

牛肉膏……3.0g
七叶苷……1.0g
柠檬酸铁……0.5g
蒸馏水……1000.0mL

血琼脂培养基（pH7.3）

牛心浸粉……500.0g
胰蛋白胨……10.0g
氯化钠……5.0g
琼脂……15.0g
蒸馏水……1000.0mL

注意：将上述所有成分溶解并灭菌。将无菌血琼脂培养基降温至45 ~ 50℃并无菌操作加入50mL灭菌的去纤维蛋白血液。充分混匀后，趁其液体状态分装到平板内。用于制作血琼脂培养基的血琼脂基础培养基基底也可直接购买。血红蛋白加工业用营养补充剂的混合物可替代去纤维蛋白血清。

底层琼脂（pH7.0）

用12mL的灭菌营养琼脂倾注入平板制备。

脑心浸液琼脂培养基（pH7.4）

小牛脑浸出物……200.0g
牛心浸出物……250.0g
月示蛋白胨……10.0g
葡萄糖……2.0g
氯化钠……5.0g
头孢替坦磷酸盐……2.5g
琼脂粉……15.0g
蒸馏水……1000.0mL

Brewer's 厌氧琼脂培养基（pH7.2）

细菌用胰蛋白胨……5.0g
蛋白胨……10.0g
细菌用酵母提取物……5.0g
细菌用葡萄糖……10.0g
氯化钠……5.0g
琼脂粉……20.0g
巯基乙醇酸钠（巯基乙酸钠）……2.0g
甲醛次硫酸氢钠……1.0g
刃天青……0.002g
蒸馏水……1000.0mL

煌绿乳糖（2%）胆盐肉汤培养基

蛋白胨 …… 10.0g
牛胆汁 …… 20.0g
乳糖 …… 10.0g
亮绿染料 …… 0.0133g
蒸馏水 …… 1000.0mL

巧克力琼脂培养基（pH7.0）

蛋白胨 …… 20.0g
葡萄糖 …… 0.5g
氯化钠 …… 5.0g
磷酸氢二钠 …… 5.0g
琼脂 …… 15.0g
蒸馏水 …… 1000.0mL

注意：在无菌条件下，将 5% 去纤维蛋白的无菌羊血加入到已灭菌的熔化琼脂中，在 80℃下加热 15min 或直至巧克力色形成。

胱氨酸胰蛋白琼脂培养基（pH7.3）

胰蛋白胨 …… 20.0g
L- 胱氨酸 …… 0.5g
氯化钠 …… 5.0g
亚硫酸钠 …… 0.5g
琼脂 …… 2.5g
酚磺酞 …… 0.017g
蒸馏水 …… 1000.0mL

高压灭菌后冷却至 50℃，加入适当不同类别的细菌用糖类（如葡萄糖、果糖、麦芽糖、蔗糖），冷却时直立放置以避免倾斜。

脱氧核苷酸酶（DNA 酶检测）琼脂培养基（pH7.3）

脱氧核糖核酸 …… 2.0g
植物蛋白胨 …… 5.0g
氯化钠 …… 5.0g
酪蛋白胰酶水解物 …… 15.0g
琼脂 …… 15.0g
蒸馏水 …… 1000.0mL

远藤氏琼脂培养基（pH7.5）

蛋白胨 …… 10.0g
乳糖 …… 10.0g
磷酸氢二钾 …… 3.5g

亚硫酸钠 …… 2.5g
碱性品红 …… 0.4g
琼脂 …… 15.0g
蒸馏水 …… 1000.0mL

硝酸盐富集肉汤培养基

见硝酸盐肉汤液体培养基

伊红美蓝（EMB）琼脂培养基（pH7.2）

蛋白胨 …… 10.0g
乳糖 …… 5.0g
蔗糖 …… 5.0g
磷酸二氢钾 …… 2.0g
琼脂 …… 13.5g
伊红 Y …… 0.4g
亚甲基蓝 …… 0.06g
蒸馏水 …… 1000.0mL

Eugon 琼脂培养基（pH7.0）

胰蛋白胨 …… 15.0g
大豆胨 …… 5.0g
葡萄糖 …… 5.0g
L- 胱氨酸 …… 0.2g
氯化钠 …… 4.0g
亚硫酸钠 …… 0.2g
琼脂 …… 15.0g
蒸馏水 …… 1000.0mL

Eugon 肉汤培养基（pH7.0）

胰蛋白胨 …… 15.0g
大豆胨 …… 5.0g
葡萄糖 …… 5.0g
L- 胱氨酸 …… 0.2g
氯化钠 …… 4.0g
亚硫酸钠 …… 0.2g
蒸馏水 …… 1000.0mL

凝胶扩散琼脂

诺布尔琼脂 …… 10.0g
蒸馏水 …… 1000.0mL

（加入 0.1% 硫柳汞作为防腐剂，分装于合适的平板中）

葡萄糖低盐培养基

准备 A-D 四种溶液

A. 低盐溶液

$(NH_4)_2SO_4$ …… 20.0g

K_2HPO_4 …… 140.0g

KH_2PO_4 …… 60.0g

柠檬酸钠·$2H_2O$ …… 10.0g

$MgSO_4·7H_2O$ …… 2.0g

蒸馏水 …… 1000.0mL

在标准条件下灭菌

B. 50% 葡萄糖溶液

葡萄糖 …… 50.0g

蒸馏水 …… 100.0mL

在标准条件下灭菌

C. 氨基酸溶液

准备各种 2mg/mL 的氨基酸溶液，过滤除菌

D. 琼脂溶液

琼脂 …… 15.0g

蒸馏水 …… 880.0mL

在无菌条件下将四种溶液按以下比例混合，配制最终的葡萄糖低盐培养基：

50℃的琼脂溶液—溶液 D …… 880.0mL

低盐溶液—溶液 A …… 100.0mL

50% 葡萄糖溶液—溶液 B …… 10.0mL

氨基酸溶液—溶液 C …… 10.0mL

KF 链球菌琼脂培养基（pH7.2）

胰蛋白胨，Difco 3 号 …… 10.0g

酵母提取物 …… 10.0g

氯化钠 …… 5.0g

甘油磷酸钠 …… 10.0g

麦芽糖 …… 20.0g

乳糖 …… 1.0g

叠氮化钠 …… 0.4g

溴甲酚紫 …… 0.015g

琼脂 …… 20.0g

蒸馏水 …… 1000.0mL

Kligler 铁琼脂培养基 (pH7.4)

牛肉膏……3.0g
酵母提取物……3.0g
蛋白胨……15.0g
月示蛋白胨……5.0g
乳糖……10.0g
葡萄糖……1.0g
硫酸亚铁……0.2g
氯化钠……5.0g
硫代硫酸钠……0.3g
琼脂……12.0g
酚磺酞……0.024g
蒸馏水……1000.0mL

乳糖发酵肉汤培养基（1× 或 2×，pH6.9）

牛肉膏……3.0g
蛋白胨……5.0g
乳糖……5.0g
蒸馏水……1000.0mL
注意：配制 2× 溶液时，各组分加倍。

十二烷基胰蛋白肉汤培养基（pH6.8）

胰蛋白胨……20.0g
乳糖……5.0g
磷酸氢二钾……2.75g
磷酸二氢钾……2.75g
氯化钠……5.0g
十二烷基硫酸钠……0.1g
蒸馏水……1000.0mL

Levine EMB 琼脂培养基（pH7.1）

蛋白胨……10.0g
乳糖……10.0g
磷酸氢二钾……2.0g
琼脂……15.0g
伊红 Y……0.4g
亚甲基蓝……0.065g
蒸馏水……1000.0mL

石蕊牛奶培养基

脱脂牛奶粉……100.0g
石蕊……0.75g
蒸馏水……1000.0mL
注意：在 12lb 压力下灭菌 15min。

Löwenstin-Jensen 培养基

天冬酰胺……3.6g
磷酸二氢钾……2.4g
硫酸镁……0.24g
柠檬酸镁……0.6g
马铃薯粉……30.0g
孔雀绿……0.4g
蒸馏水……600.0mL

赖氨酸铁琼脂培养基（pH 6.7）

蛋白胨……5.0g
酵母浸出物……3.0g
葡萄糖……1.0g
L- 盐酸赖氨酸……10.0g
柠檬酸铁铵……0.5g
硫代硫酸钠……0.04g
溴甲酚紫……0.02g
琼脂……15.0g
蒸馏水……1000.0mL

甘露醇盐琼脂培养基 (pH7.4)

牛肉膏……1.0g
蛋白胨……10.0g
氯化钠……75.0g
D- 甘露醇……10.0g
琼脂……15.0g
酚磺酞……0.025g
蒸馏水……1000.0ml

M- 远藤氏肉汤培养液 (pH7.5)

酵母提取物……6.0g
硫蛋白胨……20.0g
乳糖……25.0g
磷酸氢二钾……7.0g

亚硫酸钠 ……………………………………………………………… 2.5g
碱性品红 ……………………………………………………………… 1.0g
蒸馏水 ………………………………………………………………… 1000.0mL

注意：加热至沸腾，不需要高压蒸汽灭菌。

M-FC 肉汤培养基（pH7.4）

Biosate 蛋白胨或胰蛋白 ………………………………………… 10.0g
聚胨或月示蛋白胨 ……………………………………………… 5.0g
酵母提取物 …………………………………………………………… 3.0g
氯化钠 ………………………………………………………………… 5.0g
乳糖 …………………………………………………………………… 12.5g
胆汁盐 ………………………………………………………………… 1.5g
苯胺蓝 ………………………………………………………………… 0.1g
蒸馏水 ………………………………………………………………… 1000.0mL

注意：加入 10mL 的玫红酸（1% 的 0.2N 氢氧化钠溶液）。加热煮沸并缓慢搅拌。不需高压蒸汽灭菌。

MM1 培养基（pH7.4）

Spizizen's 盐液成分如下：

不含维生素的酪蛋白水解物 ……………………………………… 0.2g
L- 色氨酸……………………………………………………………… 0.05g
葡萄糖 ………………………………………………………………… 5.0g
蒸馏水 ………………………………………………………………… 1000.0mL

MM2 培养基（pH7.4）

Spizizen 's 盐液成分如下：

不含维生素的酪蛋白水解物 ……………………………………… 0.2g
L- 色氨酸……………………………………………………………… 0.005g
葡萄糖 ………………………………………………………………… 5.0g
硫酸镁终浓度 ………………………………………………………… 5.0mmol/L
蒸馏水 ………………………………………………………………… 1000.0mL

MacConkey's 琼脂培养基（pH7.1）

细菌用蛋白胨 ………………………………………………………… 17.0g
蛋白胨 ………………………………………………………………… 3.0g
乳糖 …………………………………………………………………… 10.0g
胆汁盐混合物 ………………………………………………………… 1.5g
氯化钠 ………………………………………………………………… 5.0g
琼脂 …………………………………………………………………… 13.5g
中性红 ………………………………………………………………… 0.03g

结晶紫 ······ 0.001g
蒸馏水 ······ 1000.0mL

Moeller's 鸟氨酸脱羧酶肉汤培养基 (pH7.2)

蛋白胨 ······ 5.0g
牛肉膏 ······ 5.0g
葡萄糖 ······ 0.5g
溴甲酚紫 ······ 0.01g
甲酚红 ······ 0.005g
维生素 B6 ······ 0.005g
L - 鸟氨酸 ······ 10.0g
蒸馏水 ······ 1000.0mL

加入 10g(1%) 的 L- 鸟氨酸可换为 10g(1%) 的 L- 赖氨酸或 L- 精氨酸。

运动性测试培养基 (pH7.2)

胰蛋白胨 ······ 10.0g
氯化钠 ······ 5.0g
琼脂 ······ 5.0g
蒸馏水 ······ 1000.0mL

MR-VP 肉汤培养基 (pH 6.9)

蛋白胨 ······ 7.0g
葡萄糖 ······ 5.0g
磷酸钾 ······ 5.0g
蒸馏水 ······ 1000.0mL

Mueller-Hinton 琼脂培养基 (pH 7.4)

牛肉浸膏 ······ 300.0g
酪蛋白氨基酸 ······ 17.5g
淀粉 ······ 1.5g
琼脂 ······ 17.0g
蒸馏水 ······ 1000.0mL

硝酸盐琼脂斜面 (pH 6.8)

蛋白胨 ······ 5.0g
牛肉膏 ······ 3.0g
硝酸钾 ······ 1.0g
琼脂 ······ 12.0g
蒸馏水 ······ 1000.0mL

硝酸盐肉汤培养基 (pH 7.2)

蛋白胨 ······ 5.0g

牛肉膏 ······ 3.0g
硝酸钾 ······ 1.0g
蒸馏水 ······ 1000.0mL

去硝酸盐肉汤培养基 (pH 7.2)

蛋白胨 ······ 5.0g
牛肉膏 ······ 3.0g
蒸馏水 ······ 1000.0mL

营养琼脂培养基 (pH 7.0)

蛋白胨 ······ 5.0g
牛肉膏 ······ 3.0g
蒸馏水 ······ 1000.0mL

注意：在 1lb 压力下 121℃高压灭菌 15min。

营养肉汤培养基 (pH 7.0)

蛋白胨 ······ 5.0g
牛肉膏 ······ 3.0g
蒸馏水 ······ 1000.0mL

营养明胶培养基 (pH 6.8)

蛋白胨 ······ 5.0g
牛肉膏 ······ 3.0g
明胶 ······ 120g
蒸馏水 ······ 1000.0mL

蛋白胨肉汤培养基

蛋白胨 ······ 10.0g
氯化钠 ······ 5.0g
蒸馏水 ······ 1000.0mL

酚红葡萄糖肉汤培养基 (pH 7.4)

胰酶解酪蛋白（蛋白胨） ······ 10.0g
牛肉膏 ······ 1.0g
乳糖 ······ 10.0g
氯化钠 ······ 5.0g
酚红 ······ 0.025g
蒸馏水 ······ 1000.0mL

注意：在 15lb 压力下灭菌 15min。灭菌时间不能过长。

酚红乳糖肉汤培养基 (pH 7.4)

胰酶解酪蛋白（月示蛋白胨） ······ 10.0g
牛肉膏 ······ 1.0g

乳糖 ………… 10.0g
氯化钠 ………… 5.0g
酚红 ………… 0.025g
蒸馏水 ………… 1000.0mL

注意：在 15lb 压力下灭菌 15min。灭菌时间不能过长。

酚红蔗糖培养基 (pH 7.4)

胰酶解酪蛋白 ………… 10.0g
牛肉膏 ………… 1.0g
蔗糖 ………… 10.0g
氯化钠 ………… 5.0g
酚红 ………… 0.025g
蒸馏水 ………… 1000.0mL

注意：在 15lb 压力下灭菌 15min，注意不要灭的太久。

苯丙氨酸脱氨酶 (苯基丙氨酸) 琼脂培养基 (pH7.3)

酵母提取物 ………… 3.0g
磷酸氢二钾 ………… 1.0g
氯化钠 ………… 5.0g
DL- 苯丙氨酸 ………… 2.0g
琼脂 ………… 12.0g
蒸馏水 ………… 1000mL

平板计数琼脂培养基（标准方法琼脂培养基，胰蛋白胨葡萄糖酵母琼脂培养基；pH7.0)

胰蛋白胨 ………… 5.0g
酵母提取物 ………… 2.5g
葡萄糖 ………… 1.0g
琼脂 ………… 15.0g
蒸馏水 ………… 1000.0mL

P-A 肉汤培养基

酪蛋白胰酶消化物 ………… 10.0g
乳糖 ………… 7.5g
明胶胰酶消化物 ………… 5.0g
牛肉膏 ………… 3.0g
氯化钠 ………… 2.5g
磷酸氢二钾 ………… 1.375g
磷酸二氢钾 ………… 1.375g
十二烷基磺酸钠 ………… 0.05g

溴甲酚紫 …… 8.5mg

蒸馏水 …… 1000.0mL

把各组分加入到蒸馏水中，定容到 333.0mL。充分混合后分装到 250.0mL 旋紧瓶盖的牛奶瓶中，每瓶 50mL，15psi* 压力下 121℃高压灭菌 15min。

马铃薯葡萄糖琼脂培养基 (pH 5.6)

马铃薯浸出液 …… 200.0g

葡萄糖 …… 20.0g

琼脂 …… 15.0g

蒸馏水 …… 1000.0g

葡萄糖琼脂培养基 (pH 5.6)

蛋白胨 …… 10.0g

葡萄糖 …… 40.0g

琼脂 …… 15.0g

蒸馏水 …… 1000.0mL

盐培养基——嗜盐杆菌培养适用

氯化钠 …… 250.0g

硫酸镁 • $7H_2O$ …… 10.0g

氯化钾 …… 5.0g

氯化铜 …… 0.2g

酵母提取物 …… 10.0g

胰蛋白胨 …… 2.5g

琼脂 …… 20.0g

蒸馏水 …… 1000.0mL

海水琼脂培养基（SWA）(pH 7.5)

琼脂 …… 15.0g

蛋白胨 …… 5.0g

酵母提取物 …… 3.0g

牛肉膏 …… 3.0g

合成海水 …… 1.0L

合成海水培养基

氯化钠 …… 24.0g

$MgSO_4(7H_2O)$ …… 7.0g

$MgCl_2(6H_2O)$ …… 5.3g

KCl …… 0.7g

$CaCl_2$ …… 0.1g

*1 磅力每平方英寸 (psi)=6.89476 × 10^3Pa

人工海水的制备：

把各组分加入到蒸馏水中定容到 1.0 L，充分混合后调整 pH 到 7.5。培养基的制备：混合各组成，充分混匀后缓慢加热到沸腾，分装到试管或烧瓶中，15psi 压力下 121℃高压灭菌 15min，倒入无菌容器或试管中。

SIM 琼脂培养基 (pH7.3)

蛋白胨……30.0g
牛肉膏……3.0g
硫酸亚铁铵……0.2g
硫代硫酸钠……0.025g
琼脂……3.0g
蒸馏水……1000.0mL

西蒙氏柠檬酸盐琼脂 (pH 6.9)

磷酸二氢铵……1.0g
磷酸氢二钾……1.0g
氯化钠……5.0g
柠檬酸钠……2.0g
硫酸镁……0.2g
琼脂……15.0g
溴麝香草酚蓝……0.08g
蒸馏水……1000.0mL

3% 脂肪酶醇蓝琼脂培养基 (pH6.8)

胰蛋白胨……10.0g
酵母提取液……5.0g
琼脂……20.0g
醇溶青……0.15g
蒸馏水……1000.0mL

待上述物品高压灭菌之后，冷却至 50 ～ 55℃，一边搅拌一边往瓶中缓慢地加入 30mL 细菌用脂肪酶试剂（Difco），使其分布均匀。

Spizizen's 盐溶液

硫酸钠……2.0g
磷酸氢二钾……14g
磷酸二氢钾……6.0g
柠檬酸钠……1.0g
硫酸镁……0.2g
蒸馏水……1000.0mL

SS 琼脂培养基 (pH 7.0)

牛肉膏 ······ 5.0g
蛋白胨 ······ 5.0g
乳糖 ······ 10.0g
3 号胆汁盐 ······ 8.5g
柠檬酸钠 ······ 8.5g
硫代硫酸钠 ······ 8.5g
柠檬酸铁 ······ 1.0g
琼脂 ······ 13.5g
亮绿 ······ 0.33mg
中性红 ······ 0.025g
蒸馏水 ······ 1000.0mL

标准方法琼脂培养基

参见平板计数琼脂培养基。

淀粉琼脂培养基 (pH7.5)

牛肉膏 ······ 3.0g
可溶性淀粉 ······ 10.0g
琼脂 ······ 12.0g
蒸馏水 ······ 1000.0mL

T- 肉汤培养基 (pH7.3)

营养肉汤 ······ 8.0g
蛋白胨 ······ 5.0g
氯化钠 ······ 5.0g
葡萄糖 ······ 1.0g
蒸馏水 ······ 1000.0mL

为了制成 2× 浓度的 T- 肉汤培养基，除蒸馏水外上述所有组分都加倍。用 0.1mol/L NaOH 调 pH 至 7.3。

改良 Thayer-Martin 培养基 (pH7.0)

细菌用基础培养基 ······ 36.0g
血红蛋白 ······ 10.0g
细菌用补充成分 B 或 VX ······ 10.0mL
瓶装细菌用杀菌剂 CNVT ······ 10.0mL
蒸馏水 ······ 1000.0mL

硫代硫酸盐肉汤培养基 (pH7.1)

蛋白胨 ······ 15.0g
酵母提取物 ······ 5.0g

葡萄糖……5.0g
L- 胱氨酸……0.75g
硫基乙酸……0.5g
琼脂……0.75g
氯化钠……2.5g
刃天青……0.001g
蒸馏水……1000.0mL

Todd-Hewitt 肉汤培养基 (pH7.8)

牛心浸粉……500.0g
新蛋白胨……20.0g
葡萄糖……2.0g
氯化钠……2.0g
磷酸氢二钠……0.4g
碳酸钠……2.5g
蒸馏水……1000.0mL

上层琼脂培养基 (pH7.0)

营养肉汤中加入 0.75% 琼脂。

制备 4.5mL 以备配制平板。

三糖铁琼脂培养基（pH7.4）

牛肉膏……3.0g
酵母提取物……3.0g
蛋白胨……15.0g
蛋白胨……5.0g
乳糖……10.0g
蔗糖……10.0g
葡萄糖……1.0g
硫酸亚铁……0.2g
氯化钠……5.0g
硫代硫酸钠……0.3g
酚红……0.024g
琼脂……12.0g
蒸馏水……1000.0mL

胰蛋白胨硝酸盐肉汤培养基（pH7.2）

胰蛋白……20.0g
葡萄糖……1.0g
磷酸氢二钠……2.0g

硝酸钾 ……………………………………………………………………1.0g

蒸馏水 ……………………………………………………………… 1000.0mL

胰酶大豆琼脂培养基（pH7.3）

胰蛋白胨 ………………………………………………………………… 15.0g

植物蛋白胨（大豆蛋白胨） …………………………………………5.0g

氯化钠 ………………………………………………………………………5.0g

琼脂 ……………………………………………………………………… 15.0g

蒸馏水 ……………………………………………………………… 1000.0mL

含有聚山梨醇 80 和卵磷脂的胰蛋白胨大豆琼脂培养基（pH7.3）

胰蛋白胨 ………………………………………………………………… 15.0g

大豆蛋白胨 …………………………………………………………………5.0g

氯化钠 ………………………………………………………………………5.0g

卵磷脂 ………………………………………………………………………0.7g

去水山梨糖醇单油酸酯复合物 …………………………………………5.0g

琼脂 ……………………………………………………………………… 15.0g

蒸馏水 ……………………………………………………………… 1000.0mL

大豆胰蛋白胨肉汤培养基（pH7.3）

胰蛋白胨 ………………………………………………………………… 17.0g

大豆蛋白胨 …………………………………………………………………3.0g

葡萄糖 ………………………………………………………………………2.5g

氯化钠 ………………………………………………………………………5.0g

磷酸氢二钾 …………………………………………………………………2.5g

蒸馏水 ……………………………………………………………… 1000.0mL

胰蛋白胨琼脂培养基

胰蛋白胨 ………………………………………………………………… 10.0g

氯化钙（试剂） ………………………………………………… 0.01mol/L

氯化钠 ………………………………………………………………………5.0g

琼脂 ……………………………………………………………………… 11.0g

蒸馏水 ……………………………………………………………… 1000.0mL

胰蛋白胨肉汤培养基

胰蛋白胨 ………………………………………………………………… 10.0g

氯化钙（试剂） ………………………………………………… 0.01mol/L

氯化钠 ………………………………………………………………………5.0g

蒸馏水 ……………………………………………………………… 1000.0mL

胰蛋白胨葡萄糖酵母琼脂

参见平板计数琼脂培养基。

吐温 80（聚山梨醇 80）

吐温80(Tween 80)是一种表面活性剂,它能降低悬浮在培养基中细菌周围的界面张力，所需营养物得以更迅速地进入细菌胞内。因此，细菌可生长更快或与培养基中的反应化合物产生更多活性反应。

尿素肉汤培养基（pH6.9）

酵母提取液 ……………… 0.1g
磷酸二氢钾 ……………… 0.091g
磷酸氢二钠 ……………… 0.095g
尿素 ……………… 20.0g
酚酞 ……………… 0.01g
灭过菌的蒸馏水 ……………… 1000.0mL

紫红胆汁琼脂培养基（pH7.4）

酵母提取物 ……………… 3.0g
蛋白胨 ……………… 7.0g
3 号胆盐 ……………… 1.5g
乳糖 ……………… 10.0g
氯化钠 ……………… 5.0g
琼脂 ……………… 15.0g
中性红 ……………… 0.03g
结晶紫 ……………… 0.002g
蒸馏水 ……………… 1000.0mL

Vogel-Johson 琼脂培养基（pH7.2）

胰蛋白胨 ……………… 10.0g
酵母提取物 ……………… 5.0g
甘露醇 ……………… 10.0g
磷酸氢二钾 ……………… 5.0g
氯化锂 ……………… 5.0g
甘氨酸 ……………… 10.0g
琼脂 ……………… 15.0g
酚红 ……………… 0.025g
蒸馏水 ……………… 1000.0mL

酵母提取物

酵母提取物是酵母自溶后的水溶性提取物。自溶过程通过精细控制以保存天然生成的复合维生素 B。在常用浓度（0.3% ~ 0.5%）情况下，pH6.6 左右它就能快速溶解。

YM 琼脂培养基

酵母提取物 ……………………………………………………………………3.0g
麦芽提取物 ……………………………………………………………………3.0g
蛋白胨 …………………………………………………………………………5.0g
葡萄糖 ………………………………………………………………………… 10.0g
琼脂 …………………………………………………………………………… 20.0g
蒸馏水 ……………………………………………………………………… 1000.0mL

YM 肉汤培养基

酵母提取物 ……………………………………………………………………3.0g
麦芽提取物 ……………………………………………………………………3.0g
蛋白胨 …………………………………………………………………………5.0g
葡萄糖 ………………………………………………………………………… 10.0g
蒸馏水 ……………………………………………………………………… 1000.0mL

微生物菌种来源及保藏

微生物菌种来源

除了如 Carolina、Fisher 和 Wards 等主要供应机构，也可从以下单位获得微生物菌种：

American Type Culture Collection
12301 Parklawn Drive
Rockville, MD 20852-1776
USA/Canada 1-800-638-6597
Outside USA/Canada 1-301-881-2600
FAX 1-301-231-5826
www.atcc.org

REMEL
PO Box 14428
12076 Santa Fe Drive
Lenexa, KA 66215-3594
1-800-255-6730
FAX 1-800-447-3643
www.remel.com

Difco Laboratories
Division of Becton Dickinson Company
1 Becton Drive
Franklin Lakes，NJ 07417
1-202-847-6800
FAX 1-410-584-7121
www.bd.com/microbiology

ICN Biomedicals Inc.
1263 South Chillicothe
Aura, OH 44202
1-800-854-0530
FAX 1-800-334-6999
www.icnbiomed.com

Thomas Scientific
PO Box 99
Swedesboro, NJ 08085
1-800-345-2100
FAX 1-800-345-5232
www.thomassci.com

VWR Scientific Products
Educational Division
1310 Goshen Parkway
West Chester, PA 19380-5985
1-800-932-5000
FAX 1-610-436-1761
www.vwrsp.com

Becton Dickinson
Microbiology Systems
PO Box 243
Cockeysville,MD 21030-0248
1-201-818-8900
FAX 410-584-7121
www.bd.com

夏威夷限制通告

往夏威夷运输生物物质（病毒、藻类、细菌、原生生物）是受限制的。请联系夏威夷农业部（808-586-0844）以获得必需的进口许可和其他相关信息。

微生物菌种的保藏

在微生物学中，保存菌种是符合该种表现出的典型的形态学、生物化学、生理学和血清学特性的标准菌株。随着时间的过去，该培养物在较长时间内具有显示和保持这些特性的良好稳定性。

原始培养物的保藏所需费用甚少（与每次需要购买新菌株相比），且维护所需时间也不多。以下两种为广泛使用的常规操作方法：

I. 冷冻干燥（冻干法）或快速冷冻法所需特殊设备

A. 冷冻干燥（冻干法）：在此过程中，液体培养基中的微生物通过干冰在溶剂中被快速冷冻，且冷冻的同时在高度真空中进行干燥。许多微生物都能通过几近完全的冷冻干燥过程以进行保藏。

B. 快速冷冻法：该方法对于好氧性和厌氧性微生物均适用。大多数微生物将存活 6 个月或更长时间。

1. 让微生物培养物在琼脂板或斜面培养基上生长 24h。
2. 在无菌小型螺口瓶上标记微生物的名称和日期。
3. 在小瓶中加入 1mL 的无菌绵羊血液。
4. 采用无菌操作技术，用接种环接种一环培养物并使其在瓶中悬浮。
5. 用干冰和丙酮准备一个干冰冰浴。
6. 将小瓶放到干冰冰浴中约 15s，使瓶中的培养物迅速冻结。
7. 置于 –40℃ 或者更低的温度冷冻保藏。
8. 为复苏培养物，可将冰冻的小瓶放到 37℃ 的水浴中仅 1 ～ 2min。之后通过无菌操作接种一环培养物至合适的培养基中进行再次培养。

II. 室温、培养箱及冷冻温度下特殊培养基保藏方法

A. 不含糖类的半胱氨酸－胰化酪蛋白琼脂培养基（CTA）有商业化成品。该培养基可以支持培养物在室温下长时间生长。

1. 无菌操作将培养物接种一环到装有大豆胰蛋白胨肉汤培养基的试管中，35℃ 培养 18 ～ 24h。
2. 用无菌的 1mL 吸管吸取数滴培养物到装有半胱氨酸－胰化酪蛋白肉汤培养基的试管中。
3. 通常，这类储藏培养物在室温下可以保存至多 6 个月。
4. 每隔 2 ～ 3 个月取样接种于适合培养基中再培养以检测其生活力。
5. 如果继代培养物生长较弱但是仍显示标准特征，就将其再次转接到一个新的 CTA 试管中。
6. 若继代培养物的生长状况不好，则将保藏培养物弃去并重新保藏一管。

B. 难保藏微生物

肺炎球菌，α－、β－溶血性链球菌、肠球菌以及其他一些菌在血琼脂和胰蛋白琼脂斜面上保藏时生长非常迅速。因此试管需放在冰箱中且需每两个星期转移培养物于新斜面上。

C. 庖肉培养基

商业化现成的庖肉培养基对好氧菌和厌氧菌都非常适用。许多革兰氏阴性细菌（如沙门氏菌、志贺氏菌、变形菌）能在其中保持活力多年。棒杆菌和葡萄球菌能保持活力多达 6 个月，之后必须传代培养。

微生物原始培养物要接入庖肉培养基试管的肉层。培养厌氧菌时在培养基中加油以去除溶解氧。在接种和培养 24 ~ 28h 以后加一层 1ml 的无菌石蜡油。每隔 2 ~ 3 个月检测生活力。

D. TSA 斜面：在螺盖瓶中的 TSA 斜面上接入特定的微生物并培养 24 ~ 28h。然后用少量无菌的羊或马血清覆盖表面后于 –50℃冰冻。大多数微生物都能用此方法保存 6 个月及以上。

总体注意事项

所有保藏都需遵循的原则：

1. 若想培养长时间保存某培养物，不能在培养基中加入可发酵的糖类。

2. 不要使用选择培养基。

3. 不要让培养基干涸，使用密封性好的螺盖试管进行保藏。

4. 不要冷冻温度敏感性微生物（如淋病奈瑟氏菌，脑膜炎奈瑟氏菌），即使他们在快速冷冻时能较好生存。

冷冻干燥培养物的再水化

从美国典型培养物保藏中心（或其他之前列出的机构）中接收的微生物培养物进行首次继代培养时，应使用相同培养基和附带目录中的特定培养温度，以保证其能在最适条件下复苏。

建议在接收任何培养物时都要严格检查。如果发现有任何方面的不满意，可告知供应商以对问题菌株进行检查。

冰冻干燥培养物（细菌、真菌、藻类）的后续复苏技术用图示在 P472 中展示。

III 使用 PROTECT 细菌储藏柜（PROTECT bacterial preserver）进行细菌保存

该 PROTECT 生物保藏系统由 Key Scientific Products 公司推出， 是一种有效而不需要冷冻干燥和频繁转接的细菌保藏方法。该系统由内装冷冻保护液体和带孔小珠的灭菌小管组成。这个系统包括各种冷冻技术。在保藏过程中这些小珠起到细菌载体的作用。如果小管保存在 -70℃，那么培养物可在几年内保持活性。若保藏在 -20℃的不会自动除霜冰箱里，一些耐寒细菌（如大肠杆菌）可保存两年或以上，奈瑟氏菌和其他难养菌能在 -20℃下可保存一年左右。若使用自动除霜的冰箱则保藏时间会缩短。当保藏难养菌时，需冷冻若干小管且每次使用一支新的小管用于培养新鲜培养物以进行储藏。

PROTECT 细菌储藏柜可按以下介绍使用。

A. 培养物的制备

1. 无菌操作细菌用接种环把从培养 18 ~ 24h 的斜面或平板培养物上取一环接种到标记好的 PROTECT 保种管内。加入足够的糊剂使冷冻保护液体适度浑浊。一环的接种量已

双管制备

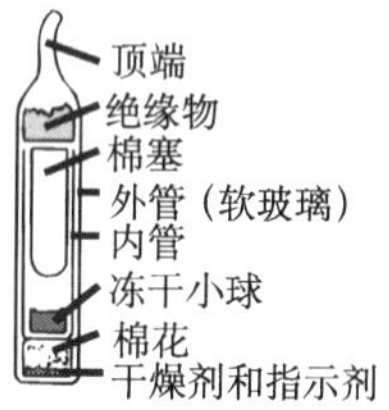

打开小管

1. 在火焰上对外管的顶端加热

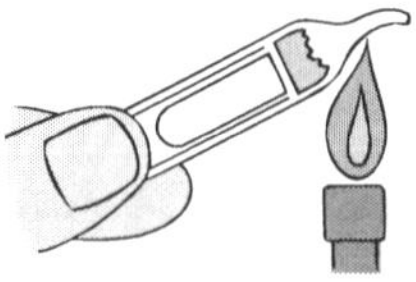

2. 在已加热的顶端喷几滴水，以使玻璃破碎

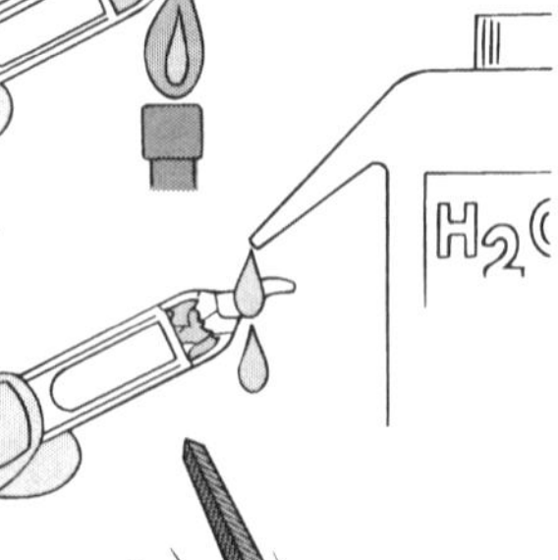

3. 用锉刀或铅笔敲去顶端

4. 取出绝缘物和内管

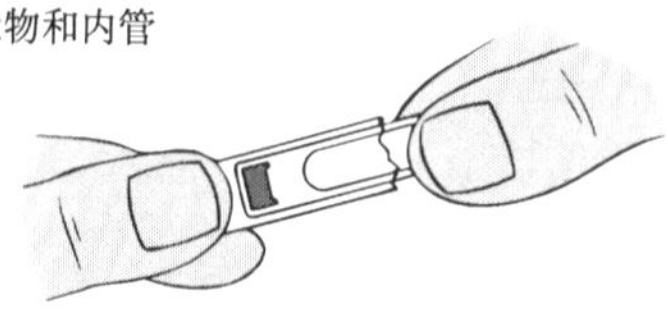

5. 用镊子轻轻地取出棉塞

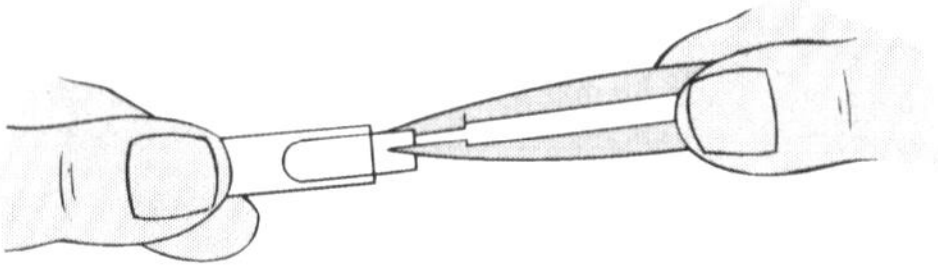

单管制备

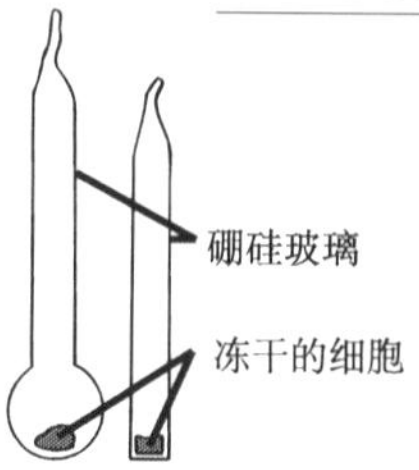

打开小管

1. 这些材料可能被薄的纤维素膜包裹，该膜需被除去（可使用锋利的刀片或在水中浸泡几分钟）。在距安瓿管顶端 1 英寸的地方用锋利的锉刀快速锉一下。

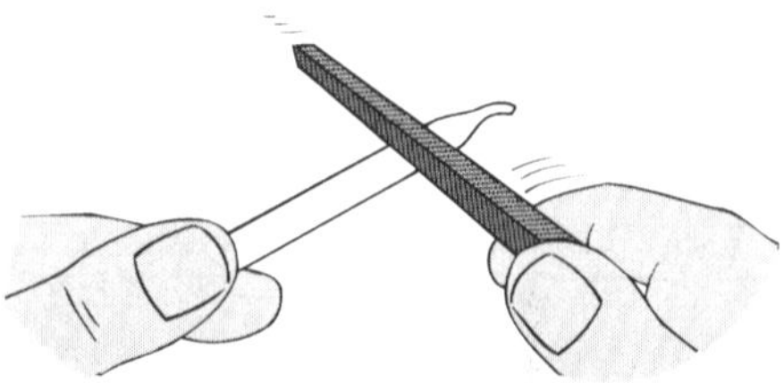

2. 用酒精浸湿的纱布对安瓿管进行消毒。

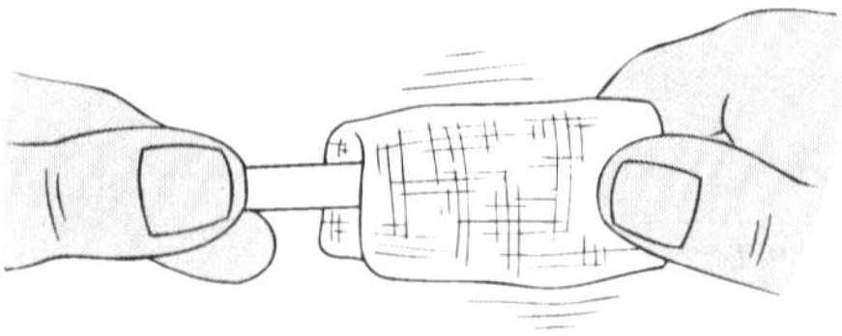

3. 用纱布把安瓿围起来并从有锉痕的地方折断。注意纱布不要太湿，否则当负压被破坏酒精可能会被吸入培养物中。随即使培养物再水化。

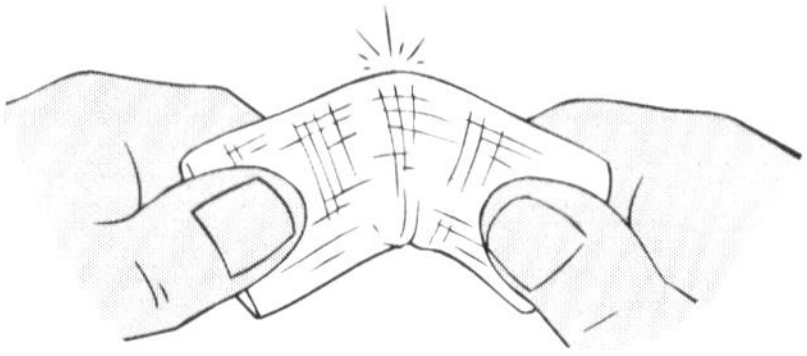

用无菌巴士德移液管使冻干的培养物再水化。

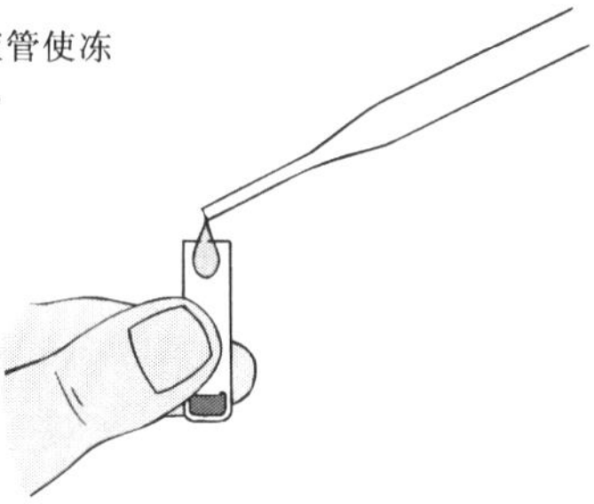

内管

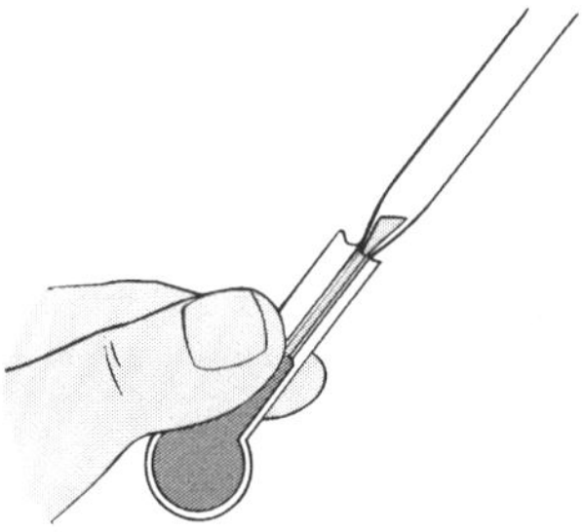

单管

此重新描绘的图征得了《美国典型培养物保藏中心细菌和噬菌体目录》（1992 年第 18 版，美国典型培养物保藏中心，Rockville. MD 20852）同意。

经足够。使液体中的糊剂完全乳化以最终没有肉眼可见的菌块。

2. 盖紧管盖，上下颠倒 6 次。不要涡旋震荡保种管。

3. 颠倒混匀后使瓶子直立 30 ~ 60s，在此期间细菌会与小珠结合。

4. 通过无菌操作小心地将剩余的冷冻保护液用无菌的巴斯德吸管全部移出，使小珠尽量少的带有液体。用手指将小管拧紧。

5. 准备好之后需要立即冷冻，将小管斜置后冷冻速度越快越好。若能使用 -70℃冰箱就最好不过。若使用普通的 −20℃冰箱，则将它们置于聚丙烯或是泡沫聚苯乙烯容器中冷冻过夜会加快冷冻速度。尽量不使用有自动除霜功能的冰箱。

B. 培养物小珠的复苏和使用

1. 当需要使用培养物时，将冷冻的小管从冰箱中取出并小心打开。

2. 使用无菌的针头、镊子或专用的 PROTECT 小钩取出一个小珠。若管中剩余的部分以后还将使用，应立刻在其融化前放回冰箱。（当保种管在冰箱外时可使用一种特殊的铝冷冻剂以保持其低温。）

3. 将小珠取出小管后，将其放在合适的液体培养基中，如大豆胰蛋白胨肉汤培养基，或是插到合适的固体培养基上，并在合适的温度下培养。